Java Web编程详解

杨卫兵　王伟　邱焘　张伟　编著

东南大学出版社
·南京·

内容提要

Java语言从诞生以来一直是应用最广的开发语言，并拥有最广泛的开发人群。现在，Java已经不再简单的是一门语言，而是一个完整的、系统的开发平台，在Web开发、移动互联网开发等方面都占据着核心的地位。

本书深入介绍了Java Web编程的最核心内容，强调实战。全书内容覆盖Java进行Web编程必需的HTML、CSS、XML、JavaScript、JSP、Servlet、Ajax技术。

本书不是单纯从知识角度来讲解Java Web开发技术，而是从解决问题的角度来介绍Java Web开发，所以书中介绍了大量的实例程序，这些案例既能让读者巩固每章的知识，又可以让读者学以致用、激发编程自豪感，进而引爆内心的编程激情。章节和程序循序渐进，语言通俗易懂，注重实例，程序很好调试，注解充分，因此非常容易理解和适合自学。

图书在版编目(CIP)数据

Java Web编程详解 / 杨卫兵等编著 .—南京：东南大学出版社，2014.3(2018.12重印)

ISBN 978-7-5641-4797-6

Ⅰ. ①J… Ⅱ. ①杨… Ⅲ. ①Java语言—程序设计 Ⅳ. ①TP312

中国版本图书馆CIP数据核字(2014)第053594号

Java Web编程详解

出 版 人	江建中
责任编辑	丁志星
出版发行	东南大学出版社 (江苏省南京市四牌楼2号东南大学校内 邮政编码 210096)
网 址	http://www.seupress.com
印 刷	虎彩印艺股份有限公司
开 本	787mm×1092mm 1/16
印 张	27.25
字 数	660千字
版次印次	2014年3月第1版 2018年12月第7次印刷
书 号	ISBN 978-7-5641-4797-6
定 价	78.00元

(东大版图书若有印装质量问题，请直接与营销中心调换。电话：025—83791830)

前　言

我们生活在一个变化的时代，计算机技术发展日新月异。随着互联网和移动互联网的流行，Java Web开发在网站和企业级应用的越来越普遍。Java Web开发，成为互联网和移动互联网开发不可或缺的重要组成部分。

本书以大量的开发实例为线索，系统、完整介绍了Java Web开发中的各种技术。系统学习完本书，就可以进行互联网和移动互联网的Web程序开发。

本书读者群

本书面向的读者群包括：

1. 大中专院校计算机相关专业学生
2. 有一定Web经验，但是没有从事过开发的读者
3. 正在从事Java Web开发的初中级程序员

内容组织

本书内容包括了HTML篇、XML篇、JavaScript篇、JSP篇、Servlet篇、Ajax篇，各篇相互独立，但内容上是层进的关系。

整体上程序循序渐进、语言通俗易懂、注重实例、注解充分，因此非常易懂和适合自学。

本书第一篇，介绍了目前WEB开发中最基础的技术，包含HTML基础和CSS级联样式表。

本书第二篇，介绍了目前Web开发中很热的技术，主要包括XML的基础和文档的解析部分。

第三篇为Javascript篇，包括JavaScript基础、文档对象模型、内置对象类型三部分。

第四篇为JSP篇，包括JSP基础、JSP内置对象、JSP的会话跟踪机制、标准动作、EL表示式、JSTL标签、文件上传七部分。JSP是建立在Servlet规范提供的功能之上的动态网页技术，是Web开发的核心部分。

第五篇为Servlet篇，包括Servlet简介、过滤器和监听器、自定义标签、常见的Web应用四部分。

第六篇为Ajax篇，包括Ajax介绍、发送请求与处理响应、JSON介绍、jQuery应用四部分。

进一步学习的建议

读者在掌握本书的内容后，可以学习开源开发框架，如Struts、Spring、Hibernate等。掌握了这些内容以后，读者就可以去公司从事Java企业级的开发了。

祝愿各位读者能够从本书获益，实现自己的开发梦想。本书内容较多，牵涉的技术很广，错误和疏漏之处在所难免，欢迎广大读者指正。

编　者

2014年3月

目 录

第一篇 HTML篇

第二篇 XML篇

第三篇 JavaScript篇

第四篇 JSP 篇

第五篇 Servlet 篇

第六篇 Ajax篇

第一篇　HTML 篇

HTML 指超文本标记语言(Hyper Text Markup Language),是标准通用标记语言(SGML)下的一个应用,也是一种规范、一种标准。它通过标签符号来标记要显示的网页中的各个部分。这些标签告诉浏览器如何显示其中的内容(如:文字如何处理、画面如何安排、图片如何显示等)。

HTML 是 Web 编程的基础,我们首先来讨论 HTML 篇。

第 1 章　HTML 基础

1.1　HTML 简介

HTML 文件就是包含具有特定含义的标签以及内容的文本文件，通常使用 htm 或者 html 作为文件扩展名，HTML 文件既可以用专业的编辑工具编写也可以通过简单的文本编辑器来创建。

浏览器按顺序阅读 HTML 文件，然后根据标签解释和显示其标记的内容，对书写出错的标签将不指出其错误，且不停止其解释执行过程，编制者只能通过显示效果来分析出错原因和出错部位。但需要注意的是，对于不同的浏览器，对同一标签可能会有不完全相同的解释。

使用 HTML，可以：

- 控制页面和内容的外观；
- 发布联机文档；
- 使用链接机制检索信息；
- 创建联机表单，收集用户的信息等；
- 插入图片、动画等多媒体数据。

1.2　HTML 基本组成

HTML 主要是由标签、文本内容、样式规则构成，如：

- <h1 align＝“center” style＝“color：red”>Hello World！ </h1>

“h1”就是标签；“align”、“style”是“h1”标签的属性；“Hello World!”就是文本内容；属性“style”后的“color：red”就是样式规则，在浏览器中显示出来的结果如图 1－1 所示。

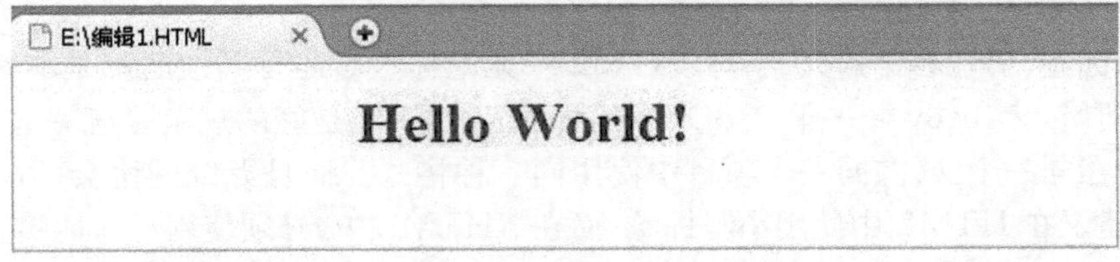

图 1－1　helloworld

HTML 标签有四种形式：

- 空标签：只有标签名，没有属性和文本内容，如：
或
；
- 带有属性的空标签：有标签名和属性，没有文本内容，如：
  <img src="1.TIF">或<img src="1.TIF" />；
- 带有内容的标签：有标签名和文本内容，没有属性，如：
  <title>HomePage</title>；
- 带有属性和内容的标签：标签名、属性和文本内容齐全，如上面所举的"h1"的例子。

1.3 HTML 文档结构

一个 HTML 文档，通常由头部和主体构成，这两部分放在一对<html>标签中；头部由标签<head>、主体由标签<body>分别标识，如图 1-2 所示。

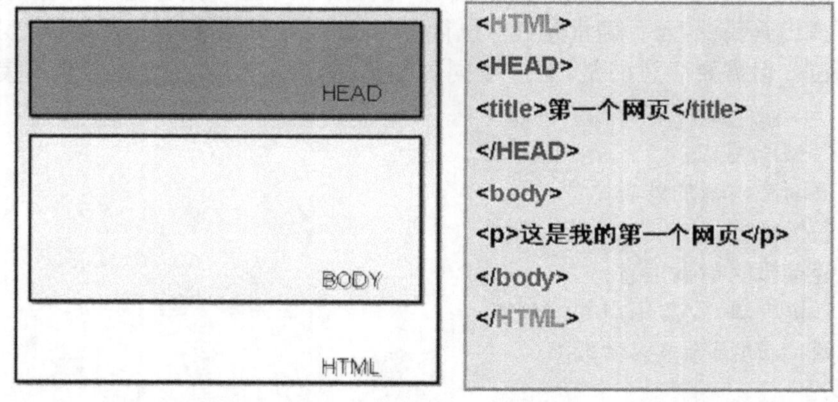

图 1-2 html 文档结构

注意事项：

- 关于文档结构的完整性：HTML 是一种解释型语言，而且语法要求不像编程语言那样严格，所以即使是没有"<HTML>"、"<BODY>"等标签，也不会影响浏览器的显示。但是考虑到和 XML 以及下一代 HTML(即：XHTML)之间的语法衔接，所以要求文档结构尽量完整，以下几点也都是基于此目的。
- 关于无文本内容的空标签的书写：使用
或
在页面显示效果上来说是完全一样的，但建议使用
。
- 关于标签、属性名称的大、小写：HTML 中无论标签名还是属性名都是不区分大小写的，即使是<body>……</BODY>也是正确的，但是好的规范是统一大小写的，也就是在同一个文件、同一个项目中使用同一种格式。而且万维网协会(W3C)的标准是：建议在 HTML 中使用小写标签，而在 XHTML 中，必须使用小写标签。
- 关于属性的值：属性值可以直接写，不一定放在双引号中，使用单引号也是允许的，但建议尽量使用双引号。

1.4 HTML字符实体

一些字符在 HTML 中拥有特殊的含义，比如小于号(<)用于定义 HTML 标签的开始，如果要在浏览器中正确地显示这些字符，就必须使用字符实体。字符实体由符号“&”开头，加一个实体名称(或符号“#”加实体编号)，最后以符号“;”结束。如要在 HTML 文档中显示小于号，应写成“<”或“<”。

以下列举了一些常用的字符实体：

- 小于号< :<(<)
- 大于号>:>(>)
- 与符号 &:&(&)
- 双引号“”:"(")
- 版权符号©:©(©)
- 注册符号®:®(®)
- 空格: ( )

HTML 中会把若干连续的空白字符(包括空格、换行、制表符)当作一个处理，若要多显示一些空格就要使用此实体。

注意：实体对大小写敏感。

1.5 HTML标签

1.5.1 HTML 基本标签

1. 段落标签

HTML 中使用
和<p>标签作为行和段落的划分标记，如图 1-3 所示。

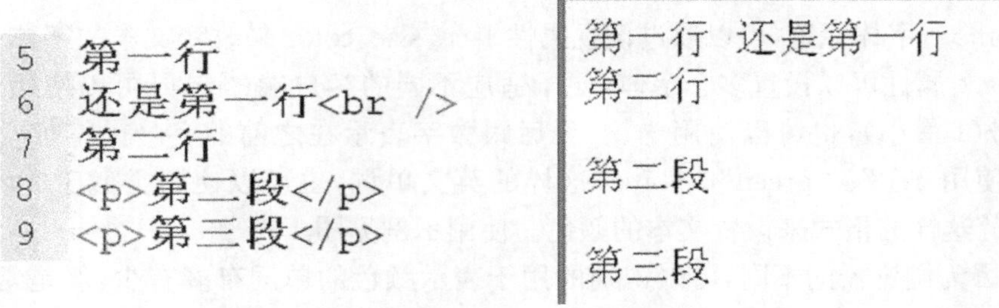

图 1-3 行和段落的划分标记

2. 文本标签

文本标签用于设置文本内容在浏览器中显示出来的外观，常用的文本标签有：<b>、<i>、<u>、<s>、<sub>、<sup>、<big>、<small>、<font>等，下面我们逐一介绍。

- <b>：单词 bold 的缩写，指定文本以粗体显示，同义标签<strong>；

- <i>:单词 italic 的缩写,指定文本以斜体显示,同义标签<em>,类似标签<address>(要求独占一行);
- <u>:单词 underline 的缩写,指定文本加下划线显示;
- <s>:单词 strike 的缩写,指定文本加删除线显示,同义标签<del>、<strike>。

以上标签示例见图 1-4。

注意:<address>标签的特殊性,在代码行 9 前后并没有
标签,但是显示在浏览器中时<address>是独立占有一行的。

```
4  <b>bold</b>
5  <strong>bold</strong>
6  <br />
7  <i>italic</i>
8  <em>italic</em>
9  <address>italic</address>
10 <u>underline</u><br />
11 <s>strike</s>
12 <del>strike</del>
```

bold bold
italic italic
italic
underline
~~strike strike~~

图 1-4　标签示例一

- <sub>:下标标签,可以使文字向下移动;
- <sup>:上标标签,可以使文字向上移动;
- <big>:增大字体标签;
- <small>:缩小字体标签。

以上标签示例见图 1-5。

```
一元二次方程<br />
aX<sup><small>2</small></sup>+bX+c=0
<br />的解是: <br />
X<sub>1</sub>=... X<sub>2</sub>=...
```

一元二次方程
$aX^2+bX+c=0$
的解是:
X_1=... X_2=...

图 1-5　标签示例二

- <font>:字体标签,可以通过设置属性 face、size、color 来改变文本的字体、字号和颜色。其中 face 属性可以设置多个字体,便于适应不同的客户端;size 既可以使用 1—7 表示不同的字号(1 最小),也可以使用+、-号后跟数字表示在之前的字号上增加、减少字号;color 可以使用“red”、“green”、“blue”这样的英文单词,也可以使用类似于“#FF0000”、“#66C3D5”这样的格式来设置文本的颜色。使用示例见图 1-6。

注意:因为浏览器的不同,可以识别的用于表示颜色的单词有多有少,但是常用的颜色都是可以接受的,比如:white、black、yellow、pink、brown、cyan 等;但是再多的单词也无法表示出一些差别甚小的颜色,所以通常会采用第二种表示颜色的方式:RGB 值。计算机的色彩由红(Red)、绿(Green)、蓝(Blue)三原色组合而成,在 HTML 规范中,每种原色的取值在 0—255 之间,用 16 进制数表示也就是 00—FF 之间,因为显示器屏幕的本色是黑色,所以#000000 表示的就是黑色、#FF0000 表示的就是红色、#FFFFFF 表示的就是白色。在特定规范中,如果 RGB 每个原色值的两位都相同,可以只写 3 个数字,如:#AACCFF 可以简写为＃ACF。

```
<font face="隶书" size="6" color="red">
  6号红色隶书</font><br />
<font face="华文琥珀,宋体" size="+1" color="blue">
  标准大1号蓝色华文琥珀</font><br />
<font>标准字体、字号、颜色</font><br />
<font face="黑体" size="-1" color="#A52A2A">
  标准小1号棕色黑体</font>
```

6号红色隶书
标准大1号蓝色华文琥珀
标准字体、字号、颜色
标准小1号棕色黑体

图1-6　字体标签示例

在上面介绍的这些标签中，有很多W3C已经不赞成使用了，如：<u>、<s>、<font>等，但在没有学习样式表(CSS)之前，我们还是要用一下。

3. 标题标签

HTML中可以使用<h1>至<h6>来表示从大到小6种不同的标题外观，这6个标签除了字号不同，其他外观一样，都是独占一行，粗体显示，如图1-7所示。

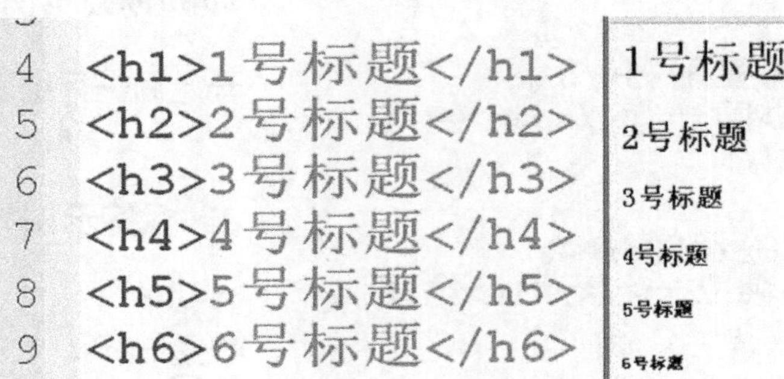

图1-7　6种不同的标题外观

4. 代码标签

因为HTML对于换行、缩进、空格等排版控制符是用自己的标签来进行描述的，所以对于\t、\n这些编程中常用的排版控制符来说，如果直接写在HTML文件中，那在浏览器中打开时就不是你想看到的格式了，如图1-8所示。

```
public class HelloWorld {
  public static void main(String[] args) {
    int sum = 0;
    for (int i = 1; i <= 10; i++) {
      sum = sum + i;
      if (sum > 20) {
        System.out.print("当前数是:" + i);
        break;
      }
    }
  }
}
```

7.html

7. html

public class HelloWorld { public static void main(String[] arg
(int i = 1; i <= 10; i++) { sum = sum + i; if (sum > 20) { Sys
是:" + i); break; } } } }

图 1-8　代码标签

此时，只要使用<pre>或<xmp>标签，就可以保留原有的排版格式。“pre”是单词“preserve”的缩写，意为保持原有格式；“xmp”是“example”的简写，意为示例代码，但不赞成使用。

5. 块标签

在 HTML 中可以使用<span>、<div>标签定义“块”。<span>标签被用于在同一行内定义一个独立的“块”；而<div>标签定义的“块”是独立占用一行的，可以把其中的内容与其上下文分割开来。如图 1-9 所示。

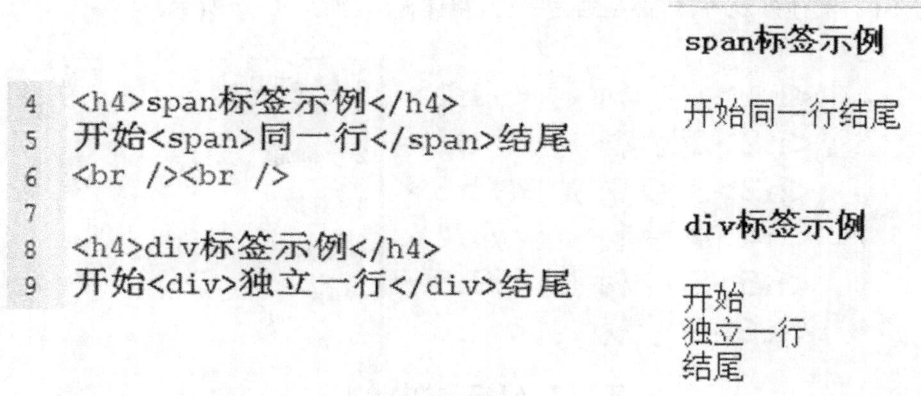

图 1-9　块标签

6. 列表标签

在 HTML 中有三种列表标签，分别是有序列表(Ordered List)、无序列表(Unordered List)和定义列表(Definition List)。

有序列表使用<ol>和<li>标签，<ol>用其英文缩写，<li>代表其中的列表项(List Item)。在有序列表中，可以使用阿拉伯数字(默认格式)、英文字母大小写或罗马数字大小写来给列表项排序，如图 1-10 所示。

```
<h4>数字列表：</h4>
<ol>
 <li>苹果</li>
 <li>香蕉</li>
 <li>柠檬</li>
 <li>桔子</li>
</ol>

<h4>大写英文字母列表：</h4>
<ol type="A">
 <li>苹果</li>
 <li>香蕉</li>
 <li>柠檬</li>
 <li>桔子</li>
</ol>

<h4>小写罗马数字列表：</h4>
<ol type="i">
 <li>苹果</li>
 <li>香蕉</li>
 <li>柠檬</li>
 <li>桔子</li>
</ol>
```

数字列表：

1. 苹果
2. 香蕉
3. 柠檬
4. 桔子

大写英文字母列表：

A. 苹果
B. 香蕉
C. 柠檬
D. 桔子

小写罗马数字列表：

i. 苹果
ii. 香蕉
iii. 柠檬
iv. 桔子

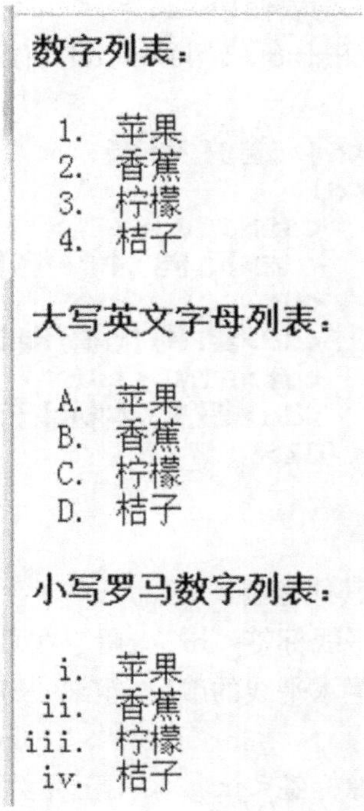

图1-10　有序列表项排序

无序列表使用<ul>和<li>标签，<ul>用其英文缩写，<li>代表其中的列表项。在无序列表中，可以使用实心圆(disc，默认格式)、空心圆(circle)、实心矩形(square)作为列表项的标志，如图1-11所示。

```
<h4>默认Disc：</h4>
<ul>
 <li>Java</li>
 <li>C#</li>
 <li>HTML</li>
</ul>

<h4>使用Circle：</h4>
<ul type="circle">
 <li>Java</li>
 <li>C#</li>
 <li>HTML</li>
</ul>

<h4>使用Square：</h4>
<ul type="square">
 <li>Java</li>
 <li>C#</li>
 <li>HTML</li>
</ul>
```

默认Disc：

- Java
- C#
- HTML

使用Circle：

○ Java
○ C#
○ HTML

使用Square：

▪ Java
▪ C#
▪ HTML

图1-11　无序列表项排序

定义列表使用<dl>、<dt>和<dd>标签，<dl>用其英文缩写，<dt>代表要定义的标题(Definition Title)，<dd>代表定义的描述(Definition Description)，如图1-12所示。

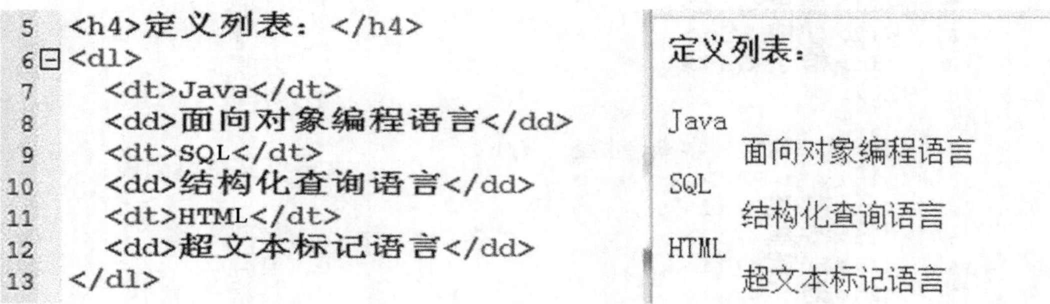

图1-12 定义列表示例

7. 其他标签

水平线标签<hr>：用于在页面上显示一条水平线，可使用color、size、width、align等属性来设置水平线的颜色、粗细、长度、对齐位置等。简单示例：

```
<hr size="3" color="red" />
```

图像标签<img>：用于在页面上显示图片，使用src属性指定图像地址，还有alt、align等属性。简单示例：

```
<img src="1.TIF" />
```

内嵌标签<embed>：用于在页面嵌入flash或指定格式视频，虽然是HTML5规范中的标签，但在大多数浏览器中都能被识别。简单示例：

```
<embed src="flash.swf" />
```

注释标签<！——……——>：用于在HTML源文档中插入注释，注释会被浏览器忽略，使用注释对代码进行解释，有助于以后对代码阅读、编辑。

元信息标签<meta>：为页面提供相关元信息的设置，如针对搜索引擎的关键词、页面字符集等。

1.5.2 超链接标签

HTML一个很重要的功能是通过超链接(Hyper Link，简称：链接)机制将多个网页、网站联系起来，实现超链接机制的标签就是<a>标签。

1. URL

首先了解一个概念：URL(Uniform Resource Locator，统一资源定位符)，也就是我们常说的网页地址。URL为互联网上的资源(HTML文件、图像、动画等)的位置提供一种抽象的识别方法，并用这种方法给资源定位。URL相当于一个文件名在互联网上的扩展，因此可以把URL当作是与互联网相连的机器上的任何可访问对象的一个定位标识。

一个URL的完整组成包括：协议、授权、主机、端口、路径、资源名称、查询字符串、锚点等8个部分，如：

http://user:pwd@10.0.1.1:8080/sub/index.html? name=tom#abc

其中：

"http"：表示协议，另有https、ftp等协议；

“user:pwd@”:表示授权账号与密码;

“10.0.1.1”:表示主机地址,也可以是类似于 www.abc.cn 形式的域名;

“8080”:表示端口,协议大都有自己的默认端口,如使用的不是默认端口,则必须指定,http 协议的默认端口号是 80;

“sub”:表示资源路径;

“index.html”:就是要访问的资源名称;

“? name=tom”:表示查询字符串,符号“?”开头,以“名称=值”的形式组织,若有多个名称值,则用符号“&”相连;

“#abc”:表示锚点,符号“#”开头,后跟锚点名称。

通常我们用到的、看到的都只是其中的一部分。

2. 超链接

了解过 URL,再来看超链接。HTML 中超链接标签＜a＞的语法如下:

＜a href=“…” target=“…” ＞TEXT＜/a＞

其中:

“href”属性:其值就是一个 URL,若此 URL 不是完整的,浏览器会将当前页面的 URL 中的相应部分加入到此 URL 中。如在 URL 为 http://host/ad/1.html 的页面中有如下超链接:＜a href=“2.html”＞GO＜/a＞,则点击“GO”时会打开 URL 为“http://host/ad/2.html”的页面;

“target”属性:用于指定在哪里打开“href”属性所设定的 URL,默认值为“_self”,即在当前浏览器窗口打开,另有“_blank”(在新窗口打开)、“_top”(在顶级窗口中打开)、“_parent”(在父窗口中打开)和自定义;

“TEXT”:用于在页面中显示该超链接,并接受点击,这里不局限于文字,也可以是图片(＜img＞)。

3. 锚点定位

超链接不仅可以链接到其他 URL,也可以链接到当前页面或其他页面的指定位置,只要页面中定义锚点,并在超链接标签的“href”属性中设置锚点名称即可。锚点定义同样使用标签:＜a＞,但要用到“name”属性,可以没有“TEXT”文本内容,如:＜a name=“top”＞。

在图 1-13 中,给出了超链接的应用示例,分别点击文字“链接 A”、“链接 B”、“链接 C”、“链接 D”可以看出它们之间的差别。

注意:代码中第 7、8 行的换行标签仅仅是为了增加页面的长度,在测试时可以再适当增加一些,或调节浏览器窗口大小,以初始状态下看不见“底部”二字为宜;另需一个名为“1.html”的页面,可将本页面复制一份,稍微修改一下内容即可,但必须保留第 9 行锚点代码。

```
3 <a href="1.html">链接A</a><br />
4 <a href="1.html" target="_blank">链接B</a><br />
5 <a href="#bot">链接C</a><br />
6 <a href="1.html#bot">链接D</a><br />
7 <br /><br /><br /><br /><br /><br /><br /><br />
8 <br /><br /><br /><br /><br /><br /><br /><br />
9 <a name="bot"></a>底部<br />
```

图 1-13　超链接的应用示例

4. 其他用法

除了链接，<a>标签还有以下两种用法：

打开邮件客户端：<a href="mailto:tom@163.com">发邮件</a>，一般在 Windows 操作系统中默认都是打开“Outlook”程序。

执行 JavaScript 脚本：<a href="javascript:alert('Hi')"> Hi</a>，当点击文字“Hi”时将弹出一个消息框，详细的 JavaScript 将在后面进行讲解。

1.5.3 表格标签

表格是 HTML 中最常用的标签之一，不仅仅用于显示表格这样规整的数据，也是页面排版的常用方式。

1. 基本标签及用法

表格使用<table>标签，通常表格分为表头<thead>、主体<tbody>和表尾<tfoot>三个部分，实际使用时可根据需要选择使用，不强制要求全部都有，甚至于都没有也可以，但建议至少有一个<tbody>。每个表格部分都是由表格行<tr>组成，表格行又是由单元格<td>组成；另外标签<th>也表示单元格，与<td>的区别主要在于水平对齐方式和字体粗细不同。如图 1-14 所示。

```
3  <table border="1" width="200">
4     <thead>
5        <tr><th>H1</th><th>H2</th></tr>
6     </thead>
7     <tbody>
8        <tr><td>B1</td><td>B2</td></tr>
9     </tbody>
10    <tfoot>
11       <tr><td>F1</td><td>F2</td></tr>
12    </tfoot>
13 </table>
```

H1	H2
B1	B2
F1	F2

图 1-14 基本标签用法对比

注意：代码中第 3 行的<table>标签中使用了属性“border”是为了显示时表格有边框，属性“width”是为了设置表格宽度。另外，如果将代码中的<thead>、<tbody>和<tfoot>的位置调换一下或是全部去掉，显示的效果会不会有变化，大家可以试一试。

2. 不规则表格

实际应用中表格里常出现不规则单元格，或占用多行或占用多列，这时就需要通过设置跨行(rowspan)、跨列(colspan)属性来实现了。如图 1-15 所示。

```
3  <table border="1" width="200">
4    <tbody>
5      <tr><td rowspan="2">B11</td>
6        <td>B12</td></tr>
7      <tr><td>B22</td></tr>
8      <tr><td colspan="2">B31</td></tr>
9    </tbody>
10 </table>
```

图 1-15 不规则表格的实现

注意：第 5 行的<td>标签因为使用了跨行属性，因此该单元格占用 2 行（将其下一行的第一个单元格也占用了）；第 8 行的<td>标签使用了跨列属性，因此该单元格占用 2 列（将其后面的一个单元格也占用了）。在使用跨行、跨列时一定要计算好单元格数量，保证每行实际占用的单元格数量是一致的，否则表格就难看了。

3. 其他表格属性

以上表格相关标签中，还有一些属性可以用来设置，满足个性化的表格外观：

- bgcolor：背景颜色；
- background：背景图片；
- align：水平对齐方式，<td>标签默认为“left”，<th>标签默认为“center”，另有“right”、“justify”等；
- valign：垂直对齐方式，<td>、<th>标签默认均为“middle”，另有“top”、“bottom”等；
- cellspacing：单元格之间的间距；
- cellpadding：单元格内容与边界之间的距离。

1.5.4 表单标签

表单在网页中主要负责数据采集功能，是一个包含表单元素的区域。表单元素是允许用户在表单中输入信息的若干标签。表单使用标签<form>定义，表单元素使用标签<input>、<select>、<textarea>等。

1. 表单<form>

<form>标签的主要属性有：

action：表单内容要提交到的 URL，如无指定，则提交给当前页面；

method：表单提交方式，默认为“get”，也可指定为“post”；“get”以查询字符串的方式提交表单数据，在浏览器地址栏中可以看见数据，即使是密码之类的隐私数据也可见，且对传输的数据大小有限制，一般不超过 255 字符，另外对于非 ASCII 字符的处理也不如“post”方便（在后面的课程中会详细说明）；

enctype：用来编码表单内容的 MIME 类型，一般文本数据无需设置，如需上传文件，则会设定为“multipart/form－data”；

2. 表单元素<input>

<input>标签可以表示 9 种表单元素，通过属性“type”设置，分别为：text（单行文本框，默认值）、password（密码框）、radio（单选框）、checkbox（复选框）、button（普通按钮，无缺

省功能)、submit(提交按钮)、reset(重置按钮)、file(文件选择器)、hidden(隐藏表单域)。

下面分别介绍这 9 种表单元素,代码如图 1-16 所示。

```
3  <form>
4      姓名: <input name="name"><br />
5      密码: <input name="pwd" type="password"><br />
6      性别: <input name="gender" type="radio"
7              value="M">男 
8            <input name="gender" type="radio"
9              value="F">女<br />
10     爱好: <input name="hobby" type="checkbox"
11             value="music">音乐 
12           <input name="hobby" type="checkbox"
13             value="movie">电影 
14           <input name="hobby" type="checkbox"
15             value="soccer">足球<br />
16     头像: <input name="head" type="file"><br />
17     <input type="hidden" name="op" value="reg">
18     <input type="submit" value="提交">
19     <input type="reset" value="重置">
20 </form>
```

图 1-16　9 种表单元素

单行文本框:代码行 4 用于接受用户输入单行文本,是＜input＞的默认格式,因此省略"type"属性,"name"属性用于设置提交数据的表单元素名称,如无此名称,则数据无法提交;另可设置"size"、"maxlength"、"value"等属性;

密码框:代码行 5 用于接受用户输入密码,并以掩码(由当前系统决定)形式回显;

单选框:代码行 6—9 用于接受用户的选择,必须给若干选项以相同的"name"属性值才能保证单选,同时也要给这些选项不同的"value"属性值;

复选框:代码行 10—15 允许用户选择多项,一般也使用相同的"name"属性值,这只是为了服务器端处理方便,并不会影响其多选特性;

普通按钮:通过"value"属性设置按钮上的文字,默认情况下并无任何功能,需通过事件来增加其功能;

提交按钮:代码行 18,在普通按钮上增加表单数据提交功能,可将＜form＞中有"name"属性的表单数据提交至表单的"action"属性所指定的位置;

重置按钮:代码行 19,在普通按钮上增加表单数据重置功能,可将＜form＞中所有表单数据恢复到初始状态,注意不是清空数据;

文件选择器:代码行 16,可以选择本地磁盘上的文件,将其传递出去;至于传递的是文件名还是文件内容就要由表单的"enctype"属性决定了;

隐藏表单域:代码行 17,在浏览器中查看页面时不显示,但会跟着其他表单数据一起提交。

3. 表单元素＜select＞

标签＜select＞用于提供下拉列表供用户选择,其中的列表项由标签＜option＞提供。一般用法如图 1-17 所示。

```
<select name="selYear">
  <option value="1990">1990</option>
  <option value="2000">2000</option>
  <option value="2010">2010</option>
</select>
```

图 1-17　表单元素<select>

标签<select>的“name”属性用于设置参数名称，“size”属性用于设置一次显示几个数据，“multiple”属性用于设置是否允许多选；标签<option>的“value”属性用于设置参数值，“selected”属性用于设置默认选中项。此外还可以在<option>标签外添加<optgroup>标签为选项分组。

4. 表单元素<textarea>

标签<textarea>用于显示一个多行文本区，属性“rows”、“cols”分别用于设置文本区能够显示的行数和列数，“name”属性用于设置参数名称。与单行文本框将初始值设置在“value”属性中不同，其初始值需放在标签体内。

5. 其他表单标签

除了上面介绍的标签，还有一些使用较少的标签，包括<fieldset>、<legend>、<label>等，具体用法这里就不详细说明了，有兴趣可查看相关资料。

1.5.5　框架标签

在某些网页设计中，为了特定的需求，可能需要显示多个页面，这就要使用框架标签。框架标签可以在同一个浏览器窗口中显示不止一个页面，每个页面称为一个框架，并且每个框架都独立于其他的框架。

使用框架也有一些缺点，如：很难打印整张页面、浏览器资源占用过多等。所以随着 Ajax 技术的流行，框架也越来越少用了。

1. 基本框架标签

框架主要使用<frameset>和<frame>标签，<frameset>标签通过属性“cols”和“rows”将浏览器分割为若干个窗口，每个窗口要显示的页面通过<frame>标签的“src”属性来指定，如图 1-18 所示。

```
1 <html>
2 <frameset rows="100,*">
3   <frame src="head.jpg">
4   <frameset cols="30%,*">
5     <frame src="menu.html">
6     <frame src="main.html">
7   </frameset>
8 </frameset>
9 </html>
```

图 1-18　<frameset>和<frame>框架标签

在图 1-18 中，第 2 行代码中“rows”属性值的含义是将浏览器分割为 2 行，第 1 行占

100像素的高度，其余均为第2行所有（符号“＊”表示剩余的）；第3行代码表示在第1行中显示图片“head.TIF”；第4－7行代码表示在第2行中再次分割，因为第4行的＜frameset＞标签使用了属性“cols”，所以是分割为2列，第1列占30％的宽度，其余为第2列所有；第5行代码表示在第2行的第1列中显示页面“menu.html”；第6行代码表示在第2行的第2列中显示页面“main.html”。

可以通过＜frame＞标签的以下属性设置框架样式：frameborder（是否有边框）、noresize（是否可调整尺寸）、scrolling（滚动条出现方式）。另外通常还会设置＜frame＞标签的“name”属性，以方便在指定框架内打开页面（通过＜a＞标签的“target”属性指定）。

最后需要注意的是，在框架集页面内＜body＞标签不要与＜frameset＞标签并列同级出现，否则可能无法显示框架页面；＜frame＞标签体内也不要有文字。

2. 其他框架标签

＜iframe＞标签用于在页面内定义一个内嵌框架，主要属性与＜frame＞标签相同（没有noresize），另有“width”和“height”属性，用于设置内嵌框架的大小。

＜noframes＞标签为不支持框架的浏览器提供显示指定内容的能力，一般用在＜frameset＞标签里，如图1－19所示。

```
<html>
<frameset rows="100,*">
  <noframes>
    <body>
      <h1>不支持框架</h1>
    </body>
  </noframes>
  <frame src="head.jpg">
  <frame src="menu.html">
</frameset>
</html>
```

图1－19 ＜noframes＞标签

第 2 章　CSS 级联样式表

2.1　CSS 简介

使用 HTML 标签原本的目的是定义文档内容，通过使用＜h1＞、＜p＞、＜table＞这样的标签，来表达“这是一级标题”、“这是段落”、“这是表格”之类的信息。而当时的两种主流浏览器(Netscape 和 Internet Explorer)不断地将新的 HTML 标签和属性(如＜font＞标签和“color”属性等)添加到 HTML 规范中，从而导致文档内容之于文档表现的独立性越来越差。

为了解决这个问题，万维网联盟(W3C)组织开始对 HTML 进行标准化工作，并在 HTML 4.0 之外定义了样式，称之为级联样式表(Cascading Style Sheet，简称：CSS)，目前所有的主流浏览器均支持 CSS。其目的就在于将外观显示与其内容相分离，以便于更好地进行协作开发。

如果把 HTML 页面比作一个人，那 CSS 就是衣服，没有人会不穿衣服就出门吧！看一下图 2－1 的页面，如果把其中的 CSS 去掉，就变成图 2－2 的样子了。

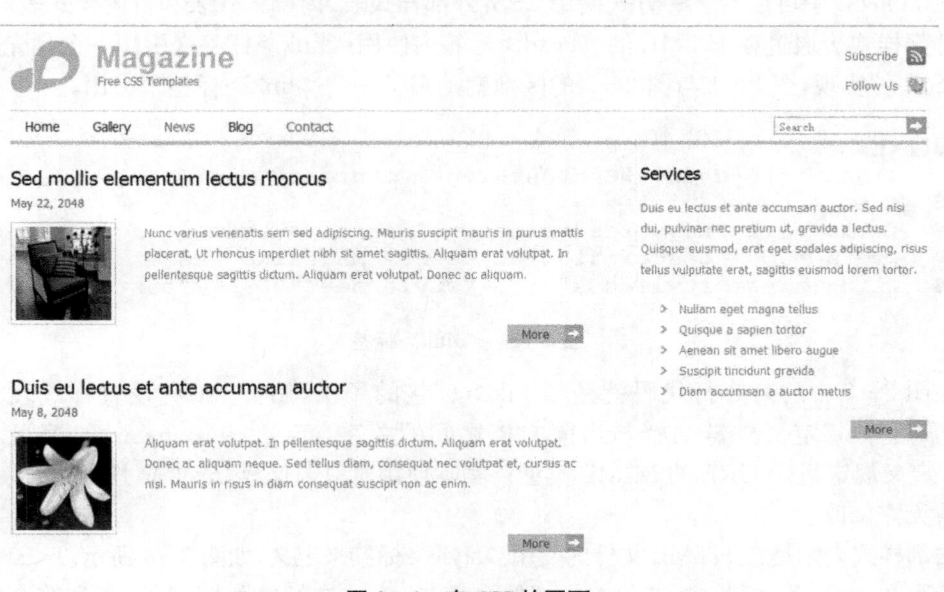

图 2－1　有 CSS 的页面

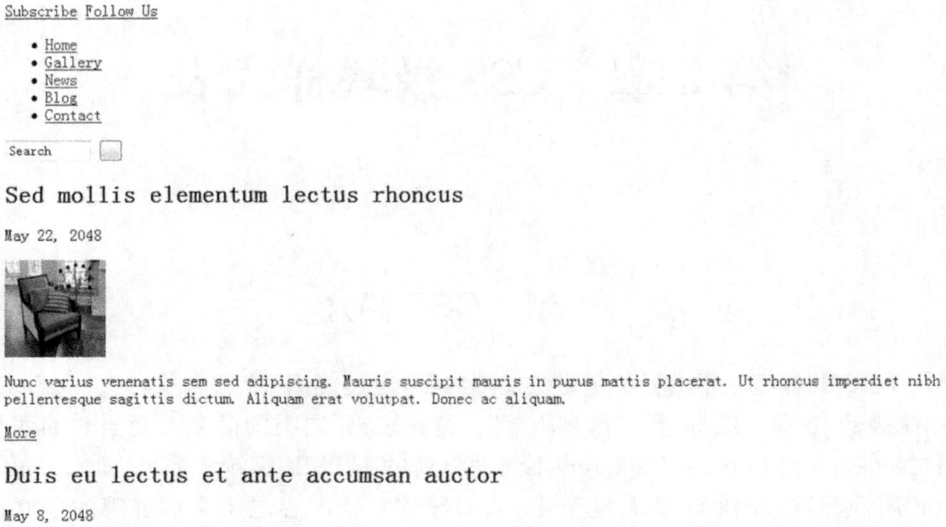

Subscribe Follow Us

- Home
- Gallery
- News
- Blog
- Contact

Search

Sed mollis elementum lectus rhoncus

May 22, 2048

Nunc varius venenatis sem sed adipiscing. Mauris suscipit mauris in purus mattis placerat. Ut rhoncus imperdiet nibh pellentesque sagittis dictum. Aliquam erat volutpat. Donec ac aliquam.

More

Duis eu lectus et ante accumsan auctor

May 8, 2048

图 2-2　无 CSS 的页面

2.2　CSS 语法

2.2.1　使用 CSS

在 HTML 中可以有三种方式使用 CSS:外部样式表、内部样式表和行内样式表。

外部样式表通过在 HTML 的<head>标签内使用<link>标签来引用一个预先定义好的 CSS 文件实现,图 2-1 与图 2-2 的区别就是多了一个<link>标签来引用。

```
3 <head>
4 <meta http-equiv="Content-Type" content="text/html; charset
5 <title>news</title>
6 <meta name="keywords" content="magazine theme, news, web de
7 <meta name="description" content="Magazine Theme is a free
8 <link href="style.css" rel="stylesheet" type="text/css" />
```

图 2-3　<link>标签

在图 2-3 中的第 8 行代码就是<link>标签的用法,属性"href"设置样式表文件的 URL,属性"rel"定义外链文档与当前文档之间的关系(英文 relationship 的缩写),属性"type"定义规定目标 URL 的 MIME 类型。实际使用时只要修改"href"属性即可,其余两个属性值无需修改。

内部样式表则是在 HTML 文件内使用<style>标签来定义,如图 2-4 所示。<style>标签一般写在<head>标签内,属性"type"的含义与<link>标签相同;第 4 行和第 8 行代码的注释是允许不支持这类型的浏览器忽略样式表,目前的主流浏览器都支持,所以不写也没关系。

```
2  <head>
3  <style type="text/css">
4  <!--
5  body {font: 10pt "Arial"}
6  h1 {font: 16pt "Arial"; color: blue}
7  p {font: 12pt "Arial"; color: black}
8  -->
9  </style>
10 </head>
```

图 2－4　内部样式表定义

行内样式表是通过 HTML 内各标签的“style”属性来进行设置，“style”属性是 HTML 的核心属性，绝大多数 HTML 标签都有，用法如图 2－5 所示。

```
<p style="color:red;font-size:30px;">
  这个段落应用了样式</p>
```

图 2－5　行内样式表的设置

另外在<style>标签中使用指令“@import　url(CSS 文件 URL)”也可以引入外部样式表，但因为一些自身的缺陷较少使用。

2.2.2　CSS 选择器

无论是外部样式表还是内部样式表，定义样式的语法都是一样的：

选择器{样式名称 1:值 1;

/＊CSS 注释＊/

样式名称 2:值 2;}

而行内样式表只要写“样式名称 1:值 1;……”即可。

W3C 组织为 CSS 定义了三种基础选择器：元素选择器、类选择器和 ID 选择器。

元素选择器以 HTML 标签名作为选择器名称，所以也叫标签选择器，图 2－4 中第 5—7 行使用的就是元素选择器，分别为<body>、<h1>和<p>标签定义了样式。

类选择器以符号“.”开头，后面跟上一个自定义的名称，在使用时以 HTML 标签的“class”属性来标记。

ID 选择器以符号“＃”开头，后面跟上一个自定义的名称，在使用时以 HTML 标签的“id”属性来标记。

```
<head>
<style type="text/css">
.news {color: red}
#p1 {color: blue}
</style>
</head>
<body>
   <p class="news">新闻</p>
   <p id="p1">另一段落</p>
</body>
```

图 2－6　三种基础选择器

图 2-6 中第 4 行定义的是一个类选择器，在第 9 行的<p>标签中通过设置其“class”属性来应用这个样式规则，在浏览器里查看该页面时文字“新闻”会以红色显示。第 5 行定义的是一个 ID 选择器，在第 10 行的<p>标签中通过设置其“id”属性来应用这个样式规则，在浏览器里查看该页面时文字“另一段落”会以蓝色显示。

除了这三种基础选择器外，CSS 还支持一些基于基础选择器的复杂选择器，有复合选择器、组合选择器、位置选择器和状态选择器。

复合选择器是将元素选择器与类选择器或 ID 选择器结合在一起，形如：p.top、p＃a1。组合选择器是将若干相同样式的选择器以“，”分隔，写在一起；位置选择器也叫后代选择器，是将具有位置关系的若干选择器用空格分隔，写在一起；状态选择器专门针对<a>标签，可以为其不同状态设置不同样式。

```
2  <head>
3  <style type="text/css">
4  p.news {color: red}
5  p#p1 {color: blue}
6  </style>
7  </head>
8  <body>
9     <p class="news">新闻1</p>
10    <h1 class="news">新闻2</h1>
11    <p id="p1">另一段落</p>
12    <h2 id="p1">另一标题</h2>
```

图 2-7　为特定属性值标签设置样式

图 2-7 中，第 4 行定义的选择器要求必须应用在“class”属性值为“news”的<p>标签上，所以第 9 行会应用该样式，而第 10 行就不会应用。第 5 行定义的选择器要求必须应用在“id”属性值为“p1”的<p>标签上，所以第 11 行会应用该样式，而第 12 行就不会应用。一般我们不会在页面中为不同标签定义相同的“id”属性值，这里只是为了说明复合选择器才这样编写。

```
<head>
<style type="text/css">
a:visited{color:blue}
a:hover{color:red}
a:active{color:green}
</style>
</head>
<body>
   <a href="1.html">新闻</a>
```

图 2-8　为<a>标签定义的三个不同状态时的样式

图 2-8 中为<a>标签定义了三个不同状态时的样式，“visited”表示已经访问过的页面，“hover”表示当鼠标移动到链接文字上方时，“active”表示点击链接文字的瞬间。这三种状态样式的书写顺序不能改变，否则有些样式就不起作用了。

2.2.3　优先级

当在一个 HTML 文档中同时出现了外部样式、内部样式和行内样式，并且这三个样式都针对某一标签定义了不同样式，或者为同一个标签同时定义了元素选择器、类选择器和 ID 选择器，这时就要考虑优先级的问题了。

首先行内样式是优于外部、内部样式的，而外部样式和内部样式则由其在 HTML 文件中出现的位置决定。在图 2－9 中，第 3 行链入了一个外部样式文件，第 4 行定义了一个内部样式规则，因为内部样式和外部样式同样定义的是<p>标签的“color”属性值，而内部样式出现在外部样式之后，所以外部样式就被内部样式覆盖了。但是在第 9 行使用<p>标签时又应用了行内样式，所以内部样式也被覆盖了，在浏览器里“新闻”就以绿色显示。如果将第 9 行的“style”属性去掉，则显示为蓝色；再将第 4 行移到第 6 行后面，则显示红色。

```
2 <head>
3 <link href="1.css" rel="stylesheet"
4 <style type="text/css">
5 p{color:blue}
6 </style>
7 </head>
8 <body>
9    <p style="color:green">新闻</p>
```

```
1 /*1.css*/
2 p{color:red}
```

图 2－9　不同样式的优先级问题

上述示例中外部样式和内部样式中使用的都是元素选择器，如果是不同的选择器，那就还要考虑选择器的优先级了。ID 选择器优先级最高，其次是类选择器，元素选择器优先级最低。对上例修改如图 2－10 所示，虽然第 3 行链入的外部样式在内部样式之前，但二者定义的是不同的选择器，所以不存在覆盖的问题。在外部样式表“2.css”中定义的是 ID 选择器，内部样式定义的是类选择器(第 5 行)，第 9 行的<p>标签既应用了类选择器也应用了 ID 选择器，而这两个选择器中定义的是相同的样式“color”，所以根据优先级，类选择器被 ID 选择器覆盖，在浏览器里“新闻”就以红色显示。

```
2 <head>
3 <link href="1.css" rel="stylesheet"
4 <style type="text/css">
5 p{color:blue}
6 </style>
7 </head>
8 <body>
9    <p style="color:green">新闻</p>
```

图 2－10　不同选择器的优先级

2.3 CSS样式

2.3.1 常用CSS样式

下面将一些常用样式通过表2-1简要说明一下。

表2-1 一些常用CSS样式

样式名称	简　介	常　用　值
font-family	字体名称	字体名称
font-size	字体大小	可用px、pt等作为单位
font-style	字体样式	normal、italic
font-weight	字体粗细	normal、bold
color	文字颜色(前景色)	颜色名或＃颜色值
text-align	文本水平对齐	left、center、right
text-indent	文本缩进	数值或百分比
text-decoration	文本修饰	none、underline、overline、line-through、blink
text-transform	文本转换	none、uppercase、lowercase、capitalize
vertical-align	文本垂直对齐	top、middle、bottom
word-spacing	单词间距	normal、数值
letter-spacing	字母间距	normal、数值
border	边框样式	包括下面三个
border-style	边框线型	solid、dotted、double、dashed……
border-width	边框线宽	thin、medium、thick、数值
border-color	边框颜色	颜色名或＃颜色值
margin	边距(外边距)	数值或百分比
padding	间距(内边距)	数值或百分比
background-color	背景颜色	颜色名或＃颜色值
background-W	背景图片	url(图片URL)
background-repeat	背景图片重复	repeat、repeat-x、repeat-y、no-repeat
top	顶边距	数值或百分比
left	左边距	数值或百分比
width	宽带	数值或百分比
height	高度	数值或百分比
position	定位方式	static、relative、absolute
z-index	层叠位置	数值

2.3.2　盒子模型

CSS 定义了盒子模型(Box Model)来规定元素内容、内边距、边框和外边距。如图 2-11 所示，元素(element)的最内部分是实际的内容，直接包围内容的是内边距(padding)；内边距呈现了元素的背景，内边距的边缘是边框(border)；边框以外是外边距(margin)，外边距默认是透明的，因此不会遮挡其后的任何元素。

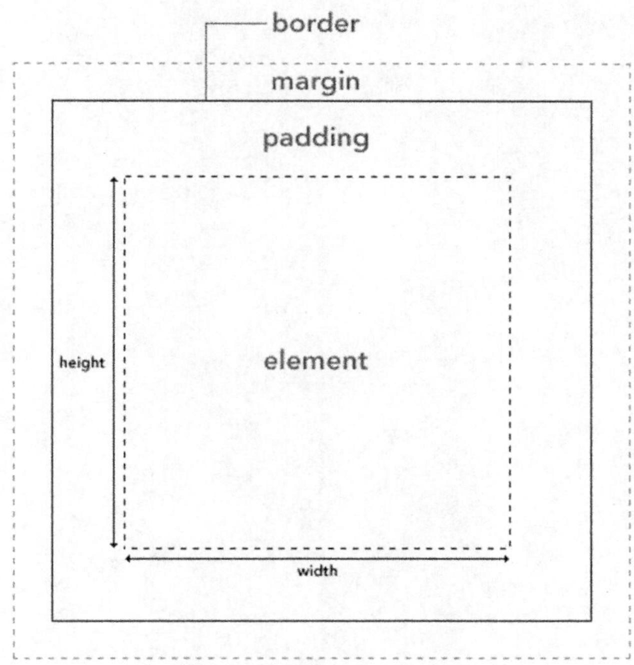

图 2-11　盒子模型

根据 W3C 的规范，元素内容占据的空间是由 width 属性设置的，而内容周围的 padding 和 border 值是另外计算的。但微软的 IE5.X 和 IE6 使用自己的非标准模型，这些浏览器的 width 属性不是内容的宽度，而是内容、内边距 padding 和边框 border 的宽度之和。

第二篇 XML篇

XML指可扩展标记语言（eXtensible Markup Language），用于标记文件使其具有结构性的标记语言，可以用来标记数据、定义数据类型，是一种允许用户对自己的标记语言进行定义的元语言。

和HTML一样，XML也是标准通用标记语言（SGML）的子集。但和HTML不同的是，XML更侧重于描述数据的含义，而不像HTML主要用于描述数据的外观。

XML是WEB服务的基础，本篇将XML进行讨论。

第3章 XML基础

3.1 XML简介

XML是Internet环境中跨平台的、依赖于内容的数据存储、交换技术，是当前处理结构化文档信息的最有力工具之一。XML使用一系列简单的标记描述数据，而这些标记又可以很方便地建立起来，虽然XML占用的空间比二进制数据要多，但XML极其简单，易于掌握和使用，目前的主流开发语言中都有进行XML解析的API。

下面是一个简单的XML文件，通过该文件我们很容易明白其中的数据所具有的含义。

```
<? xml version="1.0" encoding="UTF-8"? >
<Student id="S001">
    <Name>张三</Name>
    <Phone>13913912345</Phone>
    <Street>龙蟠中路458号</Street>
    <City>南京</City>
    <Country>中国</Country>
    <ZIP>210000</ZIP>
    <Email>zhangsan@itany.com</Email>
</Student>
```

3.2 XML文档结构

一个最简单的XML文档，至少要有一个标签元素，如下：

```
<root />
```

通常还会有声明、类型约束、样式表等，如下：

```
<? xml version="1.0" encoding="UTF-8"? >
<? xml-stylesheet type="text/xsl" href="stu.xsl"? >
<! DOCTYPE Student SYSTEM "stu.dtd">
<! -- student infomation -->
    <Student id="S001">
............
</Student>
```

其中第一行“<? xml……”用于声明当前文档是一个 XML 文档，“version” 属性设置XML 规范版本，目前仅有 1.0 版本；“encoding”属性设置文件内容的字符编码，XML 文件的默认编码就是“UTF－8”。

第二行“<? xml－stylesheet……”用于声明采用什么样式表，“type”属性表明样式表类型，“href”属性指示样式表文件路径。

第三行“<! DOCTYPE……”用于指定文档的类型约束定义，另外也可以使用 Schema 来进行约束定义。

第四行就是一个注释，与 HTML 格式一样。

第五行开始才是 XML 文档的数据内容，XML 要求每个文档有且仅有一个根元素（顶层元素）。

3.3 XML基本语法

和 HTML 语法的宽松不同，XML 的语法有很大的强制性：

- 任何标签元素都必须有始有终，成对出现；
- 对于没有标签体的元素可以采用一种简化语法，即在起始标签后加一个斜线（/），如<tag />，XML 解析器会将其翻译成<tag></tag>；
- 标签元素必须按合适的顺序进行嵌套，不能交叉；
- 标签元素必须符合命名规范（由字母、Unicode 字符或下划线开头，后面还可跟上数字、连字符、英文句点），且严格区分大小写；
- 所有的属性都必须有值，且属性值必须加上引号；
- 同一个属性不允许在同一元素中出现多次；
- 一些特殊字符（<、>、&）不应出现在属性值中。

此外，标签元素的主体内容主要有字符数据、CDATA 节和子元素三种。字符数据就是普通文本，示例如下：

```
<Name>Tom</Name>
```

如果普通文本中含有大量特殊字符，就要使用 CDATA 节了。

CDATA 节常用于含有大量特殊字符的情况下，如将文本内容“<html>标签由<head>标签和<body>标签组成”直接写在 XML 标签元素的主体中是会报错的，因为这违反了XML 的强制规范——标签元素必须成对出现，原因是 XML 解析器会认为文本内容中的“<html>”、“<head>”、“<body>”是标签元素。这时需将上述文字改成“<html>标签由 <head>……”，比较麻烦，这时可以写成：

```
<Memo>
  <![CDATA[
   <html>标签由<head>标签和<body>标签组成
  ]]>
</Memo>
```

其中“<! [CDATA[……]]>”就是 CDATA 节的语法格式。

子元素就是元素嵌套，示例如下：

<Student>
    <Name>……</Name>
    <Age>……</Age>
</Student>

为了以后的解析方便着想，不建议在一个标签元素中混放不同的内容。

3.4 XML实体字符

和 HTML 相同，XML 中也有具有特殊含义的符号，如小于号(<)等，在使用时需采用实体字符的形式。不同的是，XML 中的实体字符只有 5 个，其余的需要自行定义。

以下列举了 XML 中的 5 个实体字符：

- <：小于号<
- >：大于号>
- &：与符号 &
- "：双引号"
- '：单引号'

正如世界上没有绝对的自由，所有的自由都有前提条件一样，XML 的过于自由(指标签元素的自由定义)会影响到其作为数据交换的效率及效果，一方随意地定义 XML 文档结构，另一方就会不知所措、无从下手。所以给 XML 文件以相应的约束是非常必要的，这里将会介绍两种约束技术：DTD 和 Schema。

3.5 DTD

DTD 是 Document Type Definition 的缩写，译为文档类型定义，是早期用于 XML 约束的技术，其优点是简单，缺点是功能较弱。

3.5.1 使用 DTD

在 XML 中使用 DTD 有三种方式：内部、外部和内外部结合。语法分别如下：

内部：

<! DOCTYPE 根元素 [定义内容]>

外部：

<! DOCTYPE 根元素 SYSTEM "DTD 文件路径">

内外部结合：

<! DOCTYPE 根元素 SYSTEM "DTD 文件路径" [
    定义内容
]>

其中涉及外部时所使用的关键字除"SYSTEM"外还有"PUBLIC"，在项目内部使用的本地路径的 DTD 文件应用“SYSTEM”，而项目外通用的以 URL 形式作为路径的应用“PUBLIC”。

3.5.2 元素定义

DTD 中使用 ELEMENT 来定义元素，具体语法如下：

<! ELEMENT NAME TYPE>

其中“ELEMENT”是关键字，“NAME”是元素名，“TYPE”是元素类型。

常用的元素类型有：

- EMPTY：空元素，没有主体内容；
- ANY：任意，既可以有文本内容也可以有子元素；
- #PCDATA：文本类型，任何字符数据均可，但不能有子元素；
- 子元素：由指定子元素按照指定次序、次数出现。

在使用子元素作为类型时，通常还会使用到表 3-1 中的特殊符号。

表 3-1 特殊符号

符号	含义
*	出现次数不限，同 RegExp 中的量词
+	至少出现一次，同 RegExp 中的量词
?	出现 0 或 1 次，同 RegExp 中的量词
,	出现顺序
()	分组
|	并列(或)

注意：关键字一定要大写，如 DOCTYPE、ELEMENT、#PCDATA，且元素名与类型之间要有空格。

```
2 <!ELEMENT poem (author,title,content)>
3 <!ELEMENT author (#PCDATA)>
4 <!ELEMENT title (#PCDATA)>
5 <!ELEMENT content (#PCDATA)>
```

图 3-1 元素定义示例

如图 3-1 所示，第 2 行定义了一个元素 poem，其类型是由 author、title、content 三个子元素按序组成的子元素序列，每个子元素都出现且仅出现一次，并且这三个子元素都是 #PCDATA 类型，也就是只能包含普通文本。

图 3-2 所示的 XML 文档就符合这一 DTD 约束，但是如果将第 4 行与第 5 行交换顺序，则该 XML 文档就违反 DTD 的定义了；同样的，如果第 4 行与第 6 行交换也是错误的。另外，如果第 4 行的代码被删除或重复出现两次也是错误的。最后，在这个 XML 文档中肯定不会再出现其他元素了。

```
<poem>
    <author>李白</author>
    <title>静夜思</title>
    <content>
      床前明月光，疑似地上霜；
      举头望明月，低头思故乡。
    </content>
</poem>
```

图3-2 XML文件示例

3.5.3 属性定义

DTD中使用ATTLIST来定义元素的属性，并且一次可为一个元素定义多个属性，所以用Attribute List的缩写ATTLIST。具体语法如下：

```
<! ATTLIST   ELEMENT_NAME
ATTR_NAME TYPE   PROPERTY
……>
```

其中“ATTLIST”是关键字，“ELEMENT_NAME”是要定义属性的元素名，“ATTR_NAME”是属性名，“TYPE”是属性的数据类型，“PROPERTY”用于指定属性的特性。

常用的属性数据类型有：

- CDATA：文本类型，任何字符数据均可，但特殊字符需用实体表示；
- ID：该属性的值必须在文档中是唯一的，且必须符合XML元素命名规范；
- IDREF/IDREFS：该属性的值必须是在文档中某ID类型的属性使用过的值，IDREFS可由空格分隔多个值；
- 枚举：该属性的值必须是在枚举列表中列出过的值。

常用的属性特性有：

- #REQUIRED：必须的，该属性一定要出现在元素中；
- #IMPLIED：可选的，可出现也可不出现；
- #FIXED：指定固定值，后面会跟上这个固定值；
- 缺省值：直接写出缺省值数据。

```
<!ELEMENT family (person+)>
<!ELEMENT person (name)>
<!ELEMENT name (#PCDATA)>
<!ATTLIST person
    id ID #REQUIRED
    parentId IDREFS #IMPLIED
    gender (M|F) #REQUIRED>
```

图3-3 属性定义示例

图3-3所示代码，定义了一个元素family，由至少一个person元素组成；person元素包含1个子元素name和3个属性，id属性是ID类型的，必须出现，parentId是IDREFS类型，可选属性；gender属性是枚举类型，只能是M或F，并且必须出现。

```
<family>
  <person id="p1" gender="M">
    <name>Dad</name>
  </person>
  <person id="p2" gender="F">
    <name>Mom</name>
  </person>
  <person id="p3" gender="M" parentId="p1 p2">
    <name>Son</name>
  </person>
</family>
```

图 3-4 XML 文件示例

图 3-4 所示就是符合这一 DTD 约束的 XML 文档。名为“Dad”的 person 元素具有 id 属性值“p1”，名为“Mom”的 person 元素具有 id 属性值“p2”，所以在名为“Son”的 person 元素的 parentId 属性中就可以出现“p1 p2”，可以表达儿子与父母亲的关系。但是，如果在 parentId 属性中出现了“p3”也是可以的，虽然这与我们想表达的关系相冲突，但是对于 DTD 的约束而言，这完全合法。

3.5.4 实体定义

DTD 中使用 ENTITY 来定义实体，XML 只定义了 5 个实体，如果还要使用就必须自行定义。具体语法如下：

<! ENTITY ENTITY_NAME ENTITY_CONTENT>

其中“ENTITY”是关键字，“ENTITY_NAME”是要定义的实体名称，“ENTITY_CONTENT”是实体内容。

定义之后就可以在 XML 文件中使用标准的实体引用来显示实体内容了，如下：

定义实体：

<! ENTITY author "Will Young">

使用实体：

<author>&author;</author>

浏览器显示结果：

<author>Will Young</author>

注意：在火狐(FireFox)浏览器中对于外部 DTD 中定义的实体无法识别。

上述语法定义的是内部普通实体，DTD 中还可以定义内部参数实体、外部普通实体和外部参数实体，这里限于篇幅就不一一讲解了。

3.5.5 综合示例

给定如下的内部 DTD 定义：

<? xml version="1.0" encoding="UTF-8"? >

<! --内部 DTD 定义-->

<! DOCTYPE NEWSPAPER [

<! ELEMENT NEWSPAPER (ARTICLE+)>

<! ELEMENT ARTICLE (HEADLINE,BYLINE,BODY)>

```
<! ELEMENT HEADLINE (#PCDATA)>
<! ELEMENT BYLINE (#PCDATA)>
<! ELEMENT BODY (#PCDATA)>
<! ATTLIST ARTICLE
        author CDATA #REQUIRED
        editor CDATA #IMPLIED
        date CDATA #IMPLIED>
<! ENTITY pub "Itany Press">
<! ENTITY author "Will Young">
]>
```

分析该DTD可知，根元素是NEWSPAPER(报纸)，由至少一个ARTICLE(文章)元素组成，ARTICLE元素又是由HEADLINE(标题)，BYLINE(副标题)，BODY(正文)三个子元素按序组成，并且还有author(作者)、editor(编辑)、date(日期)三个属性，其中author是必须的。另外还定义了两个实体：pub和author。

所以符合该DTD约束的XML文档如下：

```
<NEWSPAPER>
<ARTICLE author="&author;">
<HEADLINE>新闻一标题</HEADLINE>
<BYLINE>副标题</BYLINE>
<BODY>新闻一内容，由 &pub;报道</BODY>
</ARTICLE>
<ARTICLE author="tom">
<HEADLINE>新闻二标题</HEADLINE>
<BYLINE>副标题</BYLINE>
<BODY>新闻二内容，由 &pub;报道</BODY>
</ARTICLE>
</NEWSPAPER>
```

最后在浏览器中的显示效果如图3-5所示。

```
- <NEWSPAPER>
  - <ARTICLE author="Will Young">
      <HEADLINE>新闻一标题</HEADLINE>
      <BYLINE>副标题</BYLINE>
      <BODY>新闻一内容，由Itany Press报道</BODY>
    </ARTICLE>
  - <ARTICLE author="tom">
      <HEADLINE>新闻二标题</HEADLINE>
      <BYLINE>副标题</BYLINE>
      <BODY>新闻二内容，由Itany Press报道</BODY>
    </ARTICLE>
  </NEWSPAPER>
```

图3-5　综合示例显示效果

3.6 Schema

如果DTD中有如下的元素定义：

<! ELEMENT age (#PCDATA)>

用来描述年龄age，在XML出现了如下代码是否违反约束？

<age>aaa</age>

很明显，年龄应该是个数值，而不是一个任意的字符串，但是对于DTD而言，没有单独的数值类型，只能使用#PCDATA，所以上述代码片段并不违反DTD的约束，但很不合理。

于是微软公司制定了一个新的约束机制，称为：XML Schema Definition（简称：XSD），后来该约束机制被W3C组织纳入正式规范中，称为Schema。

表3-2对DTD与Schema进行了比较。

表3-2 两种约束对比

比较项目 \ 两种约束	DTD	Schema
遵守XML语法	不	是
数据类型	很少	非常多
元素组或属性组	不支持	支持
元素继承	不支持	支持
一个文件多个约束	不支持	支持

3.6.1 命名空间

在介绍Schema之前，先了解一个概念：命名空间(Namespace)。

命名空间是为了解决在同一文档中相同的元素名具有不同的含义而产生的命名冲突(有点类似于Java中的包的概念)。

使用命名空间的语法：

```
<prefix:name xmlns:prefix="URL">
……
</prefix:name>
```

其中prefix表示命名空间前缀，name是元素名，xmlns:prefix用来定义前缀，URL表示所使用的命名空间路径。示例如下：

```
<w:root xmlns:w="http://www.itany.com/XSD/">
……
</w:root>
```

3.6.2 XSD文件定义与使用

与DTD不同，Schema只能使用外部方式，没有内部Schema。Schema文件使用xsd作为文件后缀。

一个xsd文件的基本结构如下：

```
<? xml version="1.0" encoding="UTF-8" ? >
<xs:schema xmlns:xs="http://www.w3.org/2001/XMLSchema"
targetNamespace="http://www.itany.com"
elementFormDefault="qualified"
attributeFormDefault="unqualified">
        <! --放入约束定义的内容 -->
</xs:schema>
```

第一行表明 xsd 文件的本质是一个 XML 格式的文件;其中 schema 是 xsd 文件的根元素,xs 是其命名空间,该空间使用 URL 路径“http://www.w3.org/2001/XMLSchema”,这里的 URL 路径在书写时一个字符都不能错,包括大小写;targetNamespace 用于为当前 xsd 文件定义一个命名空间,当在 XML 文件中使用多个 xsd 文件并产生命名冲突时使用,可以省略;elementFormDefault 和 attributeFormDefault 用于设置使用时元素、属性是否要采用限定名(即:prefix:name)方式,默认值为“unqualified”,表示不需要采用限定名,“qualified”表示必须要使用限定名方式。

当定义完一个 xsd 文件后要在 XML 文件中使用,根据 xsd 文件定义时有无 targetNamespace 属性分为两种语法,如果有 targetNamespace 属性,则如下:

```
<? xml version="1.0" encoding="UTF-8" ? >
<w:root xmlns:w="http://www.itany.com"
xmlns:xsi="http://www.w3.org/2001/XMLSchema-instance"
xsi:schemaLocation="http://www.itany.com demo.xsd">
<! -- 具体内容 -->
</w:root>
```

如果 xsd 文件中没有 targetNamespace 属性,则如下:

```
<? xml version="1.0" encoding="UTF-8" ? >
<root
xmlns:xsi="http://www.w3.org/2001/XMLSchema-instance"
xsi: noNamespaceSchemaLocation="demo.xsd">
<! -- 具体内容 -->
</root>
```

其中的“http://www.w3.org/2001/XMLSchema-instance”所表示的命名空间 URL 无论在哪种方式下都要写,并且也是一个字符也不能错。

3.6.3 数据类型

前面已经提到 Schema 中具有大量数据类型,一般分为简单类型和复杂类型。

元素可以是简单类型,也可以是复杂类型,要视元素的内容和属性而定。如果元素的内容只是普通文本并且也没有任何属性,那就可以定义为简单类型;如果元素有至少一个子元素或者有至少有一个属性,就只能定义成复杂类型。而属性一定只能定义为简单类型。

Schema 中已经内置了许多简单类型,如表 3-3 所示,如果觉得不够的话,还可以使用 simpleType 元素在内置类型的基础上自行定义。

表 3-3　Schema 内置简单类型

类型名称	说　　明
string	字符串类型
boolean	布尔类型
byte	字节类型
int	整数类型，另有 short、long
float	单精度浮点数类型
double	双精度浮点数类型
decimal	数值类型
dateTime	包含日期和时间的类型
date	仅日期类型
time	仅时间类型
Name	符合 XML 命名规范的字符串类型
QName	限定名格式的字符串类型
ID	符合 XML 命名规范且唯一的字符串
IDREF	ID 值引用，另有 IDREFS

表 3-3 并没有给出完整的 Schema 内置简单数据类型，但这些简单数据类型基本已经够我们使用了，还有一些类型，即使不知道，也并不妨碍使用，可以通过后面所学的自定义简单类型来代替。比如：positiveInteger（正整数类型，大于等于 1），我们可以在 int 类型的基础上添加数值下限的限制来获得。

3.6.4　常用元素

xsd 文件中除了 3.6.2 节介绍的根元素 schema 外，还有很多，下面介绍一些常用的元素。

1. element：定义或引用元素

定义元素语法：

```
<xsl:element name="NAME" type="TYPE" />
```

或

```
<xsl:element name="NAME">
<! -- 类型定义 -->
</xsl:element>
```

引用元素语法：

```
<xsl:element ref="NAME" />
```

定义元素时可独立定义也可在某元素的类型定义中定义，引用元素就只能在某元素的类型定义中引用了。无论是在某元素的类型中定义还是引用另一个元素，都可以使用 element 的 minOccurs 和 maxOccurs 属性，限制其出现次数，默认都是 1 次，maxOccurs 可使用“unbounded”表示不设上限次数。

在独立定义元素时，可以使用 substitutionGroup 属性来引用另一个元素的名字，以表示“继承”关系，代码如下：

```
<xsl:element name="elema" type="xs:string" />
<xsl:element name="elemb" type="xs:string"
    substitutionGroup="elema" />
```

如果元素 elema 可以作为某元素的子元素，那么 elemb 同样可以作为该元素的子元素。

2. attribute：定义或引用属性

定义属性语法：

```
<xsl:attribute name="NAME" type="TYPE" />
```

或

```
<xsl:attribute name="NAME">
<! -- 类型定义 -->
</xsl:attribute >
```

引用属性语法：

```
<xsl:attribute ref="NAME" />
```

定义属性可独立定义也可在某元素的类型定义中定义，引用属性就只能在某元素的类型定义中引用了。无论是在某元素的类型中定义还是引用一个属性，都可以使用 attribute 的 use 属性，该属性值为“optional”表示可选属性，为“required”表示为必有属性。

3. simpleType：定义简单类型

定义简单类型一般会用到 restriction 或 union 两个子元素，前者用于对系统内置类型进行约束限制，后者用于将多个类型格式结合在一起。

在使用 restriction 进行限制时，又会用到 enumeration（枚举）、pattern（匹配模式）、length（长度）、maxLength/minLength（最大/最小长度）、maxExclusive/minExclusive（最大/最小值，不包含边界值）、maxInclusive/minInclusive（最大/最小值，包含边界值）等元素。

定义简单类型的语法：

```
<xsl:simpleType name="TYPE_NAME">
<! -- 定义体 -->
</xsl:simpleType>
```

如果在元素或属性内部定义简单类型，就不需要 name 属性了。

下面给出若干简单类型的定义，并逐一说明。

```
<xsl:simpleType name="genderType">
<xs:restriction base="xs:string">
        <xs:enumeration value="M"/>
        <xs:enumeration value="F"/>
    </xs:restriction>
</xsl:simpleType>
```

上面定义了一个名为“genderType”的简单类型，在“string”类型的基础上做出了枚举限制，取值只能是“M”或“F”。

```
<xsl:simpleType name="modelType">
```

```
<xs:restriction base="xs:string">
        <xs:pattern value="[A-C]\d{3}"/>
    </xs:restriction>
</xsl:simpleType>
```

上面定义了一个名为“modelType”的简单类型，在“string”类型的基础上做出了匹配模式限制，其值必须符合“[A-C]\d{3}”模式，即大写英文字母 A、B 或 C 开头，后跟 3 位数字。关于匹配模式的语法，参考 JavaScript 课程的相关内容。

```
<xsl:simpleType name="passwordType">
<xs:restriction base="xs:string">
        <xs:minLength value="3"/>
<xs:maxLength value="16"/>
    </xs:restriction>
</xsl:simpleType>
```

上面定义了一个名为“passwordType”的简单类型，在“string”类型的基础上做出了字符串长度限制，长度至少 3 位，最多 16 位。

```
<xsl:simpleType name="ageType">
<xs:restriction base="xs:int">
        <xs:minInclusive value="0"/>
        <xs:maxInclusive value="120"/>
    </xs:restriction>
</xsl:simpleType>
```

上面定义了一个名为“ageType”的简单类型，在“int”类型的基础上做出了取值范围限制，只能是 0～120(包括 0 和 120)之间的整数。如果把第 3、4 行换成 minExclusive、maxExclusive，则 0 和 120 就不是合法数值。

有些属性或元素的取值不是一种简单形式，比如 HTML 中的和颜色相关的属性，既可以使用预定义的颜色名称，也可以使用＃RRGGBB 形式。这时就要使用 union 元素来进行结合了，下面给的就是颜色类型的定义。

```
<xsl:simpleType name="colorType">
<xs:union>
        <xs:simpleType>
            <xs:restriction base="xs:string">
            <xs:enumeration value="red" />
            <xs:enumeration value="green" />
            <xs:enumeration value="blue" />
            <xs:enumeration value="white" />
            <! -- 这里省略更多的颜色名-->
            </xs:restriction>
        </xs:simpleType>
        <xs:simpleType>
```

```
            <xs:restriction base="xs:string">
            <xs:pattern value="#[A-Fa-f]{6}"/>
            </xs:restriction>
        </xs:simpleType>
    </xs:union>
</xsl:simpleType>
```

4. complexType:定义复杂类型

定义复杂类型的语法：

```
<xsl:complexType name="TYPE_NAME">
<! -- 定义体 -->
</xsl:complexType>
```

如果在元素内部定义复杂类型，就不需要 name 属性了。

定义复杂类型一般会用到 simpleContent(简单内容)、all(全部)、choice(选择)和 sequence(序列)子元素。

如果元素的主体中是普通文本，但是有属性时使用 simpleContent。示例如下：

```
<xs:complexType name="typea">
    <xs:simpleContent>
        <xs:extension base="xs:string" >
            <xs:attribute name="id" type="xs:ID" />
        </xs:extension>
    </xs:simpleContent>
</xs:complexType>
```

这里定义了一个复杂类型"typea"，该类型的元素主体内容为字符串，并有 ID 类型的属性 id。这里还用到了 extension 元素，表示扩展的含义。

如果元素中包含子元素，则根据子元素出现的规则(次数和次序)来决定使用 all、choice 还是 sequence。

```
<xs:complexType name="typeb">
    <xs:all>
        <xs:element name="suba" type="xs:string"/>
        <xs:element name="subb" type="xs:string"/>
        <xs:element name="subc" type="xs:string"/>
    </xs:all>
</xs:complexType>
```

上面定义的复杂类型"typeb"，包含了三个子元素 suba、subb 和 subc，这三个子元素可以按照任意次序出现在"typeb"类型的元素中，但是都必须出现且只能出现一次。可以为第 2 行的 all 元素添加"minOccurs="0""来将这些子元素设置为可以都不出现，也可以在第 3～5 行的 element 元素中添加"minOccurs="0""来单独为某个子元素设置允许不出现。all 元素的 maxOccurs 属性只能为 1。

```
<xs:complexType name="typec">
```

```
    <xs:choice>
        <xs:element name="suba" type="xs:string"/>
        <xs:element name="subb" type="xs:string"/>
        <xs:element name="subc" type="xs:string"/>
    </xs:choice>
</xs:complexType>
```

上面定义的复杂类型“typec”,同样包含了三个子元素 suba、subb 和 subc,这三个子元素只要其中一个出现在“typec”类型的元素中即可。如果要出现多个或多次出现,可以为第 2 行的 choice 元素设置 maxOccurs 属性,如果该属性值为“unbounded”,则这三个子元素可以按照任意次序、任意次数出现。

```
<xs:complexType name="typed">
    <xs:sequence>
        <xs:element name="suba" type="xs:string"/>
        <xs:element name="subb" type="xs:string"/>
        <xs:element name="subc" type="xs:string"/>
    </xs:sequence>
</xs:complexType>
```

上面定义的复杂类型“typed”,还是包含了三个子元素 suba、subb 和 subc,这三个子元素必须按照定义的顺序依次在“typec”类型的元素中出现一次。如果要出现多次,可以为第 2 行的 sequence 元素设置 maxOccurs 属性,不管出现多少次,每次都必须按照定义的顺序,除非其中某个子元素使用了“minOccurs="0"”的属性设置,那么在某一次中可以不出现。

5. group:定义或引用元素组

定义元素组语法:

```
<xsl:group name="GROUP_NAME">
<!--若干 element 的定义内容-->
</xsl:group>
```

引用元素组语法:

```
<xsl:group ref="GROUP_NAME" />
```

定义元素组只能独立定义,不能在某元素的类型定义中定义,类型定义中只能引用。元素组的定义体中同样使用 all、choice 和 sequence 子元素,与 complexType 中的含义相同。

6. attributeGroup:定义或引用属性组

定义属性组语法:

```
<xsl:attributeGroup name="GROUP_NAME">
<!--若干 attribute 的定义内容-->
</xsl:attributeGroup>
```

引用属性组语法:

```
<xsl:attributeGroup ref="GROUP_NAME" />
```

同元素组一样,定义属性组只能独立定义,不能在某元素的类型定义中定义,类型定义中只能引用属性组。属性组的定义体中可以直接定义新的 attribute,也可以引用已经定义过的 attribute 或 attributeGroup。

3.6.5 综合示例

```
<? xml version="1.0" encoding="UTF-8"? >
<xs:schema xmlns:xs="http://www.w3.org/2001/XMLSchema">
<! -- 独立定义一个内置简单类型的元素 -->
<xs:element name="comment" type="xs:string"/>
<! -- 独立定义一个元素,类型单独定义 -->
<xs:element name="purchaseOrder" type="orderType"/>
<! -- 独立定义复杂类型 orderType -->
<xs:complexType name="orderType">
  <! -- 以下3个元素依次顺序出现一次 -->
  <xs:sequence>
    <! -- 在类型内部定义元素,非独立定义 -->
    <xs:element name="shipTo" type="USAddress"/>
    <! -- 在类型内部引用元素 comment,可以不出现 -->
    <xs:element ref="comment" minOccurs="0"/>
    <xs:element name="items" type="Items"/>
  </xs:sequence>
  <! -- 在类型内部定义属性,非独立定义 -->
  <xs:attribute name="orderDate" type="xs:date"/>
</xs:complexType>
<! -- 复杂类型 orderType 定义结束 -->
<! -- 独立定义复杂类型 USAddress -->
<xs:complexType name="USAddress">
  <! -- 以下5个元素依次顺序出现一次 -->
  <xs:sequence>
   <xs:element name="name" type="xs:string"/>
   <xs:element name="street" type="xs:string"/>
   <xs:element name="city" type="xs:string"/>
   <xs:element name="state" type="xs:string"/>
   <! -- 邮政编码 zip 采用带有模式的简单类型 -->
   <xs:element name="zip">
     <xs:simpleType>
       <xs:restriction base="xs:int">
         <xs:pattern value="\d{5}"/>
       </xs:restriction>
     </xs:simpleType>
   </xs:element>
  </xs:sequence>
```

```
  <!-- 定义属性 country,使用固定值 US -->
  <xs:attribute name="country" type="xs:string"
     fixed="US"/>
</xs:complexType>
<!-- 复杂类型 USAddress 定义结束 -->
<!-- 独立定义复杂类型 Items -->
<xs:complexType name="Items">
  <!-- 只包含子元素 Item,至少出现 1 次,无上限 -->
  <xs:sequence maxOccurs="unbounded">
    <xs:element name="item" type="Item" />
  </xs:sequence>
</xs:complexType>
<!-- 复杂类型 Items 定义结束 -->
<!-- 独立定义复杂类型 Item -->
<xs:complexType name="Item">
  <!-- 以下 4 个元素依次顺序出现一次-->
  <xs:sequence>
    <xs:element name="itemName" type="xs:string"/>
    <xs:element name="quantity">
      <!-- 元素内部定义简单类型 -->
      <xs:simpleType>
        <!-- 在正整数基础上增加上限,合理取值范围[1,99] -->
        <xs:restriction base="xs:positiveInteger">
          <xs:maxExclusive value="100"/>
        </xs:restriction>
      </xs:simpleType>
    </xs:element>
    <xs:element name="USPrice" type="xs:decimal"/>
    <xs:element ref="comment" minOccurs="0"/>
  </xs:sequence>
  <!-- Item 类型必须出现的属性,类型另外定义 -->
  <xs:attribute name="partNum" type="SKU"
       use="required"/>
</xs:complexType>
<!-- 复杂类型 Item 定义结束 -->
<!-- 简单类型 SKU 定义开始 -->
<xs:simpleType name="SKU">
  <!-- 在 string 基础上增加模式限制 -->
  <xs:restriction base="xs:string">
```

```
    <xs:pattern value="\d{3}-[A-Z]{2}"/>
  </xs:restriction>
</xs:simpleType>
<! -- 简单类型 SKU 定义结束 -->
</xs:schema>
```

按照上面的 Schema 定义，以下 XML 文件是符合该约束的，但并不是说这是唯一符合约束的 XML 文件，比如 purchaseOrder 元素有一个 orderDate 属性是可选的，下面的 XML 中就没有用。

```
<? xml version="1.0" encoding="UTF-8"? >
<purchaseOrder
xmlns:xsi="http://www.w3.org/2001/XMLSchema-instance"
xsi:noNamespaceSchemaLocation="order.xsd">
  <shipTo country="US">
    <name>IDM</name>
    <street>No.102 1st Street</street>
    <city>L.A.</city>
    <state>CA</state>
    <zip>20010</zip>
  </shipTo>
  <items>
    <item partNum="100-AA">
      <itemName>PC</itemName>
      <quantity>10</quantity>
      <USPrice>412.99</USPrice>
    </item>
    <item partNum="103-BC">
      <itemName>HD</itemName>
      <quantity>5</quantity>
      <USPrice>42.99</USPrice>
    </item>
  </items>
</purchaseOrder>
```

3.7 XSL

在 HTML 课程中曾经介绍过 CSS，用于为 HTML 提供样式。相对于本身就有外观样式的 HTML，XML 更需要样式表来为只有含义的数据定义显示外观。在 XML 中可以使用的样式表技术除了 CSS 还有 XSL，而且在多数情况下我们都是使用后者。

如果将 CSS 比作化妆师，那么 XSL 就是整容师，CSS 只能改变数据的表面外观，而 XSL 还可以改变数据的原始结构。

3.7.1 基本语法

在 XML 文件中使用样式表，要添加处理指令<？ xml－stylesheet……？ >，其语法如下：

```
<? xml-stylesheet type="text/css" href="CSS文件" ?>
```

或

```
<? xml-stylesheet type="text/xsl" href="XSL文件" ?>
```

将如下样式定义(每个样式的含义这里就不一一解释了)保存在文件：9—6.css 中。

```
poem{
    font-size:14px;
}
author{
    color:#0000FF;     font-weight:bold;
}
title{
    color:#FF0000;     font-weight:bold;
}
content{
    display:block;     margin-top:5px; padding:3px;
    width:180px;       border:1px solid #CC33FF;
}
```

在图 3－2 所示的 XML 文件的根元素之前添加如下语句：

```
<? xml-stylesheet type="text/css" href="9-6.css" ?>
```

则在浏览器中的显示效果就会如图 3－6 所示。

李白 静夜思

床前明月光，疑似地上霜；
举头望明月，低头思故乡。

图 3－6　显示效果

以上给出的是 XML 使用 CSS 的示例，使用 XSL 的示例这里暂时先不列举了，待下面介绍 XSL 语法时再详细讲解。

3.7.2 XSL 基本结构

XSL 是可扩展的样式表语言(eXtensible Stylesheet Language)的缩写，包含了 XSLT(用于转换 XML 文档的语言)、XPath(用于在 XML 文档中导航的语言)、XSL－FO(用于格式化 XML 文档的语言)三个主要组成部分。

XSL 本身遵循 XML 语法结构，一个 XSL 文件的结构如下：

```
<? xml version="1.0" encoding="UTF-8">
```

```
<xsl:stylesheet  version="1.0"
xmlns:xsl="http://www.w3.org/1999/XSL/Transform">
    <! --模板规则 1-->
    …………
    <! --模板规则 n-->
</xsl:stylesheet>
```

其中<xsl:stylesheet>是 XSL 文件的根元素；属性 version 指定所使用的 XSL 版本，简单起见，本书中采用 1.0 版，该属性必须指定；命名空间指定为"http://www.w3.org/1999/XSL/Transform"，同 XSD 文件中的命名空间一样严格区分大小写。

至于其中的模板规则在下一节中介绍。

3.7.3　XSL 常用标签

在 XSL 中常用的标签有：

- template：模板规则定义
- apply-templates：模板应用
- value-of：数据输出
- for-each：数据循环
- if：条件判断
- choose、when、otherwise：多分支判断
- sort：排序

模板的定义就像是函数定义，模板应用类似于函数调用，使用模板的好处是可以将复杂的 XSL 分成若干部分，每个部分负责少量 XML 数据的展现，从而达到协同工作以完成整个 XML 的样式转换。

下面的 XSL 示例均将应用在以下 XML 文件上：

```
<? xml version="1.0" encoding="UTF-8">
<students>
    <student id="S101">
        <name>张三</name>
        <score>91</score>
    </student>
    <student id="S102">
        <name>李四</name>
        <score>88</score>
    </student>
    <student id="S103">
        <name>王五</name>
        <score>98</score>
    </student>
    <student id="S104">
        <name>赵六</name>
```

```
        <score>68</score>
    </student>
    <student id="S105">
        <name>陈七</name>
        <score>75</score>
    </student>
</students>
```

示例1:输出XML文件中的所有文本内容。

```
<?xml version="1.0" encoding="UTF-8">
<xsl:stylesheet  version="1.0"
xmlns:xsl="http://www.w3.org/1999/XSL/Transform">
    <xsl:template match="/">
        <xsl:value-of select="." />
    </xsl:template>
</xsl:stylesheet>
```

其中第4行的模板定义使用属性match="/"来匹配整个XML文档,输出语句value-of使用属性select="."来输出XML文档中的所有数据。因为没有为每个XML中的标签定义样式,所以输出效果如图3-7所示。

张三 91 李四 88 王五 98 赵六 68 陈七 75

图3-7 示例1显示效果

示例2:逐行输出每个student的name和score。

```
<?xml version="1.0" encoding="UTF-8">
<xsl:stylesheet  version="1.0"
xmlns:xsl="http://www.w3.org/1999/XSL/Transform">
<!--匹配整个XML文档-->
<xsl:template match="/">
    <xsl:apply-templates select="students/student" />
</xsl:template>
<!--匹配student元素-->
<xsl:template match="student">
    <xsl:apply-templates />
</xsl:template>
<!--匹配name元素-->
<xsl:template match="name">
    <xsl:value-of select="." />
</xsl:template>
<!--匹配score元素-->
```

```
<xsl:template match="score">
    <xsl:value-of select="." /><br/>
</xsl:template>
</xsl:stylesheet>
```

本例中定义了4个模板，第一个模板匹配整个文档，并使用apply－templates的select属性指定查找文档下students元素下的student元素，每找到一个就调用一下与之匹配的模板；第二个模板就是与student元素匹配的，其中的apply－templates没有指定select属性，则每个student元素的子元素都会调用与之匹配的模板，如果没有则将其中的内容原样输出；第三个模板匹配name元素，使用输出语句输出当前元素中的内容；第四个模板匹配score元素，使用输出语句输出当前元素中的内容后再输出一个换行标签＜br /＞。显示效果如图3-8所示。

本例中有两点需要注意：

- 因为XML文件中student、name、score元素的位置都是唯一的，如果在不同位置出现相同名称的元素（如comment元素，既可以在purchaseOrder元素中出现，也可以在item元素中出现），那么在模板标签的match属性中就最好指定元素的路径，否则所有的同名标签都使用相同的模板处理；
- 在FF（火狐）浏览器中的显示效果与示例1并无区别，这是因为FF对于HTML的语法要求比较严格，可以将第一个模板的定义修改为：

张三91
李四88
王五98
赵六68
陈七75

图3-8　示例2显示效果

```
<xsl:template match="/">
    <html><body>
    <xsl:apply-templates select="students/student" />
    </body></html>
</xsl:template>
```

示例3：在示例2的基础上增加id属性的输出。

```
<? xml version="1.0" encoding="UTF-8">
<xsl:stylesheet  version="1.0"
xmlns:xsl="http://www.w3.org/1999/XSL/Transform">
<xsl:template match="/">
<html>
<body>
    <xsl:apply-templates select="students/student" />
</body>
</html>
</xsl:template>
<xsl:template match="student">
    <! --输出属性-->
    <xsl:value-of select="@id" />
    <xsl:apply-templates />
```

```
</xsl:template>
<xsl:template match="name">
    <xsl:value-of select="." />
</xsl:template>
<xsl:template match="score">
    <xsl:value-of select="." /><br/>
</xsl:template>
</xsl:stylesheet>
```

S101张三91
S102李四88
S103王五98
S104赵六68
S105陈七75

图 3-9　示例 3 显示效果

本例相对于示例 2,仅仅是在第二个模板中增加了一个用于输出属性 id 值的输出语句,为了区别属性与子元素,需要在属性名前面加"@"符号。效果如图 3-9 所示。

示例 4:使用 for-each 标签改写示例 3,实现相同输出效果。

```
<?xml version="1.0" encoding="UTF-8">
<xsl:stylesheet  version="1.0"
xmlns:xsl="http://www.w3.org/1999/XSL/Transform">
<xsl:template match="/">
<html><body>
    <!--使用 for-each 标签遍历 student 元素-->
    <xsl:for-each select="students/student">
        <xsl:value-of select="@id" />
        <xsl:value-of select="name" />
        <xsl:value-of select="score" /><br/>
    </xsl:for-each>
</body></html>
</xsl:template>
</xsl:stylesheet>
```

本例代码相对于示例 3 的代码简化了许多,在简单的输出中比模板简洁明了,而且不用考虑 name、score 元素的位置是否唯一。但是如果是复杂的文档结构,输出的样式也比较繁琐时就不合适了。

示例 5:在示例 4 的基础上增加成绩评级:90 分(含)以上为优,80 分(含)以上为良,70 分(含)以上为中,60 分(含)以上为及格,否则为不及格。

```
<?xml version="1.0" encoding="UTF-8">
<xsl:stylesheet  version="1.0"
xmlns:xsl="http://www.w3.org/1999/XSL/Transform">
<xsl:template match="/">
<html><body>
    <xsl:for-each select="students/student">
        <xsl:value-of select="@id" />
        <xsl:value-of select="name" />
```

```
        <xsl:apply-templates select="score" /><br/>
    </xsl:for-each>
</body></html>
</xsl:template>
<xsl:template match="score">
    <xsl:value-of select="." />
    <xsl:if test=".>=90">优</xsl:if>
    <xsl:if test=".>=80 and . &lt; 90">良</xsl:if>
    <xsl:if test=".>=70 and . &lt; 80">中</xsl:if>
    <xsl:if test=".>=60 and . &lt; 70">及格</xsl:if>
    <xsl:if test=". &lt; 60">不及格</xsl:if>
</xsl:template>
</xsl:stylesheet>
```

因为成绩的输出比较麻烦，所以本例中为 score 单独定义了一个模板，在该模板中，先输出分数，然后通过 if 标签进行评级，条件写在 test 属性中。其中涉及的比较运算符应该使用实体 <和 >来分别表示小于号和大于号，实际使用中大于号在大多数浏览器中并无问题，可以直接书写，而小于号一定要写成实体形式，否则会报错。而且我们习惯的与运算符也不能写成 &&，而是写成 and。显示效果如图 3-10 所示。

S101张三91优
S102李四88良
S103王五98优
S104赵六68及格
S105陈七75中

图 3-10 示例 5 显示效果

示例 6：if 标签的 test 属性不仅可以判断元素的值，也可以用来判断元素名称，还可以用来判断属性名称或属性的值，同样也是在属性名前加符号“@”。将示例 3 中的后三个模板合并成如下形式：

```
<xsl:template match="student">
  <xsl:if test="@id">
    <font color="green">
      <xsl:value-of select="@id"/>
    </font>
  </xsl:if>
  <xsl:if test="name">
    <font color="red">
      <xsl:value-of select="name"/>
    </font>
  </xsl:if>
  <xsl:if test="score">
    <font color="blue">
      <xsl:value-of select="score"/>
    </font>
  </xsl:if>
```

```
  <br />
</xsl:template>
```

三个 if 标签的 test 属性都只有元素名或属性名，也就只判断是否为指定的元素或属性，而与其值无关。输出效果如图 3-11 所示。

S101 张三 91
S102 李四 88
S103 王五 98
S104 赵六 68
S105 陈七 75

图 3-11　示例 6 显示效果

示例 7：使用 choose 标签组改写示例 5，完成相同输出效果。

```
<xsl:template match="score">
    <xsl:value-of select="." />
    <xsl:choose>
        <xsl:when test=". >= 90">优</xsl:when>
        <xsl:when test=". >= 80">良</xsl:when>
        <xsl:when test=". >= 70">中</xsl:when>
        <xsl:when test=". >= 60">及格</xsl:when>
        <xsl:otherwise>不及格</xsl:otherwise>
    </xsl:choose>
</xsl:template>
```

这里就把示例 5 中第二个模板的定义改写成上面的形式，其余不变。

choose 标签组由 choose、when 和 otherwise 标签组成，其中只有 when 标签有 test 属性。

和示例 5 的代码对比会发现，test 中的条件相对简单了一些，这是因为其执行过程类似于 Java 中的 switch 语句，按顺序依次执行 when 标签中的 test 判断，如果为 true 则执行其中的语句，如果为 false 则继续下一个 when 的判断，所有的 when 都不符合则执行 otherwise 中的语句。

但是不像 switch 语句有标签贯穿的特点，choose 中的 when 和 otherwise 标签最多只有一个会被执行到。改变示例 5 中 if 标签的顺序对结果毫无影响，而这里 when 标签的顺序是不能改变的。比如将判定“优”的 when 语句与判定“良”的 when 语句交换一下顺序，就不会再有“优”出现了，因为大于等于 90 分必然满足大于等于 80 分的判定，直接输出“良”就结束 choose 语句了。

示例 8：在示例 7 的基础上增加按成绩从高到低排序显示的功能。

```
<xsl:template match="/">
<html><body>
    <xsl:for-each select="students/student">
        <!--使用 sort 标签进行排序-->
        <xsl:sort select="score" order="descending" />
        <xsl:value-of select="@id" />
        <xsl:value-of select="name" />
        <xsl:apply-templates select="score" /><br/>
    </xsl:for-each>
</body></html>
</xsl:template>
```

这里仅在示例7的第一个模板定义中增加了sort标签。

sort标签仅可以在for—each标签和apply—templates标签中使用，因为这两个标签都具备循环遍历的能力。并且要写在其他内容之前。

sort标签使用属性select来指定按照哪个子元素或属性的值进行排序，属性order指定升、降序，默认是升序(ascending)，降序使用descending。输出效果如图3-12所示。

S103王五98优
S101张三91优
S102李四88良
S105陈七75中
S104赵六68及格

图3-12 示例8显示效果

试着将XML文件中学生“王五”的score改为100，再看看结果，还是不是显示在最前面?

我们会发现，成绩最高的“王五”居然显示在最后面了。这是因为sort标签默认是按字符顺序进行比较的，所以将100看成了字符串“100”，那么和其他学生的score字符串相比自然就排在了最后。这时只需要在sort标签中指定属性data—type="number"(默认值是text)就可以了。

另外sort标签还有属性case—order用于设置小写字母优先(lower—first，默认)还是大写字母优先(upper—first)。这里的优先并不是指所有的小写或大写都排在前面，而是指字符串相同时，小写格式的在前还是大写格式的在前。比如对数据tom、tony、Tom、Tony使用lower—first按升序排序，结果是：tom、Tom、tony、Tony；而使用upper—first按升序排序，则结果是：Tom、tom、Tony、tony。如果想按照先全部小写再全部大写，则需指定属性data—type="number"来按照字符的编码顺序排列(虽然按照ASCII码，小写字母是排在大写字母后面的，但是在sort标签中，升序是小写字母在前面，降序是大写字母在前面，并且此时属性case—order失效)，结果是：tom、tony、Tom、Tony，这样大小写字符就全部分开了。

3.7.4 综合示例

定义一个XSL文件，将以下XML数据转换为图3-13所示的表格形式输出来。要求按照成绩降序排列，并根据成绩评定等级，选修课程全部列出，不同课程之间使用标点符号分隔，最后一门课程后没有分隔符号。

```
<? xml version="1.0" encoding="UTF-8"? >
<students>
    <student id="S101">
        <name>张三</name>
        <score>91</score>
        <gender>男</gender>
        <course>Java</course>
        <course>Oracle</course>
        <course>XML</course>
    </student>
    <student id="S102">
        <name>李四</name>
        <score>88</score>
        <gender>女</gender>
```

```
        <course>C++</course>
        <course>MySQL</course>
        <course>UML</course>
    </student>
    <student id="S103">
        <name>王五</name>
        <score>100</score>
        <gender>男</gender>
        <course>Java</course>
        <course>Oracle</course>
        <course>UML</course>
    </student>
    <student id="S104">
        <name>赵六</name>
        <score>68</score>
        <gender>男</gender>
        <course>Java</course>
        <course>Oracle</course>
        <course>JSP</course>
    </student>
    <student id="S105">
        <name>陈七</name>
        <score>75</score>
        <gender>女</gender>
        <course>HTML</course>
        <course>XML</course>
    </student>
</students>
```

学号	姓名	性别	成绩	等级	选修课程
S103	王五	男	100	优	Java, Oracle, UML
S101	张三	男	91	优	Java, Oracle, XML
S102	李四	女	88	良	C++, MySQL, UML
S105	陈七	女	75	中	HTML, XML
S104	赵六	男	68	及格	Java, Oracle, JSP

图 3-13 综合示例最终效果

XSL 文件如下：

```
<? xml version="1.0" encoding="UTF-8"? >
<xsl:stylesheet version="1.0"
xmlns:xsl="http://www.w3.org/1999/XSL/Transform">
<xsl:template match="/">
<! --定义 HTML 格式-->
<html><body>
    <! --定义表格-->
    <table align="center" border="1" width="480">
    <! --定义表头-->
    <thead>
        <tr bgcolor="#33CCFF">
            <th width="50">学号</th>
            <th width="70">姓名</th>
            <th width="50">性别</th>
            <th width="50">成绩</th>
            <th width="60">等级</th>
            <th width="200">选修课程</th>
        </tr>
    </thead>
    <! --表头结束,定义表格主体-->
    <tbody>
    <! --每读取到一个 student 元素就调用对应模板-->
    <xsl:apply-templates select="students/student">
        <! --按照 score 的数值降序排序-->
        <xsl:sort select="score" order="descending"
    data-type="number" />
    </xsl:apply-templates>
    </tbody>    </table>
    <! --表格主体结束、表格结束-->
</body></html>
</xsl:template>
<! --为 student 元素定义模板-->
<xsl:template match="student">
<tr>
    <! --依次输出属性 id、子元素 name、gender、score-->
    <td><xsl:value-of select="@id" /></td>
    <td><xsl:value-of select="name" /></td>
    <td><xsl:value-of select="gender" /></td>
```

```
        <td><xsl:value-of select="score" /></td>
        <!--按照 score 进行等级划分-->
        <td>
            <xsl:choose>
            <xsl:when test="score >= 90">优</xsl:when>
            <xsl:when test="score >= 80">良</xsl:when>
            <xsl:when test="score >= 70">中</xsl:when>
            <xsl:when test="score >= 60">及格</xsl:when>
            <xsl:otherwise>不及格</xsl:otherwise>
            </xsl:choose>
        </td>
        <!--输出选修课程-->
        <td>
        <!--每个 student 可选多门课程,需遍历-->
        <xsl:for-each select="course">
        <!--输出课程名称-->
        <xsl:value-of select="." />
        <!--如果不是最后一门选修课程,输出分隔符号-->
        <xsl:if test="position()! =last()">,</xsl:if>
        </xsl:for-each>
        </td>
    </tr>
    </xsl:template>
    </xsl:stylesheet>
```

其中 position()和 last()都是 XPath 中的函数,其实包括前面所介绍的 XSL 常用标签中的 select、match、test 等属性使用的都是 XPath 语法,这里为了简单起见,淡化了 XPath 语法,有兴趣的读者可以参考相关资料。

第 4 章 XML 解析

4.1 XML DOM 简介

在 JavaScript 课程中已经介绍过 DOM(文档对象模型)，当时的 DOM 是基于 HTML 文档的，这里要介绍的是基于 XML 文档的 DOM。

与 HTML DOM 一样，W3C 为了建立统一的规范，也为 XML 制定了一套 DOM。XML DOM 是用于 XML 的标准对象模型，同时也是 XML 文档的标准编程接口，它定义了访问和操纵 XML 文档的一套规范。通过 XML DOM，程序员不仅可以读取 XML 文档里的内容，也可以创建 XML 文档，增加、修改或者删除其中的元素、属性等。

与 HTML 的 DOM 不同，XML 中的标签元素都是自定义的，所以每个 XML 文档都有自己的 DOM 结构，但是总体结构都是一样的，因为每个 XML 文档有且仅有一个根元素。

以下面的 XML 文档为例，其对应的 DOM 结构如图 4-1 所示。

```
<? xml version="1.0" encoding="UTF-8" ? >
<books>
    <book>
        <author>罗贯中</author>
        <title>三国演义</title>
    </book>
    <book>
        <author>张伟</author>
        <title>JAVA WEB 编程详解</title>
    </book>
    <book>
        <author>杨卫兵</author>
        <title>XML 解析技术</title>
    </book>
</books>
```

XML DOM 是基于节点(Node)类型的，其中几乎所有的类型都和节点有关：要么是继承自 Node，要么是 Node 集合。

图 4-1 中所标注的类型就都是 Node 的派生类型。文档(Document)代表整个 XML 文档对象，也称为根节点；元素(Element)表示 XML 文档中的元素标签，根元素也是 Element 类型，只不过其所在位置比较特殊(是 Document 的第一个也是唯一一个元素)；文本(Text)

表示标签体里的文字。另外还有属性(Attr)、注释(Comment)、CDATA 节(CDATASection)等也都是 Node 的派生类型。这些类型名称我们务必要熟悉,在以后的 XML 解析中会频繁用到。

对照 XML 源文件,基本上都能明白图 4-1 所表示的结构,但其实真正生成出的 DOM 与图 4-1 还是有所不同的,具体情况在后面再详细说明。

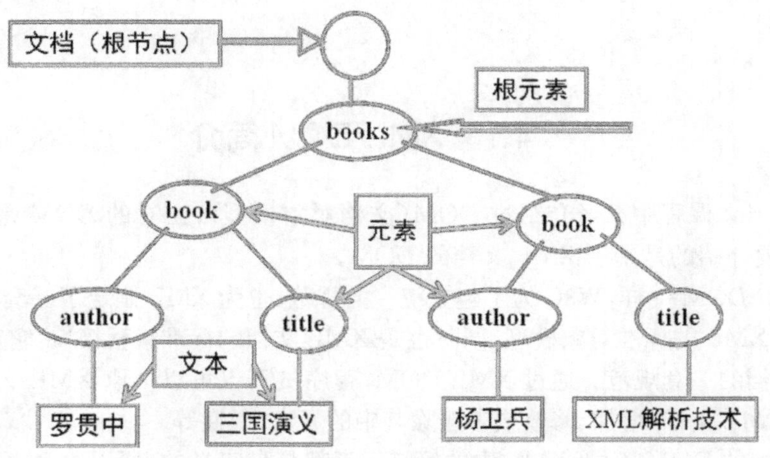

图 4-1 XML DOM 结构图

4.2 标准 DOM 解析

下面我将按照 W3C 的标准 DOM 分别使用 JavaScript 和 Java 对 XML 进行解析操作。这是因为在我们以后的应用中,客户端会使用 JavaScript,而服务器端会使用 Java 来进行 XML 的相关操作。并且在客户端侧重于读取操作,而在服务器端侧重于写操作。

4.2.1 JS 解析 XML

虽然在 JavaScript 中解析 XML 不用记忆那么多数据类型,统一使用 var 来声明即可,但是如果不知道具体的数据类型,那就无法查找 API 来了解其用法。况且在下一节的 Java 解析中,我们还是要明确这些数据类型。

在 JavaScript 中读取一个 XML 文档的主要步骤如下:

- 创建 document 对象;
- 加载 XML 文档或 XML 格式字符串;
- 获取根元素;
- 按照 XML 文档结构进一步处理。

下面以对应的 XML 文档为例,讲解其解析过程,定其文件名为:books.xml。

因为 XML DOM 中的 Document 并不是 JavaScript 的内置类型,而是由浏览器来提供的,所以对于不同浏览器有不同创建方式。这里提供一个工厂方法来创建 XML document 对象,如图 4-2 所示。第 11 行用于判断是否为 IE 浏览器,如是就用第 12 行的代码创建,否则认为是 FF 浏览器,用第 16 行的代码创建。这里没有考虑 Google Chrome 浏览器,因其需要用到 XMLHttpRequest，在讲解 Ajax 的章节中会有说明。

```
function createDocument(){
  var doc;
  if(window.ActiveXObject){
    doc=new ActiveXObject(
          "Microsoft.XMLDOM");
  }
  else{
    doc=document.implementation.
        createDocument("","",null);
  }
  return doc;
}
```

图 4－2　创建 Document 的工厂方法

创建 Document 对象后，就可以调用其 load 方法加载一个 XML 文件了，通常在 load 之前还会设置一下同步，也就是在加载并解析完成后代码才继续执行，确保 Document 中的数据是完整的。代码如下：

```
var doc=createDocument();
doc.async=false;//同步
doc.load("books.xml");//加载 XML 文档并解析
```

IE 浏览器还可以使用 Document 对象的 loadXML 方法加载并解析一段 XML 格式的字符串。如果是 FF 浏览器，则需要使用以下代码：

```
var parser=new DOMParser();
var doc=parser.parseFromString(XML_String,"text/xml");
```

接着获取根元素，因为根元素是唯一的且属于文档，所以使用下面的代码：

```
var root=doc.documentElement;//获取根元素
```

这里得到的变量 root 就是 Element 类型，可以通过 root.nodeName(或 tagName)属性获取根元素的名字。

根据 books.xml 文件的结构，我们接下来要获取根元素 books 下的 book 子元素了。Element 类型有 childNodes 属性获取其子节点的集合(NodeList 类型)，代码如下：

```
var subs=root.childNodes;//获取根元素的子节点集合
var size=subs.length;//获取子节点集合的数量
```

这时会发现在 IE 中变量 size 的值是 2，但是 FF 中的值却是 5。这是因为 IE 的实现中会把元素之间空白的文本节点(Text 类型)自动去掉，而 FF 会原样保留。可以试一试，将 books.xml 文件修改一下，将第一个 book 标签紧跟在根元素 books 后面，既不空格也不换行，再执行上述代码，就会发现 IE 没变化，得到 size 还是 2，而 FF 得到的 size 变成 4 了，就是因为少了一个空白的文本节点。所以为了各浏览器得到相同的结果，建议使用 getElementsByTagName 方法来获取子元素，代码如下，这样得到的 size 就相同了。

```
var subs=root.getElementsByTagName("book");
//获取根元素的所有名为 book 的子元素集合，依然返回 NodeList
var size=subs.length;//获取子元素的数量
```

本例中元素都没有属性，如果元素具有属性，在知道属性名字的情况下，可以通过 Element 的 getAttribute 方法获取指定属性的值。如果不知道或是要获取所有属性的值，则可以通过 Element 的 attributes 属性获取一个 NamedNodeMap 类型的集合来遍历访问。代码如下：

```
//假设 book 元素有名为"isbn"的属性
var val=subs[0].getAttribute("isbn");
//获取 book 元素的所有属性
var atts=subs[0].attributes;
//遍历并输出每个属性的值
for(i=0;i<atts.length;i++){
    alert(atts[i].name+"="+atts[i].value);
}
```

其中变量 atts 是 NamedNodeMap 类型的，通过[i]下标获取出的是 Attr 类型，Attr 类型有属性 name 和 value，分别表示属性的名称与值。

最后就是获取文本节点的内容了，这里假设要输出每本书的作者和书名，即每个 book 元素的 author 和 title 子元素的文本内容，代码如下：

```
for(i=0;i<subs.length;i++){
    var author=subs[i].getElementsByTagName(
        "author")[0].childNodes[0].nodeValue;
    var title=subs[i].getElementsByTagName(
        "title")[0].firstChild.nodeValue;
    alert(author+":"+title);
}
```

这里对于 author 和 title 的内容获取用了两种不同方式，首先都是通过元素的 getElementsByTagName 获取子元素集合，因为每个 book 只有一个 author 和 title 子元素，所以加上下标 0 来获取 NodeList 集合中的第一个元素；author 和 title 的类型又都是纯文本，所以使用 childNodes[0]获取其第一个文本节点，也可以用 firstChild 实现相同功能；最后通过文本节点的 nodeValue 属性得到其中的内容。

如果要新建 XML 文档，则需要按照以下步骤进行：

- 创建 Document 对象；
- 创建 Element 并添加到 Document 中，使其成为根元素；
- 再按照结构在根元素下添加子元素以及为子元素设置属性等；
- 输出或保存。

这里以 books.xml 的文档结构为例，创建一个与其类似的 XML 文档，代码如下：

```
//使用工厂方法创建一个空的 XML 文档
var doc=createDocument();
//创建元素 books
var root=doc.createElement("books");
//将其添加到 doc 中，使其成为根元素
doc.appendChild(root);
//创建元素 book
```

```
var book=doc.createElement("book");
//将其添加到 root 中,使其成为根元素的子元素
root.appendChild(book);
//如果有属性,使用以下代码为元素设置属性
//book.setAttribute("isbn","19923");
//创建元素 author
var author=doc.createElement("author");
//将其添加到 book 中,使其成为 book 的子元素
book.appendChild(author);
//创建元素 title
var title=doc.createElement("title");
//将其添加到 book 中,使其成为 book 的另一个子元素
book.appendChild(title);
//创建表示作者的文本节点
var txt=doc.createTextNode("Luo");
//将其添加到 author 元素中,使其成为 author 的文本内容
author.appendChild(txt);
//创建表示书名的文本节点
txt=doc.createTextNode("Three Kingdoms");
//将其添加到 title 元素中,使其成为 title 的文本内容
title.appendChild(txt);
//如果有多本书,重复从创建元素 book 开始的代码
```

因为 JavaScript 的限制,这里就不保存新建的 XML 文档了。如果使用的是 IE 浏览器,可以通过 doc 对象的 XML 属性来查看最终结果,该属性是 IE 特有的。

表 4-1 中列出了常用的 DOM 类型及其属性、方法。

表 4-1　XML DOM 常用类型的属性和方法

类　　型	属性/方法	说　　明
Document	async	默认异步加载,设置为 false 则同步加载
	documentElement	获取根元素
	appendChild()	添加根元素
	createElement()	创建元素节点
	createTextNode()	创建文本节点
	load()	加载 XML 文件
Element	attributes	属性集合,返回 NamedNodeMap
	childNodes	子节点集合,返回 NodeList
	firstChild	第一个子节点
	nodeName	元素名

续表 4-1

类　型	属性/方法	说　明
Element	appendChild()	添加子元素
	getAttribute()	获取指定属性的值
	getElementsByTagName()	获取指定子元素的集合,返回 NodeList
	removeAttribute()	移除指定的属性
	removeChild()	移除指定的子节点
	setAttribute()	设置属性
Attr	name	属性名
	value	属性值
集合	length	长度
	item()	访问数据,JS 中可使用[]

4.2.2 Java 解析 XML

在 Java 语言中,已经给出了符合 W3C 规范的 DOM 实现,通过 JDK 的 API 文档可以看到,专门有一个名为"org.w3c.dom"的包,这个包里面都是按照 W3C 的规范所定义的接口,可以看到有 Node、Document、Element 等,都是之前在 JavaScript 中所介绍的。另外我们还需要用到 javax.xml 包,这里面给出了一些必须的工厂类。

在使用 Java 语言按照标准 DOM 规范进行 XML 解析操作时,我们完全可以按照之前介绍的 JavaScript 解析的步骤,但是在语法上有三点要特别注意:

- 确定数据类型:在 Java 中,任何变量都要有确定的数据类型,而不像 JavaScript 中,只要一个 var 就可以了;
- 属性变成 getter:Java 语言规范中,属性都应该被封装,所以在 JavaScript 中用到的一些对象的属性,在 Java 中就必须写出 getter 形式;
- 不能使用[]下标:集合类型 NodeList、NamedNodeMap 在 JavaScript 中可以使用[]下标的形式来访问其中的元素,但是在 Java 中只有数组才可以这样做,所以一律只能写成 item(n)方法。

下面我们就通过一个简单的例子来看一下在 Java 中是怎样读取 XML 文件(以图 4-1 所示的 books.xml 为读取对象)的。

首先要得到一个 Document 对象,Java 中同样使用了工厂方法,这里涉及以下类型:DocumentBuilderFactory(文档构建器工厂)、DocumentBuilder(文档构建器),都是来自于 javax.xml.parsers 包。示例代码如下(暂不考虑异常):

```
File f=new File("books.xml");
DocumentBuilderFactory factory=DocumentBuilderFactory.newInstance();
DocumentBuilder builder=factory.newDocumentBuilder();
Document doc=db.parse(f);
```

文档构建器 DocumentBuilder 有两个主要方法：一是读取并解析 XML 文件以得到 Document 对象的 parse 方法；二是新建 Document 对象的 newDocument 方法。这里先进行读取操作，新建 XML 在下一个例子中讲解。

接着就是按照 W3C 的规范进行操作，代码如下：

```
//获取根元素，使用 getter 代替属性
Element root=doc.getDocumentElement();
//输出根元素的名称，使用 getter
System.out.println(root.getNodeName());
//获取所有 book 子元素
NodeList bks=root.getElementsByTagName("book");
for (int i = 0; i < bks.getLength(); i++) {
    //使用 item 方法，而不是[]下标
    Element bk=(Element)bks.item(i);
    //已知属性名称获取属性值
    //String id=st.getAttribute("isbn");
    //System.out.println("ID="+id);
    //未知属性名称时遍历获取各属性名称/值对
    /*
    NamedNodeMap atts=st.getAttributes();
    for (int j = 0; j < atts.getLength(); j++) {
        Attr attr=(Attr)atts.item(j);
        System.out.println(
            attr.getName()+"="+attr.getValue());
    }
    */
    //获取 author、title 等子元素
    String author=bk.getElementsByTagName("author").
        item(0).getChildNodes().item(0).getNodeValue();
    String title=st.getElementsByTagName("title").
        item(0).getFirstChild().getNodeValue();
    System.out.println("====Book====");
    System.out.println("author="+author);
    System.out.println("title="+title);
    System.out.println("==============================");
}
```

接着我们再看一下 Java 中是如何新建一个 XML 文档的(以图 4-1 所示结构为例)。

这里不仅要用到 DocumentBuilderFactory，还要用到传输器工厂 TransformerFactory，该工厂负责创建传输器 Transformer，传输器负责将 XML 数据从内存中输出到目标流里。另外还需要 StreamResult、DOMSource 等，这些类型来自于 javax.xml.transform 子包。示

例代码如下(暂不考虑异常):

```
DocumentBuilderFactory factory=
        DocumentBuilderFactory.newInstance();
DocumentBuilder builder=factory.newDocumentBuilder();
//新建一个空的 XML Document 对象
doc=builder.newDocument();
//创建元素,添加到 document 里作为根元素
Element root=doc.createElement("books");
doc.appendChild(root);
//创建第一个子元素 book,将其添加到根元素中
Element book=doc.createElement("book");
root.appendChild(book);
//如果元素有属性,为其设置属性的名称/值
//book.setAttribute("isbn", "111222333");
//创建 book 元素的子元素 author
Element author=doc.createElement("author");
book.appendChild(author);
//为 author 元素设置文本节点内容
Text txt=doc.createTextNode("Luo");
author.appendChild(txt);
//创建 book 元素的子元素 title
Element title=doc.createElement("title");
book.appendChild(title);
//为 title 设置文本节点
txt=doc.createTextNode("Three Kingdoms");
title.appendChild(txt);
//创建第二个 book 子元素
//代码略……
//输出部分:输出到文件 books2.xml 文件中
//新建传输器工厂
TransformerFactory tFac=
        TransformerFactory.newInstance();
//新建传输器
Transformer trans=tFac.newTransformer();
//创建 DOMSource,封装 XML Document 对象
DOMSource  src=new DOMSource(doc);
//创建 StreamResult,封装文件流
StreamResult  sr=new StreamResult("books2.xml");
//使用传输器进行输出
```

```
trans.transform(src, sr);
```

在介绍完Java解析XML的这些基本操作后，我们将通过两个综合示例再次强化XML的解析操作，同时结合之前的一些Java技术：JDBC和反射。

4.2.3 Java解析综合示例一

第一个示例中，我们将定义一个方法，用于将一个经过JDBC查询操作得到的结果集ResultSet对象转换成一个XML文档并输出到指定目的地。

其实现思路是指定一个根元素名称，将结果集中的每条记录作为一个子元素，记录里的每个字段作为该子元素的子元素；如果指定了ID属性参数，并且有字段的名称与其相同，则将该字段值作为属性；最后输出到指定的流里面。

```
/**
 * 将ResultSet中的数据以XML格式输出到目的流中
 * @param rs                结果集对象,原始数据
 * @param rootName          根元素名称
 * @param subName           子元素名称
 * @param idColName         子元素的ID属性
 * @param os                输出流
 * @throws Exception        处理过程异常
 */
public static void generateXMLFromResultSetToStream(
            ResultSet rs,String rootName,
            String subName,String idColName,
            OutputStream os)throws Exception{
    DocumentBuilderFactory fac=null;
    DocumentBuilder builder=null;
    Document doc=null;
    TransformerFactory tFac=null;
    Transformer trans=null;
    DOMSource src=null;
    StreamResult sr=null;
    ResultSetMetaData rsmd=null;
    if(rs==null)
        throw new Exception("空结果集");
    try {
        //获取结果集元数据
        rsmd=rs.getMetaData();
        //创建空的XML文档对象
        fac=DocumentBuilderFactory.newInstance();
        builder=fac.newDocumentBuilder();
        doc=builder.newDocument();
```

```
        //创建根元素
        Element root=doc.createElement(rootName);
        doc.appendChild(root);
        //遍历结果集
        while(rs.next()){
            //每遍历到一条记录创建一个子元素
            Element sub=doc.createElement(subName);
            root.appendChild(sub);
            for (int i = 1; i <= rsmd.getColumnCount(); i++)
            {
                String colName=rsmd.getColumnName(i);
                String val=rs.getString(colName);
                //如果列名与传入的ID列名相同,作为属性
                if(colName.equalsIgnoreCase(idColName)){
                    sub.setAttribute(idColName, val);
                }
                else{//否则作为子元素
                    Element son=doc.createElement(colName);
                    son.appendChild(
                        doc.createTextNode(val));
                    sub.appendChild(son);
                }
            }
        }
        /*******以下是输出部分******/
        tFac=TransformerFactory.newInstance();
        trans=tFac.newTransformer();
        src=new DOMSource(doc);
        sr=new StreamResult(os);
        trans.transform(src, sr);
    } catch (Exception e) {
        throw e;
    }
}
```

4.2.4 Java 解析综合示例二

第二个示例,我们将定义一个方法,用于将存放有多个对象的 List 集合转换成一个 XML 文档并输出到指定目的地。

其实现思路是指定一个根元素名称,将集合中的每个对象作为一个子元素,对象的每个属性作为该子元素的子元素;如果指定了 ID 属性参数,并且对象有属性的名称与其相同,则

将该字段值作为属性;最后输出到指定的流里面。

```
/**
 * 将 List 中的数据以 XML 格式输出到目的流中
 * @param lst                    List 集合对象,原始数据
 * @param rootName               根元素名称
 * @param subName                子元素名称
 * @param idColName              子元素的 ID 属性
 * @param os                     输出流
 * @throws Exception             处理过程异常
 */
public static void generateXMLFromListToStream(
    List lst,String rootName,String subName,
    String idColName,OutputStream os) throws Exception{
    DocumentBuilderFactory fac=null;
    DocumentBuilder builder=null;
    TransformerFactory tFac=null;
    Transformer trans=null;
    DOMSource src=null;
    StreamResult sr=null;
    try {
        //创建 XML DOC
        fac=DocumentBuilderFactory.newInstance();
        builder=fac.newDocumentBuilder();
        doc=builder.newDocument();
        //创建根元素
        Element root=doc.createElement(rootName);
        doc.appendChild(root);
        for (int i = 0;lst! =null && i < lst.size(); i++){
            //调用创建子元素的方法
            Element sub=createElement(
                doc,lst.get(i),subName,idColName);
            root.appendChild(sub);
        }
        //输出
        tFac=TransformerFactory.newInstance();
        trans=tFac.newTransformer();
        src=new DOMSource(doc);
        sr=new StreamResult(os);
        trans.transform(src, sr);
```

```
    }
    catch(Exception ex){
        throw ex;
    }
}
/**
 * 根据对象创建相应的元素
 * @param doc              XML 文档对象
 * @param obj              数据对象
 * @param elemName         元素名
 * @param idColName        ID 属性名
 * @return                 W3C 的 Element 对象
 */
public static Element createElement(
        Document doc,Object obj,
        String elemName,String idColName) {
    String subName=elemName;
    Element elem=null;
    //如果未提供元素名,则使用数据对象的类名作为元素名
    if(subName==null || subName.equals("")){
        subName=obj.getClass().getSimpleName();
    }
    elem=doc.createElement(subName);
    //通过反射获取属性值
    //1.获取对象类型
    Class clz=obj.getClass();
    //2.获取所有公有方法,包括从父类继承的
    Method []mths=clz.getMethods();
    //依次遍历
    for (int i = 0; i < mths.length; i++) {
        //3.调用方法,根据方法名获取对应属性名
        String fieldName=getFieldName(mths[i]);
        //如果能够得到对应属性
        if(fieldName! =null){
            //创建子元素
            try {
                //调用方法,得到属性值
                String value=""+mths[i].invoke(obj);
                //如果与 ID 属性名相同,则作为元素的属性
```

```
                    if(fieldName.equalsIgnoreCase(
                            idColName)){
                        elem.setAttribute(idColName, value);
                    }else{//不是属性则作为子元素
                        Element son=
                            doc.createElement(fieldName);
                        son.appendChild(
                            doc.createTextNode(value));
                        elem.appendChild(son);
                    }
                } catch (Exception e) {}
            }
        }
        return elem;
    }
    /**
     * 根据方法名获取属性名
     * 方法名要符合 getter 规范,且不是 getClass()方法
     * @param method     方法名
     * @return           属性名
     */
    private static String getFieldName(Method method) {
        String fieldName = null;
        if (method == null)
            return null;
        // 获取方法名
        fieldName = method.getName();
        // 是否为 getXXX 方法
        if (fieldName.startsWith("get")) {
            //排除继承自 Object 的 getClass 方法
            if(fieldName.equals("getClass"))
                return null;
            fieldName = fieldName.substring(3);
        }// 是否为 isXXX 方法
        else if (fieldName.startsWith("is")) {
            fieldName = fieldName.substring(2);
        }// 都不是则返回 null
        else {
            return null;
```

```
    }
    //将方法名改为属性名规范
    fieldName = fieldName.substring(0,1).toLowerCase()+
        fieldName.substring(1);
    return fieldName;
}
```

这里的反射全部基于Java反射包java.lang.reflect所提供的类型以及实现方式，如果学习过Apache的Bean Utils组件包，也可以使用其中的BeanUtils、PropertyUtils等类型来完成上述功能。

上述方法仅适合于List中的数据对象的属性都是简单类型，如：值类型、字符串等，如果是数组、集合、自定义类型等，则输出效果会有所影响。

4.3 SAX解析

DOM在读取XML文件时，需要将整个文档转换成一个DOM树，将XML文档中的所有内容按照其结构填充到DOM树里，当XML文档比较大而程序中只需要其中很少的数据时，就会占用过多冗余资源。为解决这一问题，可以采用SAX(Simple API for XML)，其实DOM树的生成就是采用SAX方式实现的。之前的标准DOM解析XML的代码中有调用过DocumentBuilder对象的parse方法来读取一个XML文件，该方法抛出的异常就有SAXException。

SAX是基于事件驱动的，它将XML文件当作一个文件流进行顺序读取，在读取过程中会发生5种事件：文档开始、文档结束、元素开始、元素结束和文本。程序员可根据实际需要编写这些事件的处理代码，以获取数据。

SAX方式的优点是不用事先转换整个文档形成DOM树，占用资源少；缺点是数据不是持久保存的，事件过后，若没保存数据，那么数据就丢了，以后也无法读到；无状态性，五种事件相互独立，从文本事件中读取到的文本并不知道是属于哪个元素的；只能读取，没有写操作。因此SAX适用于从数据量较大的XML文档中读取少量内容。

4.3.1 SAX解析步骤

SAX的实现方式与DOM有很大差别，首先要了解抽象类DefaultHandler(来自于包：org.xml.sax.helpers)，该类中定义了前面介绍的5个事件：

```
//文档开始事件
public void startDocument() throws SAXException{}
//文档结束事件
public void endDocument() throws SAXException{}
//元素开始事件
public void startElement(String uri,String localName,
        String qName, Attributes attributes){}
//元素结束事件
```

```
public void endElement(String uri, String localName,
        String qName) throws SAXException{}
//文本事件
public void characters(char[] ch,int start,int length)
        throws SAXException{}
```

其中,元素事件的参数 uri 表示元素的命名空间;localName 表示不带前缀的元素名(未使用命名空间时为空);qName 表示含有前缀的元素名(未使用命名空间时为元素名);attributes 表示元素属性,如无属性则为空,因为元素的属性都是写在开始标签里,所以 endElement 事件中无此参数。

文本事件的参数 ch 表示该事件发生时读取到的所有字符数组(从 XML 文件开始);start 表示本次文本事件开始的字符位置;length 表示本次文本事件所包含的字符长度。

一般 SAX 解析的实现步骤是先定义一个处理器类(DefaultHandler 的子类),并根据需求重写上述方法,再执行以下代码:

```
//SAX 解析器工厂
SAXParserFactory fac=null;
//SAX 解析器
SAXParser sax=null;
//将要解析的 XML 文件定义为 File 对象
File f=new File(fileName);
//可判断文件是否存在,代码略
try {
    fac=SAXParserFactory.newInstance();
    sax=fac.newSAXParser();
    //调用解析器的解析方法对 XML 文件对象进行解析操作
    //用 DefaultHandler 的子类 MyHandler 中的方法进行事件处理
    sax.parse(f, new MyHandler());
} catch (Exception e) {
    e.printStackTrace();
}
```

对于任何 XML 文件都可以用以上代码进行 SAX 解析,只要修改文件名 fileName 和自定义处理器类(本例中是 MyHandler)即可,关键是在自定义处理器类中那 5 个事件的实现。

4.3.2 简单实现

```
<?xml version="1.0" encoding="UTF-8" ?>
<books>
  <book>
    <author>罗贯中</author>
    <title>三国演义</title>
  </book>
</books>
```

图 4-3 book.xml 文件

下面我们将对图 4-3 所示的 book.xml 文件进行 SAX 解析，代码如下：

```
public class BookHandler extends DefaultHandler {
    public void startDocument() throws SAXException {
        System.out.println("*****文档开始*****");
    }
    public void endDocument() throws SAXException {
        System.out.println("*****文档结束*****");
    }
    public void startElement(String uri, String localName,
            String qName,Attributes attributes)
            throws SAXException {
        System.out.println("——元素("+qName+")开始——");
    }
    public void endElement(String uri, String localName,
            String qName) throws SAXException {
        System.out.println("——元素("+qName+")结束——");
    }
    public void characters(char[] ch, int start,
            int length) throws SAXException {
        System.out.println("文本事件");
    }
}
```

修改上节给出的通用方法，将 fileName 换成“book.xml”，将 MyHandler 换成 BookHandler 后运行，得到结果如图 4-4 所示。

```
*****文档开始*****
--元素(books)开始--
文本事件
--元素(book)开始--
文本事件
--元素(author)开始--
文本事件
--元素(author)结束--
文本事件
--元素(title)开始--
文本事件
--元素(title)结束--
文本事件
--元素(book)结束--
文本事件
--元素(books)结束--
*****文档结束*****
```

图 4-4 输出结果

从结果中可以看出元素 books 与元素 book 的开始事件之间有一个文本事件，这个文本事件就是 XML 文档中换行等造成的空白字符(空格、换行、制表符等)所构成的文本节点所触发。这时就能理解 DOM 解析中，元素的 childNodes 集合为何与 getElementsByTagName()方法得到的结果不同了。

4.3.3 综合示例

对下面的 stu.xml 文件进行解析，将其中的所有数据以 XML 格式输出。

```
<? xml version="1.0" encoding="UTF-8"? >
<students>
    <student id="S101">
        <name>张三</name>
        <score>91</score>
    </student>
    <student id="S102">
        <name>李四</name>
```

```
        <score>88</score>
    </student>
    <student id="S103">
        <name>王五</name>
        <score>100</score>
    </student>
</students>
```

定义如下的处理器类：

```
public class StudentHandler extends DefaultHandler {
    //用于表示是否需要输出换行符
    private boolean flag=false;
    //文本事件
    public void characters(char[] ch,int start,int length)
            throws SAXException {
        //创建本次文本事件所包含的字符串
        String str=new String(ch,start,length);
        //去除空白字符:\t \r \n 空格
        str=str.replaceAll("\t", "");
        str=str.replaceAll("\r", "");
        str=str.replaceAll("\n", "");
        str=str.trim();
        //如果不是空白则输出
        if(! str.equals("")){
            System.out.print(str);
        }
    }
    //文档结束事件
    public void endDocument() throws SAXException {
        System.out.println("*****End Document*****");
    }
    //元素结束事件
    public void endElement(String uri, String localName,
            String qName) throws SAXException {
        //输出元素结束的格式,并换行
        System.out.println("</"+qName+">");
        //已换行,无需换行
        flag=false;
    }
    //文档开始事件
```

```
public void startDocument() throws SAXException {
    System.out.println("*****Start Document*****");
}
//元素开始事件
public void startElement(String uri, String localName,
        String qName,Attributes attributes)
        throws SAXException {
    //如果需要,输出换行
    if(flag){
        System.out.println();
    }
    //输出元素开始的格式
    System.out.print("<"+qName);
    //如果元素包含属性,遍历输出
    for (int i = 0;attributes! =null &&
            i < attributes.getLength(); i++) {
        //      获取属性名
        String attrName=attributes.getQName(i);
        //获取属性值
        String attrValue=attributes.getValue(i);
        //按属性格式输出
        System.out.print(
            " "+attrName+"=\""+attrValue+"\"");
    }
    System.out.print(">");
    //关闭元素时未换行,设置 flag 为 true
    //下面如果是文本事件,在同一行输出文本
    //下面如果是元素开始事件,则需要输出换行
    flag=true;
}
}
```

输出效果如图 4-5 所示。

```
*****Start Document*****
<students>
<student id="S101">
<name>张三</name>
<score>91</score>
</student>
<student id="S102">
<name>李四</name>
<score>88</score>
</student>
<student id="S103">
<name>王五</name>
<score>100</score>
</student>
</students>
*****End Document*****
```

图4-5 综合示例输出效果

4.4 其他解析方式

从上面对W3C的标准DOM和SAX解析方式的介绍中可以看出，这两种方式都存在着一些缺点：标准DOM解析过程繁琐，代码较多，一般的解析中仅用到很少的类型；SAX不能创建、修改XML文件，且读取时不保存数据。

有鉴于此，一些开源组织就自行封装了一些XML解析工具包，其中比较著名的就是JDOM和DOM4j。下面就分别介绍这两种解析工具。

4.4.1 JDOM

JDOM是第一代的XML解析工具包，秉承80/20原则，用百分之二十的代码量完成常用的百分之八十的XML解析功能，且大大简化了标准DOM的复杂度。

JDOM更符合Java程序员的编码习惯：利用JDK所提供的集合类型代替了XML DOM中的一些集合类型；对方法名做了一些修改以便于理解；大多数对象都可以直接通过new创建等。

这里以上节所示的XML文件(stu.xml)为例，使用JDOM对其进行读取操作，代码如下：

```
//JDOM的解析器类型
SAXBuilder builder=null;
```

```
//不是 W3C 的，而是 org.jdom.Document；
Document doc=null;
File file=new File("stu.xml");
try {
    //创建解析器对象
    builder=new SAXBuilder(false);
    //解析 XML 文件得到 Document 对象
    doc=builder.build(file);
    //获取根元素，类型是 org.jdom.Element
    Element root=doc.getRootElement();
    //获取所有 student 子元素，得到 java.util.List
    List stus=root.getChildren("student");
    //循环遍历
    for (int i=0;stus! =null && i<stus.size(); i++){
        Element st=(Element)stus.get(i);
        //已知属性名称获取属性值
        String id=st.getAttributeValue("id");
        //System.out.println("ID="+id);
        //未知属性名称时遍历获取各属性名称/值对
        /* List atts=st.getAttributes();
        for (int j=0;atts! =null && j<atts.size();j++){
            //获取属性，类型是 org.jdom.Attribute
            Attribute attr=(Attribute)atts.get(j);
            System.out.println(attr.getName()+"="+
                    attr.getValue());
        } */
        //获取 name、score 等子元素的文本内容
        String name=st.getChild("name").getText();
        String score=st.getChild("score").getText();
        System.out.println("==Student(id="+id+")==");
        System.out.println("name="+name);
        System.out.println("score="+score);
        System.out.println("====================");
    }
}
catch (IOException e) {
    //异常处理代码略……
}
```

对于 XML 文档的新建操作，我们以前面的示例方法为例，将其改写为 JDOM 版本，代

码如下：

```
/**
 * 将 ResultSet 中的数据以 XML 格式输出到目的流中
 * @param rs                    结果集对象，原始数据
 * @param rootName              根元素名称
 * @param subName               子元素名称
 * @param idColName             子元素的 ID 属性
 * @param os                    输出流
 * @throws Exception            处理过程异常
 */
public static void generateXMLFromResultSetToStream(
        ResultSet rs,String rootName,
        String subName,String idColName,
        OutputStream os)throws Exception{
    //JDOM 的 Document 类型
    Document doc=null;
    //JDOM 的输出器
    XMLOutputter outter=null;
    if(rs==null)
        throw new Exception("空结果集");
    ResultSetMetaData rsmd=null;
    try {
        rsmd=rs.getMetaData();
        //创建 JDOM 的 Document 对象
        doc=new Document();
        //创建根元素
        Element root=new Element(rootName);
        doc.addContent(root);
        //遍历结果集
        while(rs.next()){
            //每遍历到一条记录创建一个子元素
            Element sub=new Element(subName);
            root.addContent(sub);
            for (int i=1; i<=rsmd.getColumnCount(); i++){
                String colName=rsmd.getColumnName(i);
                String val=rs.getString(colName);
                //如果列名与传入的 ID 列名相同，作为属性
                if(colName.equalsIgnoreCase(idColName)){
                    sub.setAttribute(idColName, val);
```

```
                }
                else{//否则作为子元素
                    Element son=new Element(colName);
                    son.setText(val);
                    sub.addContent(son);
                }
            }
        }
        /*******以下是输出部分******/
        outter=new XMLOutputter();
        outter.output(doc, os);
    } catch (Exception e) {
        throw e;
    }
}
```

4.4.2 DOM4j

经实际测试，当读取大于 10M 的 XML 文件时，无论标准 DOM 还是 JDOM，性能会下降得非常厉害，这时新一代的 XML 解析工具——DOM4j 出现了。

DOM4j 是开源组织 dom4j.org 提供的一个非常优秀的 XML 解析工具(可以在 SourceForge 下载到)，同时也是 JDOM 的一个分支，具有性能优异、功能强大和极易使用的特点。

如今越来越多的 Java 软件在使用 DOM4j 来进行 XML 解析，包括 Sun 公司的 JAXM (Java API for XML Messaging)、持久化框架 Hibernate 等。

DOM4j 在读取 XML 文件时增加了迭代器 Iterator 方式，在新建 XML 文件时增加了创建元素和添加元素合二为一的方式。

还是以 stu.xml 为例，使用 DOM4j 对其进行读取操作，代码如下：

```
//DOM4j 的解析器类型
SAXReader reader=null;
//org.dom4j.Document 类型
Document doc=null;
File file=new File("stu.xml");
try {
    reader=new SAXReader();
    doc=reader.read(file);
    //获取根元素，org.dom4j.Element 类型
    Element root=doc.getRootElement();
    //使用 List 获取所有 student 子元素
    //List stus=root.elements("student");
    //使用迭代器获取所有 student 子元素
    Iterator stus=root.elementIterator("student");
```

```
        //遍历
        while(stus.hasNext()){
            Element st=(Element)stus.next();
            //已知属性名称获取属性值
            String id=st.attributeValue("id");
            //System.out.println("id="+id);
            //未知属性名称时遍历获取各属性名称/值对
            /* Iterator atts=st.attributeIterator();
              while(atts.hasNext()){
                Attribute attr=(Attribute)atts.next();
                System.out.println(attr.getName()+"="+
                                   attr.getValue());
              }*/
            //获取 name、score 等子元素
            String name=st.element("name").getText();
            String score=st.element("score").getText();
            System.out.println("==Student(id="+id+")==");
            System.out.println("name="+name);
            System.out.println("score="+score);
            System.out.println("======================");
        }
    }
    catch (Exception e) {
        //异常处理代码略……
    }
```

对于 XML 文档的新建操作，我们以前面的示例方法为例，将其改写为 DOM4j 版本，并使用 Bean Utils 库，代码如下：

```
    /**
     * 将 List 中的数据以 XML 格式输出到目的流中
     * @param lst              List 集合对象，原始数据
     * @param rootName         根元素名称
     * @param subName          子元素名称
     * @param idColName        子元素的 ID 属性
     * @param os               输出流
     * @throws Exception       处理过程异常
     */
    public static void generateXMLFromListToStream(
        List lst,String rootName,String subName,
        String idColName,OutputStream os) throws Exception{
```

```
        //DOM4j 的 Document
        Document doc=null;
        //DOM4j 的输出器
        XMLWriter writer=null;
        try {
            //创建 org.dom4j.Document 对象
            doc=DocumentHelper.createDocument();
            //创建元素并添加到 doc 中,使其成为根元素
            Element root=doc.addElement(rootName);
            for (int i=0;lst! =null && i<lst.size(); i++){
                addElement(root,lst.get(i),subName,idColName);
            }
            //输出
            writer=new XMLWriter(os);
            writer.write(doc);
        }
        catch(Exception ex){
            throw e;
        }
    }
    /**
     * 根据对象创建相应的元素
     * @param root              文档根元素
     * @param obj               数据对象
     * @param elemName          元素名
     * @param idColName         ID 属性名
     */
    public static void addElement(Element root,Object obj,
            String elemName,String idColName) {
        String subName=elemName;
        Element elem=null;
        if(subName==null || subName.equals("")){
            subName=obj.getClass().getSimpleName();
        }
        elem=doc.addElement(subName);
        //通过 PropertyUtils 获取所有对象的属性描述器
        PropertyDescriptor []desc=PropertyUtils.getPropertyDescriptors(obj);
        //遍历所有属性描述器
        for (int i = 0;desc! =null && i < desc.length; i++) {
```

```
        try {
            String name=desc[i].getName();
            //从 Object 继承的 getClass()方法不需要
            if(! "class".equals(name)){
                //使用 BeanUtils 获取属性值
            String value=BeanUtils.getProperty(obj, name);
            //如果与传递进的参数 idColName 同名,则将其作为属性
                if(name.equalsIgnoreCase(idColName)){
                    elem.addAttribute(idColName, value);
                }
                else{//否则作为子元素
                    Element son=elem.addElement(name);
                    son.setText(value);
                }
            }
        } catch (Exception e) {}
    }
}
```

第三篇　JavaScript 篇

JavaScript 是一种由 Netscape 公司的 LiveScript 语言发展而来的一种客户端脚本语言，主要目的是为了解决服务器端语言遗留的速度问题，为客户提供更流畅的浏览效果。JavaScript 是目前 Web 应用程序开发者使用最为广泛的客户端脚本编程语言。

JavaScript 是一种基于对象和事件驱动并具有相对安全性的客户端脚本语言，主要用于创建具有交互性较强的动态页面。

JavaScript 可以让 Web 页面动起来，本篇我们来学习 JavaScript。

第 5 章　JavaScript 基础

5.1　JavaScript 简介

20 世纪 90 年代中期，大部分互联网用户使用 28kbs 甚至更低速的 Modem 连接到网络上冲浪，为解决网页功能简单的问题，HTML 文档已经变得越来越复杂和庞大，更让用户痛苦的是，为验证一个表单数据的有效性，客户端必须与服务器端进行多次的数据交互。可以想象，当用户填完表单并提交后，经过长时间的等待，服务器端返回的不是"提交成功"，而是"某某字段格式不正确，请重新填写表单!"之类的错误提示是一件多么悲催的事！当时业界已经开始考虑开发一种客户端脚本语言来处理诸如验证表单合法性等简单而实用的问题。

1995 年 Netscape 公司和 Sun 公司在 LiveScript 语言的基础上联合开发出 JavaScript 脚本语言，并在其浏览器产品 Navigator 2 中实现了 JavaScript 脚本规范的第一个版本即 JavaScript 1.0 版，并且不久后 JavaScript 1.0 就显示了其强大的生机和发展潜力。由于当时 Navigator 在 Web 浏览器市场的强势地位，Microsoft 的 IE 浏览器在其 IE 3 中以 JScript 为名发布了一个 JavaScript 的克隆版本 JScript 1.0 与其竞争。

1997 年，为了避免无序竞争，同时解决 JavaScript 几个版本语法、特性等方面的混乱，JavaScript 1.1 被作为草案提交给 ECMA(欧洲计算机厂商协会)，并由 Netscape、Sun、Microsoft、Borland 及其他一些对脚本语言比较感兴趣的公司组成的 TC39(第 39 技术委员会)协商并推出了 ECMA－262 规范版本，其定义了以 JavaScript 为蓝本、全新的 ECMA Script 脚本语言。其后又几经修改，修复缺陷、增加新特性，使得 JavaScript 日益成熟。

JavaScript 主要具有如下特点：

- 基于对象：JavaScript 是基于对象的脚本编程语言，能通过 DOM(文档对象模型)及自身提供的对象及操作方法来实现所需的功能；
- 事件驱动：JavaScript 采用事件驱动方式，能响应键盘事件、鼠标事件及浏览器窗口事件等，并执行指定的操作；
- 解释执行：JavaScript 是一种解释型的脚本语言，无需专门编译器编译，而是在嵌入 JavaScript 脚本的 HTML 文档载入时被浏览器逐行地解释执行，大大节省客户端与服务器端进行数据交互的时间；
- 实时性：JavaScript 事件处理是实时的，无须经服务器就可以直接对客户端的事件做出响应，并用处理结果实时更新目标页面；
- 动态性：JavaScript 提供简单高效的语言流程，灵活处理对象的各种方法和属性，同时及时响应文档页面事件，实现页面的交互性和动态性；
- 跨平台：JavaScript 的正确运行依赖于浏览器，而与具体的操作系统无关，只要客户端装有支持JavaScript脚本的浏览器，JavaScript脚本运行结果就能正确反映在客户端浏览器平台上；

- 开发使用简单：JavaScript基本语法类似于C语言（也同样类似于Java语言），有以上语言编程经验的读者很容易上手；
- 相对安全性：JavaScript是客户端脚本，通过浏览器解释执行，它不允许访问本地的硬盘，并且不能将数据存入到服务器上，不允许对网络文档进行修改和删除，只能通过浏览器实现信息浏览或动态交互，从而有效地防止数据的丢失；
- 综上所述，JavaScript是一种有较强生命力和发展潜力的脚本描述语言，它可以被直接嵌入到HTML文档中，供浏览器解释执行，直接响应客户端事件如验证数据表单合法性，并调用相应的处理方法，迅速返回处理结果并更新页面，实现Web交互性和动态的要求，同时将大部分的工作交给客户端处理，将Web服务器的资源消耗降到最低；
- 注意：之所以说相对安全性，是因为JavaScript代码嵌入到HTML页面中，在客户端浏览该页面过程中，浏览器自动解释执行该代码，且不需要用户的任何操作，给用户带来额外的执行恶意代码的风险。所以大多数浏览器中都有相关选项用于设置JavaScript的使用方式。

5.2 基本语法

5.2.1 使用JavaScript

在HTML页面中使用JavaScript脚本和样式表类似，JavaScript脚本也分为外部脚本文件、内部脚本和行内脚本。外部和内部脚本必须通过<script>标签，而行内脚本必须出现在HTML标签的特定属性中。

```
<script src="a.js" type="text/javascript"></script>
```

外部脚本文件语法示例如下：

这里需要注意，引用外部脚本时不要写成<script …… />形式。

```
<script type="text/javascript">
//JavaScript代码
</script>
```

内部脚本语法示例如下：

```
<input type="button" value="ok" onclick="doSubmit()" />
```

行内脚本语法示例如下：

```
<a href="javascript:alert(' Hello ');">Click</a>
```

5.2.2 变量

几乎每种编程语言都会引入变量（variable）的概念，JavaScript脚本语言同样也涉及变量。

变量的主要作用是提供存放数据的容器，一般还会涉及数据类型、作用域等概念。和C、Java这样的高级编程语言不同，JavaScript中的变量是弱类型变量。所谓弱类型，是指变量的数据类型不是在声明时确定的，而是由存放的数据决定。

比如在 Java 中定义一个存放整数的变量，一般写法如下：

```
int a = 10;
```

而在 JavaScript 中则写为：

```
var a = 10;
```

在 Java 中再定义一个存放布尔值的变量，一般写法如下：

```
boolean f = true;
```

而在 JavaScript 中则写为：

```
var f = true;
```

由此可见，JavaScript 中定义变量时无需考虑其存放的数据类型，只要使用关键字“var”即可。甚至于不用“var”，直接写“a=10;”也是允许的，但极不推荐。

JavaScript 语言中可以使用关键字“const”来定义常量，但不是所有的浏览器都支持，比如 IE。

JavaScript 语言中变量名(包括函数名等标识符)的命名需遵循一定的规则：允许包含字母、数字、下划线“_”和美元符号“$”，而空格等标点符号都是不允许出现在变量名中，并且大小写敏感，而且不能是关键字和保留字。

此外，在编写 JavaScript 代码时，良好规范的变量命名习惯也相当重要。规范的变量命名，不仅有助于代码的阅读，也有助于脚本编程错误的排除。一般情况下，应尽量使用英文单词或单词组合来描述变量的含义，并使用骆驼命名规则(首单词全小写而后续单词首字母大写)。

5.2.3　关键字与保留字

在 JavaScript 中定义了一组具有特定功能用途的关键字和一组目前还没有特定用途但为以后扩展考虑的保留字，这些都不能作为标识符。表 5-1 和 5-2 分别给出关键字和保留字列表。

表 5-1　关键字列表

break	case	catch	continue	default
delete	do	else	false	finally
function	for	if	in	instanceof
new	null	return	switch	this
throw	true	try	typeof	var
void	while	with		

表 5-2　保留字列表

abstract	boolean	byte	char
class	const	debugger	double
enum	export	extends	final
float	goto	implements	import

续表 5-2

int	interface	long	native
package	private	protected	public
short	static	super	synchronized
throws	transient	volatile	

需要说明几点：

- 关键字列表中“true”、“false”和“null”并没有特定功能用途，仅仅只是布尔类型和对象类型中用到的字面值；
- 在 ECMA－262 第 5 版中，“debugger”已经从保留字升级到关键字；
- Firefox 浏览器中，保留字“const”已经升级到关键字。

5.2.4 数据类型

弱类型并不是说 JavaScript 中就没有数据类型了，只是在定义变量的时候不需要考虑存放的数据类型了，但一旦存放了数据，变量就有了数据类型，就需要按照该类型进行处理。JavaScript 中定义了以下基本数据类型：number（数值类型，包括整数和浮点数）、string（字符串类型）、boolean（布尔类型）、object（对象类型）、undefined（未定义类型），可以通过运算符 typeof 来获取变量中所存放的数据的类型。

```
3  <script type="text/javascript">
4    var a;
5    alert(typeof a);
6    a=10;
7    alert(typeof a);
8    a="Hello";
9    alert(typeof a);
10   a=true;
11   alert(typeof a);
12   a=null;
13   alert(typeof a);
14 </script>
```

图 5-1 数据类型示例

图 5-1 中，第 5、7、9、11、13 行的“alert()”方法用于弹出一个警告消息框。以上代码在浏览器里执行后会依次弹出“undefined”、“number”、“string”、“boolean”和“object”的消息框。第 4 行声明一个变量“a”，因为没有给其赋值，所以类型是未定义(undefined)；第 6 行为其赋数值“10”，所以类型是数值(number)；第 8 行为其赋字符串“Hello”，所以是字符串类型(string)；第 10 行为其赋布尔值“true”，所以是布尔类型(boolean)；第 12 行为其赋空对象值“null”，所以是对象类型(object)。

- 注意 1：上述代码中如果给第 8 行的 true、第 10 行的 null 前后加上引号，则第 11 行、13 行会显示出“string”。
- 注意 2：代码：var a＝10，b，c；定义了三个变量，其中变量“a”是 number 类型，而变量 b、c 是 undefined 类型。
- 注意 3：在 JavaScript 中，每行代码的结束符号“；”不是必须的，但写上是良好的编码规范。

- 注意4:string类型的字面值用双引号、单引号均可。

5.2.5 运算符

JavaScript中的运算符一脉相承自C语言,绝大多数运算符不仅符号相同,含义也完全一样,当然也有一些不同的、甚至是独有的运算符。

根据其功能,我们把JavaScript的运算符分为:算术运算符、位操作运算符、位移运算符、比较运算符、逻辑运算符、赋值运算符等,下面分别予以介绍。

表5-3 算术运算符

运算符	说明	示例
+	算术加法运算	a=3+5;结果a为8
-	算术减法运算	a=5-2;结果a为3
*	算术乘法运算	a=3*2;结果a为6
/	算术除法运算	a=6/3;结果a为2
%	算术模(取余)运算	a=5%2;结果a为1

```
3  <script type="text/javascript">
4    var a=10,b="10";
5    var c=a+10;
6    var d=b+"10";
7    var msg="c的类型: "+
8      (typeof c)+"; "+
9      "c="+c;
10   alert(msg);
11   msg="d的类型: "+
12     (typeof d)+"; "+
13     "d="+d;
14   alert(msg);
15
16   var f=a/2;
17   var g=a/4;
18   alert("f="+f+"; g="+g);
19 </script>
```

图5-2 算术运算符示例

表5-3中列出的是算术运算符。其中运算符"+"不仅能执行算术加法运算,还能进行字符串拼接运算;运算符"/"也和C、Java语言不同。如图5-2,第5行执行的是算术加法运算,第6行执行的是字符串拼接运算,所以第10行的消息框会显示"c的类型:number; c=20",第14行的消息框会显示"d的类型:string; d=1010"。因为在JavaScript中number类型包括了整数和浮点数,所以不再像C、Java语言那样由操作数是否为整数来决定运算符"/"的运算结果,第18行显示"f=5; g=2.5"。并且除数为0时,"/"运算也不会报错,而是得到Infinity或-Infinity(被除数非0)、NaN(被除数也是0)。

表 5－4 中列出的是位操作运算符，代码执行位操作运算时先将操作数转换为二进制数，操作完成后再将结果转换回十进制。以运算符“&”为例，操作数 3 的二进制数是 0000……0011，操作数 5 的二进制数是 0000……0101，按照对应位置进行与运算，结果为 0000……0001，对应十进制数 1。

表 5－4　位操作运算符

运算符	说　明	示　例
&	按位与运算	a=3&5；结果 a 为 1
^	按位异或运算	a=3^5；结果 a 为 6
|	按位或运算	a=3|5；结果 a 为 7
～	按位取反运算	a=～3；结果 a 为－4

表 5－5 中列出的是位移运算符，与位操作运算符相同，在运算时也是先将操作数转换成二进制数，操作完成后再将结果转换回十进制。以运算符“＜＜”为例，操作数 3 的二进制数是 0000……0011，左移 1 位结果为 0000……0110，对应十进制数 6，相当于乘以 2。如果左移 *N* 位，就等于乘以 2 的 *N* 次方，需要注意的是，*N* 是要对 32 先进行模运算再移动的，即“a＝3＜＜1”与“a＝3＜＜33”运算后 a 的值相同。

表 5－5　位移运算符

运算符	说　明	示　例
＜＜	左移位运算	a=3＜＜1；结果 a 为 6
＞＞	右移位运算	a=3＞＞1；结果 a 为 1
＞＞＞	不带符号位右移位运算	a=－3＞＞＞1；结果 a 为－2

表 5－6 中列出的是比较运算符，其中“＝＝＝”和“！＝＝”是 JavaScript 中特有的，所有的比较运算符运算结果都是布尔值。“＝＝＝”运算符在作比较时不仅比内容还要比数据类型，只有二者都相同才返回 true；“！＝＝”运算时只要内容不同或者类型不同就会返回 true。

表 5－6　比较运算符

运算符	说　明	示　例
＝＝	内容相等比较运算	a=3＝＝"3"；结果 a 为 true
！＝	内容不等比较运算	a=3！＝"3"；结果 a 为 false
＞	大于比较运算	a=3＞1；结果 a 为 true
＞＝	大于等于比较运算	a=3＞＝1；结果 a 为 true
＜	小于比较运算	a=3＜1；结果 a 为 false
＜＝	小于等于比较运算	a=3＜＝1；结果 a 为 false
＝＝＝	全等于比较运算	a=3＝＝＝"3"；结果 a 为 false
！＝＝	不等于比较运算	a=3！＝＝"3"；结果 a 为 true

表 5-7 中列出的是逻辑运算符，JavaScript 中的逻辑运算符与 Java 基本相同，只是没有操作数必须为布尔类型的限制，这将在 5.3 节中详细说明。

表 5-7　逻辑运算符

运算符	说　明	示　例
&&	逻辑与运算	a＝true&&false；结果 a 为 false
||	逻辑或运算	a＝true||false；结果 a 为 true
!	逻辑非运算	a＝！ true；结果 a 为 false

表 5-8 中列出的是赋值运算符，除“＝”运算符是简单赋值外，其余的运算符都是在“＝”基础上增加了相应的运算形成的复合赋值运算符，比如运算符“＋＝”，如果有表达式“a＋＝b”，则相当于“a＝a＋b”。

表 5-8　赋值运算符

运算符	说　明	示　例
＝	赋值运算	a＝3；结果 a 为 3
＋＝	加法赋值运算	a＝3；a＋＝2；结果 a 为 5
－＝	减法赋值运算	a＝3；a－＝1；结果 a 为 2
*＝	乘法赋值运算	a＝3；a*＝2；结果 a 为 6
/＝	除法赋值运算	a＝6；a/＝2；结果 a 为 3
%＝	取余赋值运算	a＝5；a%＝3 结果 a 为 2
&＝	位与赋值运算	a＝3；a&＝5；结果 a 为 1
^＝	位异或赋值运算	a＝3；a^＝5；结果 a 为 6
<<＝	左移赋值运算符	a＝3；a<<＝1；结果 a 为 6
>>＝	右移赋值运算符	a＝5；a>>＝1；结果 a 为 2
>>>＝	不带符号位右移赋值运算符	a＝－3；a>>>＝1；结果 a 为－2

表 5-9　其他运算符

运算符	说　明	示　例
＋＋	自增运算	a＝3；a＋＋；结果 a 为 4
－－	自减运算	a＝3；a－－；结果 a 为 2
，	表达式分隔	var a，b；
？：	条件运算	a＝3>2？ 10：9；结果 a 为 10
typeof	类型获取运算	a＝6；b＝typeof a；结果 b 为 number
.	对象成员访问	a＝"Hi"；b＝a.length；
new	创建对象	var a＝new Date()；

续表 5-9

运算符	说　明	示　例
delete	成员删除运算	var a=[1,2];delete a[1];结果 a[1]为 undefined
()	分组、方法符	a=(3+2)*2;结果 a 为 10
[]	数组成员	var a=[1,2];b=a[1];结果 b 为 2
;	语句结束符	a=-3;不是必须

表 5-9 中列出了其他运算符。其中自增、自减要注意运算符的位置,前置与后置的意思是有差别的;条件运算符可以代替简单的分支判断语句;"delete"不仅可以删除数组元素值也可以删除对象的属性值和方法定义,但仅仅删除值,不会删除位置或属性本身。

5.2.6 表达式与优先级

表达式就是运算符与操作数的合法组合,并且经过运算能够得到结果。以下是一些表达式的例子。

```
var a = 10;
a++;
var b = a + 3;
var c = a > 5 ? 1 : 0;
```

当一个表达式比较复杂,并且涉及多个不同类型的运算符时,就要考虑运算符的优先级了,表 5-10 列出了 JavaScript 中运算符的 15 级优先级。

对于这么多级别的优先级记忆起来肯定非常困难,这里总结出四点,可以帮助读者快速记忆绝大多数运算符的优先级:

- 先看目:单目(也叫一元)运算符高于双目(二元)运算符,三目(三元)优先级最低;
- 再看类型:同目的情况下看运算符类型,算术运算符最高,位移运算符其次,比较运算符再次,接着是位操作运算符,最后是逻辑运算符;
- 赋值最低:尽管"="是双目的,优先级也低于三目运算符"?:",其他赋值运算符都是复合赋值,相当于三目运算符,所以最低;
- 善用圆括号:"()"运算符可以改变运算符的优先级,用好它不仅编写容易,而且阅读起来也好理解。

表 5-10　运算符优先级

优先级(由高至低)	运算符
1	() []
2	! ~ - ++ -- typeof
3	* / %
4	+ -
5	<< >> >>>
6	< <= > >=

续表 5-10

优先级(由高至低)	运算符
7	== != === !==
8	&
9	^
10	|
11	&&
12	||
13	?:
14	= += -= *= /= %= &=……
15	,

5.3 数据类型转换

在 JavaScript 中,因为变量都是弱类型的,因此在构建表达式时对于语法的要求并没有 C、Java 这样的高级语言那么严格。但是为了计算的合法性,需要做一些改变,因此 JavaScript 定义了一套数据类型之间的转换规则,以适应其宽松的语法规范。

5.3.1 number 与 string

首先因为"+"运算符既有算术加也有字符串连接的功能,所以当对一个 number 类型操作数和一个 string 类型操作数进行"+"运算时,会被解释成字符串连接;而如果进行"*"、"/"等运算时,则 string 类型操作数会被转换成 number 类型再运算。如图 5-3 所示代码,第 7、9 行代码都是字符串连接,所以变量"d"的值分别为"105"、"10a",都是 string 类型;第 11 行代码执行算术乘法运算,所以变量"d"的值为"50",是 number 类型;第 13 行代码也是执行算术乘法运算,但变量"c"的值"a"无法被转换为 number,所以变量"d"的值为"NaN",意为"Not a Number",需要注意的是"NaN"是 number 类型。

```
5  <script type="text/javascript">
6    var a=10,b="5",c="a";
7    var d=a+b;
8    alert("d="+d);
9    d=a+c;
10   alert("d="+d);
11   d=a*b;
12   alert("d="+d);
13   d=a*c;
14   alert("d="+d);
15 </script>
```

图 5-3 number 与 string 转换一

```
5 <script type="text/javascript">
6     var a=10,b=5;
7     var c="10",d="5",e="a";
8     var f=a>b;
9     alert("f="+f);
10    f=c>d;
11    alert("f="+f);
12    f=a>d;
13    alert("f="+f);
14    f=a>e;
15    alert("f="+f);
16    f=a<=e;
17    alert("f="+f);
18 </script>
```

图 5-4 number 与 string 转换二

其次是比较运算，number 与 number 比较数值，string 与 string 比较字符编码值，而 number 与 string 的比较和上面的乘法类似，先将 string 转成 number 再比较，转换失败则返回 NaN，无论何数值与 NaN 比较，结果都是 false。如图 5-4 所示代码，第 8 行变量 f 值为 true；第 10 行变量 f 值为 false，因为字符“1”的 ASCII 编码小于字符“5”；第 12 行将变量 d 由 string 类型转成 number 类型再比较，变量 f 值为 true；第 14 行也要转换，但字符串“a”无法转换成功，返回 NaN，所以表达式变成“f＝a＞NaN”，变量 f 值为 false；第 16 行也是同样的结果。这就造成一个奇怪的现象，一般“a＞b”为 false，“a＜＝b”就是 true，而这里全是 false。

5.3.2 number 与 boolean

相对而言，这两种类型之间的转换规则比较好记：number 转成 boolean 时，0 对应 false，非 0 对应 true；boolean 转成 number 时，false 对应 0，true 对应 1。如图 5-5 所示代码，变量 c、d 的值分别为 true、false，第 9 行执行算术运算时，将变量 c 转成数值 1，所以变量 f 结果为 11；类似的第 11 行，变量 f 结果为 10；第 13 行执行逻辑非运算，将变量 a 转成 true，变量 f 结果为 false；类似的第 15 行，变量 f 结果为 true。

```
5 <script type="text/javascript">
6     var a=10,b=0;
7     var c=a>b;
8     var d=a<b;
9     var f=a+c;
10    alert("f="+f);
11    f=a+d;
12    alert("f="+f);
13    f=!a;
14    alert("f="+f);
15    f=!b;
16    alert("f="+f);
17 </script>
```

图 5-5 number 与 boolean 转换

5.3.3 boolean 与 string

这两种类型之间的转换也比较好记，boolean 转成 string 就是给 true 和 false 这两个加上引号，string 转成 boolean 时，空字符串为 false，其余均为 true。如图 5-6 所示代码，第 8 行运算后，变量 f 的值是字符串“true”；第 10 行运算后，变量 f 的值是布尔值 true；第 12 行运算后，变量 f 的值也是布尔值 true。

```
5  <script type="text/javascript">
6    var a="",b=" ";
7    var c=true;
8    var f=a+c;
9    alert("f="+f);
10   f=!a;
11   alert("f="+f);
12   f=b&&c;
13   alert("f="+f);
14 </script>
```

图 5-6 boolean 与 string 转换

5.3.4 其他

除了上述三种数据类型之间的转换，还有一些转换在这里也说明一下。

- object 类型：为 null 时可对应 boolean 类型值 false、number 类型值 0 和 string 类型值“null”。非 null 时可对应 boolean 类型值 true；如需转成 string 类型，则由对象的 toString()方法决定；如需转成 number 类型，则调用对象的 valueOf()方法，如该方法返回 NaN 则调用对象的 toString()方法先转成 string 再转成 number；
- undefined 类型：该类型就一个值——undefined，转成 number 类型时为 NaN；转成 boolean 类型时为 false；转成 string 类型时为字符串“undefined”；
- 特殊字符串转数值：空字符串“”转成 0；如字符串里的是十六进制格式数则转成相应的十进制数；对于八进制格式不识别；
- 特殊数值转布尔：Infinity 和－Infinity 会被转换成 true，NaN 则会被转换成 false。

5.4 流程控制语句

流程就是程序代码的执行过程，在 JavaScript 里，基本的流程包含三种结构，即顺序结构、分支结构和循环结构，可通过流程控制语句规定代码的执行过程。

顺序结构即按照语句出现的先后顺序依次执行，是 JavaScript 的基本结构；分支结构即按照给定的逻辑条件来决定执行路径，可分为单分支 if…else 和多分支 switch…case，无论是单分支还是多分支，程序在执行过程中都只能执行其中一条分支；循环结构即根据给定的逻辑条件来判断是否重复执行某一段程序，若条件为 true 则重复执行，否则结束循环，循环结构可分为条件循环 while、计数循环 for 和迭代循环 for…in。

5.4.1 单分支 if…else

单分支 if 是比较简单的一种分支选择语句，若给定的逻辑条件表达式为真，则执行一组给定的语句。其基本结构如下：

```
if(conditions)
{
    statements;
}
```

逻辑条件表达式 conditions 必须放在小括号里，且仅当该表达式为真时，执行大括号内包含的语句，否则将跳过该条件语句而执行其下的语句。大括号内的语句可为一个或多个，当仅有一个语句时，大括号可以省略，但为养成良好的编程习惯，同时增强程序代码的结构化和可读性，建议使用大括号将语句括起来。

```
if(conditions)
{
    statements1
}
else
{
statements2
}
```

if 后面可增加 else 进行扩展，即组成 if…else 语句，其基本结构如下：

当逻辑条件表达式 conditions 运算结果为真时，执行 statements1 语句（块），否则执行 statements2 语句（块）。

```
5  <script type="text/javascript">
6  var a=10;
7  if(a==10)
8  {
9    alert("ok 1");
10 }
11
12 if(a=9)
13 {
14   alert("ok 2");
15 }
16 </script>
```

图 5-7　单分支 if

这里要特别强调的是，因为之前介绍的 JavaScript 的变量是弱类型变量以及 JavaScript 中类型之间的转换，使得其与 Java 语言不同，不再强制要求逻辑条件表达式的结果为布尔值，任何类型的表达式都可以作为逻辑条件表达式。如图 5-7 所示代码，第 7 行是比较规范的逻辑条件表达式，结果为 true，所以第 9 行的消息框会显示；而第 12 行是一个赋值表达式，按照语法规范，赋值表达式的结果就是赋给变量的值，即该表达式的结果是 9，再按照类型转换规则，非 0 数值一律转为 true，所以第 14 行的消息框同样会显示。也就是说，变量 a 原来是什么值已经不重要了，因为第 12 行的逻辑条件表达式是一个永真表达式；如果将其换为“if(a=0)”就会成为一个永假表达式。所以在JavaScript中，建议当比较变量与字面值相等时，将字面值写在“==”左边，而将变量写在右边，这样即使将“==”误写成“=”也不用担心，大多数浏览器都会提示错误信息，因为类似于“9=a”这样的表达式是非法的。

5.4.2　多分支 switch…case

在if语句中，逻辑条件只能有一个，如果有多个条件，可以使用嵌套的if语句来解决但会增加程序的复杂度，并降低程序的可读性。若使用switch流程控制语句就可完美地解决此问题，其基本结构如下。

```
switch(exp)
{
    case value1：
        statements1；
        [break；]
    case value2：
        statements2；
        [break；]
    ……
    [default：
    [statement n；]]
}
```

其中exp是number型或string型数据，将exp的值与value1、value2……比较，若exp与其中某个值相等时，执行相应值后面的语句，当遇到关键字break时，跳出整个switch块，否则顺序往下执行；若找不到与exp相等的值，则执行关键字default下面的语句，如果没有default部分，则跳出整个switch块。

```
5  <script type="text/javascript">
6  var a=1;
7  switch(a){
8  case 1:
9    alert("first");
10 case 2:
11   alert("second");
12   break;
13 case 3:
14   alert("third");
15   break;
16 default:
17   alert("other");
18 }
19 </script>
```

图5-8　switch示例

图5-8所示代码中，变量a的值为1，与第8行的“case”匹配，所以执行第9行代码，接着又因为没有“break”语句，继续执行第11行代码(这种情况称之为：标签贯穿)，到第12行

遇到“break”,跳出整个“switch”代码块。如果在第6行将变量a的值赋为2,则执行第11行后跳出。如果在第6行将变量a的值赋为3,则执行第14行后跳出。如果在第6行将变量a的值赋为4,则执行第17行后跳出。特别注意,如果在第6行将变量a的值赋为字符串“2”,则是执行第17行后跳出,因为“switch”用的是全比较“===”。

5.4.3 计数循环 for

计数循环语句for一般是按照指定的循环次数,重复执行循环体内语句(块),其基本结构如下:

```
for(A;B;C)
{
    statements;
}
```

```
5  <script type="text/javascript">
6  var sum=0;
7  for(var i=1;i<=10;i++)
8  {
9    sum+=i;
10 }
11 alert("sum="+sum);
12 </script>
```

图5-9 for示例

其中,A为初始化部分,一般用于设定循环变量的初始值;B为条件判定部分,用于控制循环结束与否,如果判定结果为true,则执行循环体内语句(块),否则跳出循环;每执行完一次循环体内语句(块)后转到C部分,对循环变量做适当修改后再转到B部分进行判定,依此反复。

图5-9中给出了一个for循环的示例,实现一个数字1~10的累加功能,结果弹出“sum=55”的消息框。

如果在第11行之后再增加一行代码“alert(“i=”+i);”,结果会是什么?学过Java的读者会认为增加的这行代码是错误的,但是在JavaScript中,这句话没有任何问题,执行后会再弹出一个“i=11”的消息框。这里涉及变量作用域的概念在后面会详细讲解。

5.4.4 迭代循环 for…in

for循环的另一种形式是for…in循环,我们称之为迭代循环,可以用来遍历集合中的元素或对象的属性。其语法如下:

```
for(var prop in expr)
{
    statements;
}
```

在遍历集合时,其执行方式与Java中的for—each循环类似,但不同之处在于迭代变量“prop”并不是指代集合中的元素而是元素的索引。

图5-10中,第6行定义了一个数组,第8行通过for…in循环对其进行迭代遍历,这时

会分别弹出“i=0”、“i=1”、“i=2”、“i=3”的消息框，而不是“i=10”等；如果将第 7 行的注释去掉，则会少弹出一个“i=1”的消息框，这是因为，当要迭代的元素为 undefined 时，循环体不会被执行。

```
5  <script type="text/javascript">
6  var arr=[10,20,15,19];
7  //delete arr[1];
8  for(var i in arr)
9  {
10   alert("i="+i);
11 }
12 </script>
```

图 5-10　for…in 示例

5.4.5　条件循环 while

while 语句与 if 语句相似，均有条件地控制语句(块)的执行，其语法如下：

```
while(conditions)
{
    statements;
}
```

while 语句与 if 语句的不同之处在于：在 if 条件假设语句中，若逻辑条件表达式为真，则运行 statements 语句(块)，运行且仅运行一次；while 循环语句则是在逻辑条件表达式为真的情况下，反复执行 statements 语句(块)。

同样是循环语句，while 与 for 也是有差别的：while 语句的循环变量的赋值语句在循环体前，循环变量更新则放在循环体内；for 循环语句的循环变量赋值和更新语句都在 for 后面的小括号中。

图 5-11 所示的代码与图 5-9 所示的代码实现相同的功能，需要注意的是，第 11 行的代码用于改变循环变量的值，如果少了这行代码，就会变成死循环，因为第 8 行的条件永远为 true。

```
5  <script type="text/javascript">
6  var sum=0;
7  var i=1;
8  while(i<=10)
9  {
10   sum+=i;
11   i++;
12 }
13 alert("sum="+sum);
14 </script>
```

图 5-11　while 示例

在某些情况下，while 循环大括号内的 statements 语句(块)可能一次也不会被执行，因为对逻辑条件表达式的运算在执行 statements 语句(块)之前。若逻辑条件表达式运算结果为 false,则程序直接跳过循环而一次也不执行 statements 语句(块)。若希望至少执行一次 statements 语句(块),可改用 do…while 语句,其基本语法结构如下:

```
do
{
statements;
}while(conditions)
```

for、while、do…while 三种循环语句具有基本相同的功能,在实际编程过程中,应根据实际需要和本着使程序简单易懂的原则来选择到底使用哪种循环语句。

5.4.6 跳转和标签

在循环语句中还经常会用到跳转和标签语句,其中跳转需要用到 break 和 continue 两个关键字,标签则是用户自定义的标识符。break 语句的作用是立即跳出整个循环,continue 语句的作用是停止正在进行的循环,而直接进入下一次循环。如图 5-12 所示代码,当第 9 行代码的条件为 true 时,跳过第 11—13 行代码,回到"i++"部分继续执行;当第 11 行代码的条件为 true 时,跳出整个循环到第 15 行继续执行,所以最后弹出的消息框为"sum=7"。

```
5  <script type="text/javascript">
6  var sum=0;
7  for(var i=1;i<=10;i++)
8  {
9    if(i==3)
10     continue;
11   if(i==5)
12     break;
13   sum+=i;
14 }
15 alert("sum="+sum);
16 </script>
```

图 5-12 break 和 continue 示例

当程序当中出现循环嵌套(即循环语句体中还有循环语句)时,break 或 continue 只能跳转出自己所在的循环体,如需跳出其外层循环体,就要借助于标签了。

如图 5-13,该段代码输出一段结果小于 50 的九九乘法表,其中第 14、15 和 17 行的"document.write(…)"语句是用于在页面上输出文字的语句,类似于 Java 当中的控制台输出语句"System.out.print(…)",需要注意的是,在页面上换行符是不会被浏览器接受的,所以第 17 行输出一个"＜br /＞"标签来进行换行,代码执行结果如图 5-14 所示。如果将第 7 行的注释去掉,并且将第 13 行改为"continue outer;",那运行结果就会如图 5-15 所示。

```
6  <script type="text/javascript">
7  //outer:
8  for(var i=1;i<10;i++)
9  {
10   for(var j=1;j<=i;j++)
11   {
12     if(i*j>50)
13       continue;
14     document.write(j+"*"+i+"="+j*i);
15     document.write(" ");
16   }
17   document.write("<br />");
18 }
19 </script>
```

图 5-13 标签示例

```
1*1=1
1*2=2 2*2=4
1*3=3 2*3=6 3*3=9
1*4=4 2*4=8 3*4=12 4*4=16
1*5=5 2*5=10 3*5=15 4*5=20 5*5=25
1*6=6 2*6=12 3*6=18 4*6=24 5*6=30 6*6=36
1*7=7 2*7=14 3*7=21 4*7=28 5*7=35 6*7=42 7*7=49
1*8=8 2*8=16 3*8=24 4*8=32 5*8=40 6*8=48
1*9=9 2*9=18 3*9=27 4*9=36 5*9=45
```

图 5-14 无标签运行结果

```
1*1=1
1*2=2 2*2=4
1*3=3 2*3=6 3*3=9
1*4=4 2*4=8 3*4=12 4*4=16
1*5=5 2*5=10 3*5=15 4*5=20 5*5=25
1*6=6 2*6=12 3*6=18 4*6=24 5*6=30 6*6=36
1*7=7 2*7=14 3*7=21 4*7=28 5*7=35 6*7=42 7*7=49
1*8=8 2*8=16 3*8=24 4*8=32 5*8=40 6*8=48 1*9=9 2*9=18 3*9=27 4*9=36 5*9=45
```

图 5-15 有标签运行结果

修改前的代码，当第 12 行的条件表达式为 true 时，跳过第 14、15 行代码，回到第 10 行的"j++"继续执行，直到内层循环结束，执行第 17 行的输出换行语句再继续外层循环。而修改后，当第 12 行的条件表达式为 true 时，就会跳过"outer"标签所指示的外层循环代码，即第 14、15、17 行，回到第 8 行的"i++"继续执行，所以后面的输出都是在同一行了。

思考一下，如果将图 5-13 中的"continue"换成"break"，在用和不用标签的情况下，又会如何输出？

5.5 内置函数

根据编程规范里的一般要求，重复使用一次以上的功能代码块应该单独定义成一个函数，JavaScript 自身提供了一些函数供用户使用，同时也允许开发者通过自定义函数的方式组合一些可重复使用的脚本代码块，以增加本代码的结构化和模块化。

JavaScript 里内置的函数并不多，大多数都封装在对象里，在以后的章节中会逐步介绍，这里介绍的是直接可以被调用的函数。主要包括：数值类型解析函数、特定计算函数、数值判断函数和编解码函数。

5.5.1 数值类型解析函数

数值类型解析函数有 parseInt()和 parseFloat()，其作用是将字符串类型的参数转换为整型或浮点型的数值。类似于 Java 中的 Integer.parseInt()和 Float.parseFloat()，但有两点显著差别：

- 部分转换：parseInt()或 parseFloat()在对参数进行转换时，并不要求参数字符串里全是数字字符，只要保证是以数字字符开头即可，遇到无法转换的非数字字符则自动结束转换；
- 自动识别进制：对于 parseInt()，还会自动识别字符串所表示的数字的进制，如以“0”开头，会被识别为八进制，以“0x”开头会被识别为十六进制。

如图 5-16 所示代码，虽然第 7 行的参数不完全是数字，但是以数字字符开头，所以能够得到结果“a=2013”，如果将参数换为“公元 2013 年”，那得到的结果就是“a=NaN”了；第 9 行同理，结果“a=9.54”；第 11 行是要解析成整型数值，所以无法解析小数点，从小数点开始的字符全部忽略，结果“a=9”；第 13 行，字符串以“0”开头，被识别为八进制数，结果“a=8”；第 15 行，字符串以“0x”开头，被识别为十六进制数，结果“a=10”。

```
5  <script type="text/javascript">
6  var a;
7  a=parseInt("2013年");
8  alert("a="+a);
9  a=parseFloat("9.54秒");
10 alert("a="+a);
11 a=parseInt("9.54秒");
12 alert("a="+a);
13 a=parseInt("010");
14 alert("a="+a);
15 a=parseInt("0xa");
16 alert("a="+a);
17 </script>
```

图 5-16 数值类型解析函数

特别强调一下，如果在 Google 的 Chrome 浏览器里运行该段代码，第 13 行得到的结果会是“a=10”，这是由于不同浏览器对于 parseInt()的实现不同造成的，所以建议在使用 parseInt()方法时，尽量指定第二个代表进制的参数，如“a = parseInt ("010", 10);”或“a = parseInt("010",8);”，这样无论在什么浏览器里得到的结果都是一样的。

5.5.2 特定计算函数

特定计算函数 eval 主要有两个作用：一是用于计算表达式结果，二是用于解析 JSON 对象。第二种用法在后面的 Ajax 章节介绍，这里主要介绍第一种用法。

如图 5 - 17，图中给出了三种不同的表达式计算代码，第 7 行比较简单，很容易看出结果“a=7”；第 10 行是一个带有变量的表达式，稍微复杂一些，但是把变量带进去也能算出结果“a=11”；第 12 行不仅有变量还有分支语句，相对更复杂了，结果“a=0.5”。对于第 7 和第 10 行的表达式，如果不加双引号也不会有问题，但是第 12 行的复杂表达式就必须使用双引号了，否则会导致语法错误。

```
5  <script type="text/javascript">
6  var a;
7  a=eval("3+4");
8  alert("a="+a);
9  var x=1,y=2;
10 a=eval("5*x+y*3");
11 alert("a="+a);
12 a=eval("if(x>y){2*x}else{y/4}");
13 alert("a="+a);
14 </script>
```

图 5 - 17 特定计算函数

一般不建议直接对用户输入的表达式进行 eval 运算，这会留下一些安全隐患。

5.5.3 数值判断函数

数值判断函数可以判断参数是否为非数值(isNaN)以及是否为有限数值(isFinite)。

```
<script type="text/javascript">
var a="2013";
var msg=isNaN(a);
alert("msg="+msg);
a="2013年";
msg=isNaN(a);
alert("msg="+msg);
a=10;
msg=isFinite(a);
alert("msg="+msg);
a=a/0;
msg=isFinite(a);
alert("msg="+msg);
a=0/0;
msg=isFinite(a);
alert("msg="+msg);
</script>
```

图 5 - 18 数值判断函数

如图 5－18 所示代码，第 7 行执行后的结果是“msg＝false”，因为变量 a 当中存放的字符串全部都是数字，而 isNaN 方法是判断“is not a number”，所以返回 false；第 10 行结果为“msg＝true”，因为变量 a 中含有非数字字符。第 13 行结果为“msg＝true”，因为变量 a 中存放的是一个有限数值；第 16 行得到的结果是“msg＝false”，因为变量 a 此时的值是 Infinity；第 19 行得到的结果也是“msg＝false”，因为变量 a 此时的值是 NaN。

5.5.4 编解码函数

编解码函数有两组：encodeURI()/decodeURI()和 escape() /unescape()。前者用于将参数按照“ISO8859－1”的编码格式进行编解码，后者会将参数中的 Unicode 字符按照十六进制转义序列的格式进行编解码。除了编码不同，对于一些特殊的 ASCII 字符处理方式也不同，比如“；?：&＝＄，＃！～'()”等符号，第一组是不会编解码的，而第二组会。但对于 ASCII 字母、数字和“/@＋－_. ＊”等符号，两组函数都不会编解码。

```
5  <script type="text/javascript">
6  var a="#1:李四(男;age=20)";
7  var msg=escape(a);
8  alert("msg="+msg);
9  msg=unescape(msg);
10 alert("msg="+msg);
11 msg=encodeURI(a);
12 alert("msg="+msg);
13 msg=decodeURI(msg);
14 alert("msg="+msg);
15 </script>
```

图 5－19 编解码函数

图 5－19 中，对于同样的字符串分别用两组函数进行编码和解码，得到的结果是不同的。第 7 行执行后变量 msg 的值以及对应关系如下：

%23 1 %3A %u674E %u56DB %28 %u7537 %3B age %3D 20 %29
＃ 1 ： 李 四 （ 男 ； age ＝ 20 ）

第 9 行执行后变量 msg 又还原成和变量 a 相同；第 11 行执行后变量 msg 的值以及对应关系如下：

＃1：%E6%9D%8E %E5%9B%9B（ %E7%94%B7 ；age＝20）
＃1： 李 四 （ 男 ；age＝20）

第 13 行执行后变量 msg 又还原成和变量 a 相同。

考虑到兼容性的问题，第二组 escape()/unescape()已经不建议使用。

5.6　自定义函数

仅仅依靠上述内置函数是远远不能满足用户的需求以及结构化、模块化编程的需要的，因此 JavaScript 提供了自定义函数语法，这其中最重要的三个概念分别是定义、调用和回调。

5.6.1　函数定义

函数的定义应使用关键字 function，其语法规则如下：

```
function function_name([parameters])
{
    statements;
    [return 表达式;]
}
```

语法中各部分的含义如下：function_name 为函数名，函数名可由开发者自行定义，命名规则与变量基本相同；parameters 为函数的参数列表，在调用目标函数时，需将实际数据传递给参数列表以完成函数特定的功能，参数列表中可定义一个或多个参数，各参数之间使用“,”分隔，参数列表也可为空，与 Java 不同，参数列表里只包括参数名称，而不指定参数类型(函数定义时的参数称为：形式参数，简称：形参)；statements 是函数体，也就是实现函数功能的脚本代码；return 指定函数的返回值，为可选部分，如函数无返回值就可以省略。自定义函数一般放置在 HTML 文档的＜head＞ 和＜/head＞ 标记对之间。

图 5－20 给出了一个自定义函数的定义，其中函数名为“doTest”，有一个名为“param”的参数，该函数的函数体只有第 8 行一句代码，并且该函数没有返回值。

```
5  <script type="text/javascript">
6  function doTest(param)
7  {
8    alert("param="+param);
9  }
10 </script>
```

图 5－20　自定义函数语法一

除了这种规范的定义方式外，JavaScript 中还有另一种函数定义方式，语法如下：

```
var function_name = function([parameters])
{
    statements;
    [return 表达式;]
}
```

按照该语法，图 5－20 的函数定义就可以写成图 5－21 的形式了。

```
<script type="text/javascript">
var doTest=function(param)
{
  alert("param="+param);
}
</script>
```

图 5-21　自定义函数语法二

这两种语法在大多数情况下是相同的，但在某些特定环境中就有很大差别了。

5.6.2　函数调用

函数在定义之后就可以调用了，JavaScript 中对于方法的调用与 Java 基本相同。对于图 5-20、图 5-21 当中定义的方法，都可以使用以下代码在脚本标签中进行调用：

doTest(“Hello”)；

也可以在 HTML 中通过<a>标签或在其他标签的事件中进行调用，如：

<a href=“javascript:doTest(‘Welcome’)”> Link</a>

或

<input type=“button” onclick=“doTest()” value=“ok” />

5.6.3　函数回调

在 JavaScript 中，还有一种特殊的函数用法，叫做回调(call back)。回调一般用在事件绑定上，也会用于参数传递。

```
<script type="text/javascript">
function doTest1()
{
  alert("do test 1");
}
var doTest2=function()
{
  alert("do test 2");
}

window.onload=doTest1;
window.onload=doTest2;

window.onload=function()
{
  alert("do other test");
}
</script>
```

图 5-22　回调用法

图 5－22 给出了通过事件绑定进行回调的三种用法，其效果几乎完全一样。第 6—9 行使用传统方式定义方法“doTest1”，在第 15 行与 window 对象的 onload 事件进行绑定；第 10—13行使用函数变量形式定义方法“doTest2”，在第 16 行也是与 window 对象的 onload 事件进行绑定；第 18—21 行直接将一个匿名函数（没有函数名的函数）与 window 对象的 onload 事件进行绑定。这里是为了方便，对 window 对象的 onload 事件进行了三次绑定，实际使用中，这三次绑定只有第 18 行的才有效，第 15、16 行没有任何作用。

那么回调和调用的区别究竟在哪里？通过图 5－23 的代码来看一下页面如何被浏览器解释并展现的。之前已经介绍过，浏览器对于页面的解释是顺序进行的，当执行到第 10 行代码时，解释器对于“doTest1”方法的使用理解为回调方式，也就是不立即执行，而是等 window 对象的 onload 事件发生时才执行“doTest1”方法，该事件是会等浏览器将整个页面文档全部加载完才会发生，所以会看见图 5－24 的效果：页面里的“OK”按钮出现后才执行“do test 1”方法弹出消息框。

```
5  <script type="text/javascript">
6  function doTest1()
7  {
8    alert("do test 1");
9  }
10 window.onload=doTest1;
11 </script>
12 </head>
13 <body>
14 <input type="button" value="OK" />
15 </body>
```

图 5－23　回调与调用一

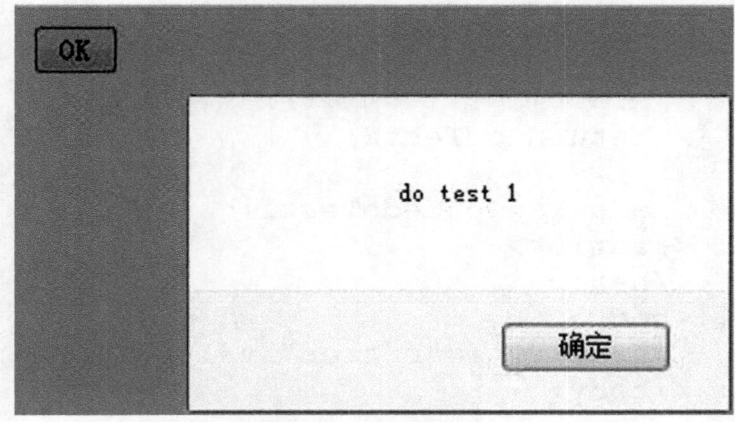

图 5－24　回调效果一

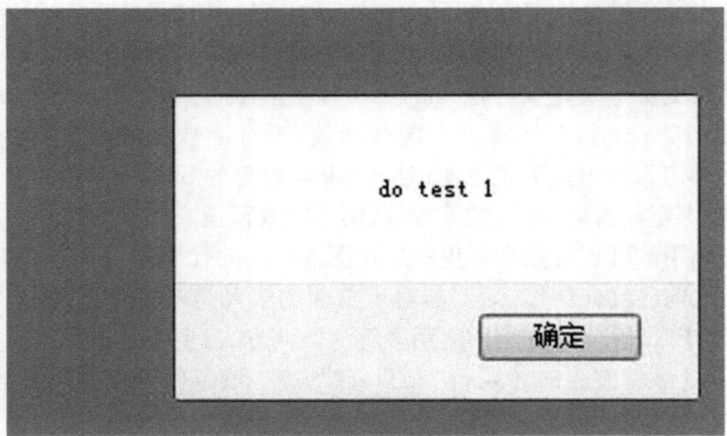

图 5－25　调用效果二

如果把第 10 行代码改成“window.onload＝doTest1()；”，这句话的意思就变了，浏览器会理解为调用“doTest1”方法，将其返回值与 window 对象的 onload 事件进行绑定。这时浏览器还没有解释到<body>部分，所以调用“doTest1”方法弹出消息框时并没有按钮被加载到浏览器上，效果如图 5－25。又因为“doTest1”方法没有返回值，所以当点击“确定”按钮后，页面被加载完成，“OK”按钮显示出来，但没有任何其他后续动作。

思考一下，在图 5－23 的基础上将代码修改为如图 5－26 所示，浏览器会如何显示？再将第 15 行代码改成“window.onload＝doTest1()；”，又将如何显示？

```
5  <script type="text/javascript">
6  var doTest2=function()
7  {
8    alert("do test 2");
9  }
10 function doTest1()
11 {
12   alert("do test 1");
13   return doTest2;
14 }
15 window.onload=doTest1;
16 </script>
17 </head>
18 <body>
19 <input type="button" value="OK" />
20 </body>
```

图 5－26　回调与调用二

回调的另一个用处是作为参数进行传递，如图 5－27 所示，函数“doTest”的参数就是一个回调函数，这可以从第 8 行代码中看出，该行代码用于执行这个回调函数。另外分别定义了“func1”和“func2”两个函数，以及在“OK”按钮的点击事件发生时触发的“doClick”函数。

第 20 行代码，在“doClick”函数里调用“doTest” 函数，并将“func1”以回调函数的形式作为实际参数传递给形参“callback”，此时第 8 行代码就相当于调用“func1”函数了。如果把第 20 行改成“doTest(func2);”，则点击“OK”按钮后会执行“func2”函数。

简单小结一下，函数的调用是要立即执行的，而回调一般是不会马上执行的，要等到条件满足时（如事件触发）才会执行；函数的调用都是要在函数名后带上圆括号，而回调则只写函数名。

```
4  <head>
5  <script type="text/javascript">
6  function doTest(callback)
7  {
8    callback();
9  }
10 function func1()
11 {
12   alert("func1");
13 }
14 function func2()
15 {
16   alert("func2");
17 }
18 function doClick()
19 {
20   doTest(func1);
21 }
22 </script>
23 </head>
24 <body>
25 <input type="button" value="OK"
26 onclick="doClick()"/>
27 </body>
```

图 5 - 27　回调作为参数

5.6.4　函数重载

在 Java 语言中有一种技术叫做函数重载，用于给一组具有相近功能的函数起同样的名称，通过不同的参数列表予以识别。在 JavaScript 中，这种技术就不能再使用了。

首先，在 JavaScript 的函数定义里，形参只给出名称而不写数据类型（都是 var 类型），就无法通过不同参数类型来对同名函数进行识别。那通过不同的参数个数行不行呢？如图5 - 28 所示的代码，有过 Java 基础的读者一定会认为结果是“n=6”，理由是“doClick”函数中调用的是带有三个参数的“sum”函数，所以执行第 6 行的“sum”函数。而实际结果却是“n=3”，调用的是第 10 行的“sum”函数。可以试一试，将第 6 行与第 10 行的两个“sum”函数的定义顺序换一下，结果是什么？再接着将第 16 行的代码换成“var n=sum(1,2);”结果又是什么？

```
5  <script type="text/javascript">
6  function sum(a,b,c)
7  {
8    return a+b+c;
9  }
10 function sum(a,b)
11 {
12   return a+b;
13 }
14 function doClick()
15 {
16   var n=sum(1,2,3);
17   alert("n="+n);
18 }
19 </script>
20 </head>
21 <body>
22 <input type="button" value="OK"
23 onclick="doClick()"/>
24 </body>
```

图 5-28　同名但参数个数不同的函数

调换顺序后,结果是“n=6”,再修改第 16 行代码后,结果是“n=NaN”。这是为什么?

回忆之前自定义函数的定义语法,其中有一种语法是像定义变量一样定义函数,变量名称是不可以重复的,同样函数名也不能重复,因为在 JavaScript 中,函数其实也是一种数据类型,函数名也可以被看成是变量名。所以图 5-28 中,定义在后面的有两个参数的“sum”函数就把之前的有三个参数的同名函数的定义覆盖掉了,尽管第 16 行传了三个实参过去,“sum”函数也仅接受前两个,所以结果是“n=3”。当把这两个“sum”函数的顺序调换一下,带有三个参数的就会把两个参数的定义覆盖了,这时执行结果是“n=6”。再修改第 16 行,仅传两个参数给“sum”函数,还是会调用带有三个参数的“sum”函数,只不过形参“c”未被赋值,也就是 undefined,所以结果是“n=NaN”。

如果代码中需要完成两个或三个参数求和功能,该如何实现?方式一是给函数起不同的名字,但这就不像重载了;方式二是将代码修改成图 5-29 所示的代码。如果再要求能够实现四个、五个……更多数的求和,又该如何?在 Java 中有一种变长参数语法,允许用户传递任意数量的参数,在 JavaScript 中也有类似用法,如图 5-30 所示,使用 arguments 对象即可实现。关于 arguments 对象的更多介绍参见 7.10 节。

```
<script type="text/javascript">
function  sum(a,b,c)
{
  if(c==undefined)
    return a+b;
  else
    return a+b+c;
}

function doClick()
{
  var n=sum(1,3);
  alert("n="+n);
}
</script>
</head>
<body>
<input type="button" value="OK"
onclick="doClick()"/>
</body>
```

图 5 - 29　函数"重载"方式一

```
<script type="text/javascript">
var sum=function()
{
  var s=0;
  for(i=0;i<arguments.length;i++)
    s+=arguments[i];
  return s;
}
function doClick()
{
  var n=sum(1,3);
  alert("n="+n);
}
</script>
</head>
<body>
<input type="button" value="OK"
onclick="doClick()"/>
</body>
```

图 5 - 30　函数"重载"方式二

由此可见，JavaScript 中并没有真正意义上的重载概念，所谓的重载只不过是利用了函数对参数的“宽容”而模仿出来的。

5.6.5 模拟对象

JavaScript 不是一个面向对象的语言，因为面向对象语言所必须具备的一些特性，如：封装、继承、多态，它都不具备，但是它却有很多用法与面向对象非常相似，所以可以视其为基于对象的语言。

JavaScript 中创建自定义对象的方式主要有两种：通过对象直接初始化和通过定义对象的构造函数。

图 5-31 中给出了一个通过对象直接初始化方式创建对象的示例。其中第 7、8 行的“name”、“age”可被视为对象 student 的属性，第 9 行的“sayHi”可被视为对象 student 的成员函数。

用此方式创建的对象我们有一个专有名词：JSON(JavaScript Object Notation)，这将在“Ajax”课程中详细讲解。

```
5  <script type="text/javascript">
6  var student={
7    name:"Tom",
8    age:20,
9    sayHi:function(){
10             alert("name="+this.name+
11             ",age="+this.age);
12         }
13 };
14 function doClick(){
15   alert("属性name:"+student.name);
16   student.sayHi();
17 }
18 </script>
19 </head>
20 <body>
21 <input type="button" value="OK"
22 onclick="doClick()"/>
23 </body>
```

图 5-31 对象直接初始化方式

通过定义对象的构造函数来创建对象是 JavaScript 中最常用的方式。该方式中对象实例采用构造函数来创建，每一个构造函数包括一个对象原型，定义了每个对象包含的属性和函数。如图 5-32 所示代码，第 6—13 行就定义了一个构造函数，同时也是一个对象原型，或者我们更习惯的叫法——类；第 15 行用于创建一个该类型的对象 student，并在第 17 行调用其成员函数 sayHi。

```
5  <script type="text/javascript">
6  function Student(name,age){
7     this.name=name;
8     this.age=age;
9     this.sayHi=function(){
10       alert("name="+this.name+
11            ",age="+this.age);
12    }
13 }
14 function doClick(){
15    var student=
16       new Student("Tom",20);
17    student.sayHi();
18 }
19 </script>
20 </head>
21 <body>
22 <input type="button" value="OK"
23 onclick="doClick()"/>
24 </body>
```

图5-32 构造函数方式

在JavaScript中对象是动态的，这意味着对象的成员属性和函数是可以动态添加、删除的。

动态删除的目标是对象，可以通过之前所学的关键字delete来完成，这里的删除对于属性来说仅仅只是删除属性的值，使其为undefined，属性依然存在。但对于函数来说，则是删除其定义，即函数体，也是使其为undefined，这时再去调用该函数就会出错了。

动态添加的目标是对象类型，是使用对象类型的原型来完成的。JavaScript中所有对象都由Object对象派生，每个对象都有指定了其结构的原型属性prototype，该属性描述了该类型对象共有的代码和数据，可以通过该属性为对象动态添加新属性和新方法。

图动态增删对象成员中，对图构造函数方式的代码做了一些修改，Student类保持原样，但将stu对象的创建移到了全局，方便后面的增删操作。在第16行开始的doAdd函数中为其添加了一个属性、一个函数，这是借助于原型属性prototype来实现的，语法如第17行(新增属性)、第18行(新增函数)。尽管stu对象的创建早于新增操作，但在第22行还是可以使用stu对象来调用新增的方法study以及访问新增的属性course。第24行开始的doRemove是用于测试动态删除的，点击“remove”按钮后，通过delete将stu对象的name属性和sayHi函数设为undefined，所以第27行执行结果是“undefined在学习JavaScript”，第28行会报错。再次强调，新增属性或函数都是基于类型的，如写成：stu.prototype.xxx=……就错了；而删除操作是基于对象的，如写成：delete Student.name就错了。如图5-33所示。

思考一下，如果在没有点击“add”按钮的情况下先点击“remove”按钮，结果会如何？

```
<script type="text/javascript">
function Student(name,age){
  this.name=name;
  this.age=age;
  this.sayHi=function(){
    alert("name="+this.name+
          ",age="+this.age);
  }
}
var stu=
    new Student("Tom",20);
function doAdd(){
  Student.prototype.course="JavaScript";
  Student.prototype.study=
      function(){
        alert(this.name+"在学习"+this.course);
      };
  stu.study();
}
function doRemove(){
  delete stu.name;
  delete stu.sayHi;
  stu.study();
  stu.sayHi();
}
</script>
</head>
<body>
<input type="button" value="add"
onclick="doAdd()"/>
<input type="button" value="remove"
onclick="doRemove()"/>
</body>
```

图 5-33 动态增删对象成员

小结一下，通过对象直接初始化的方式来创建自定义对象，与定义对象的构造函数方式不同的是，前者不需要生成此对象的实例，在只需生成某个应用对象并进行相关操作的情况下使用时，代码紧凑，编程效率高，但致命缺点在于，若要生成若干个对象，就必须重复多次相同的代码结构，重用性比较差，不符合面向对象的编程思路，应尽量避免使用该方式创建自定义对象。

和 Java 语言相似，在 JavaScript 中，内存的分配和释放几乎不用过多考虑：在创建对象的同时，浏览器自动为该对象分配内存空间，在对象清除时其占据的内存将自动回收。当然，在自定义的对象使用完后，通过给其赋空值 null 的方式来标记对象已经使用完成是一个比较好的习惯。

5.7 编码好习惯

5.7.1 关于命名

在 Java 中可以允许属性和方法同名，那在 JavaScript 中呢？

```
4  <head>
5  <script type="text/javascript">
6  var test="hello";
7  function test(){
8      alert("test="+test);
9  }
10 </script>
11 </head>
12 <body>
13 <input type="button" value="test"
14 onclick="test()"/>
```

图 5-34 属性与函数同名一

图 5-34 属性与函数同名一中，第 6 行定义了名为 test 的变量，第 7 行又定义名为 test 的函数。但点击测试按钮时，浏览器会因为 test 不是函数而报错。是不是因为先定义 test 为 string 类型了就不能再被定义成函数呢？我们可以试着将第 6 行的代码移到第 10 行前面，也就是先定义函数 test，再定义变量 test，结果还是一样报错。那是不是函数名和变量名一样就肯定会出错呢？再看一下图 5-35 属性与函数同名二的代码，和图 5-34 属性与函数同名一的功能一样，只是换了一下函数的定义语法，结果就不出错了，正常弹出一个消息框（注意一下消息框里的内容）。这时再将同名变量和函数 test 的定义顺序换一下，就会发现又报错了。这种定义语法下，后定义的会覆盖掉前面所定义的内容，所以先将 test 定义成 string 变量，再定义成一个函数，那之前的 string 变量就消失了，反之亦然。

```
5  <script type="text/javascript">
6  var test="hello";
7  var test=function(){
8      alert("test="+test);
9  }
10 </script>
11 </head>
12 <body>
13 <input type="button" value="test"
14 onclick="test()"/>
```

图 5-35 属性与函数同名二

这样复杂的语法规则如果实在记不住,那养成一个不要定义同名的变量和函数的好习惯就可以了。

5.7.2 关于函数定义语法

我们介绍了函数定义的两种语法,在上一节也看了这两种语法对于同名变量和函数的不同影响。下面我们再分析一下图 5－36 函数定义语法差别的代码。

```
5  <script type="text/javascript">
6  doFirst();
7  function doFirst(){
8    alert("First");
9  }
10
11 doSecond();
12 var doSecond=function(){
13   alert("Second");
14 }
15 </script>
16 </head>
```

图 5－36 函数定义语法差别

第 7 行的函数定义称为函数声明式语法,第 12 行的函数定义称为函数表达式语法,浏览器的解析器对于这两种语法是会区别对待的。声明式语法定义的函数,解析器会在加载其他代码之前首先加载,以确保其可用;而表达式语法则是在代码执行到其所在行时才会执行。因此第 6 行代码正确执行,因为第 7—9 行的函数已经加载过了;而第 11 行代码则会报函数未定义的错误,因为第 12 行开始的函数尚未执行到。

所以不是在逼不得已的情况下,尽量使用函数声明式语法定义函数。

5.7.3 关于作用域

简单来说,JavaScript 中变量的作用域只有全局和局部之分,没有代码块级作用域。在 5.4.3 节的 for 循环示例代码中,已经说明了这一点:图 5－9 第 7 行代码在 for 语句中定义了一个循环变量 i,即使 for 循环结束,i 仍可以被访问到,这与 Java 语言是不同的。

更深入地说,定义在全局函数外面的就是全局变量,在页面中任何地方都可以访问;定义在函数里的就是局部变量(也称为:过程变量),只能在该函数内部访问,函数执行结束局部变量的生命周期也就结束了。如图 5－37,在全局和 doFirst、doSecond 函数中分别定义了名为 x 的变量,点击测试按钮后会出现哪些消息提示?将第 10 行代码注释掉之后又会出现什么样的消息提示?再将第 8 行注释掉又会怎样?通过这个例子很容易看出全局和局部作用域的差别。

```
5  <script type="text/javascript">
6  var x=1;
7  function doFirst(){
8    var x=2;
9    var doSecond=function(){
10     var x=3;
11     alert("doSecond x="+x);
12   }
13   alert("doFirst x="+x);
14   doSecond();
15   alert("doFirst x="+x);
16 }
17 function test(){
18   alert("global x="+x);
19   doFirst();
20   alert("global x="+x);
21 }
22 </script>
23 </head>
24 <body>
25 <input type="button" value="test"
26 onclick="test()"/>
```

图 5 - 37　简单的变量作用域

在图 5 - 37 简单的变量作用域的代码基础上修改第 11 行为：

alert("doSecond this.x="＋this.x)；

这时运行测试后看到的该语句对应的消息框文字为："doSecond this.x＝1"，访问的是全局变量 x，因为测试代码中没有创建 doFirst 对象，所以 this 指代的是全局对象。

```
<script type="text/javascript">
var x=1;
function doFirst(){
  this.x=2;
  this.doSecond=function(){
    var x=3;
    alert("doSecond x="+x);
  }
}
function test(){
  alert("global x="+x);
  var obj=new doFirst();
  alert("doFirst x="+obj.x);
  obj.doSecond();
  alert("doFirst x="+obj.x);
  alert("global x="+x);
}
</script>
</head>
<body>
<input type="button" value="test"
onclick="test()"/>
```

图 5 - 38　加入对象的变量作用域

再深入下去，将对象也加入进来，把 doFirst 作为构造函数时，又会发生什么样的变化。图 5－38 加入对象的变量作用域运行后的结果是：

global x=1

doFirst x=2

doSecond x=3

doFirst x=2

global x=1

此时第 8 行的 this 指代的不是全局对象，而是 obj 对象。接着将第 10 行的“var”去掉变成“x=3;”再测试，结果是：

global x=1

doFirst x=2

doSecond x=3

doFirst x=2

global x=3

此时 doSecond 函数中的 x 就被认为是全局的 x 了。再将第 10 行的代码改为“this.x=3;”后测试，结果是：

global x=1

doFirst x=2

doSecond x=1

doFirst x=3

global x=1

此时第 10 行“this.x=3;”中 this 指代的是 obj 对象，而第 11 行输出的是全局的 x。

是不是已经被绕晕了，所以尽量不要在不同作用域中定义同名变量也是一个非常好的编码习惯。

第 6 章　文档对象模型 DOM

6.1　DOM 简介

文档对象模型(Document Object Model：DOM)，最初是 W3C 为了解决浏览器混战时代不同浏览器环境之间的差别而制定的模型标准，主要针对的是 IE 和 Netscape Navigator 两个浏览器。W3C 解释为："文档对象模型(DOM)是一个能够让程序和脚本动态访问和更新文档内容、结构和样式的语言平台，提供了标准的 HTML 和 XML 对象集，并有一个标准的接口来访问并操作它们。"

借助于 JavaScript，DOM 使程序员可以重构整个 HTML 文档。您可以访问、添加、移除、改变或重排页面上的标准组件，如元素、样式表、脚本等并作相应的处理。要改变页面的某个东西，JavaScript 就需要对 HTML 文档中所有元素进行访问的入口。这个入口，连同对 HTML 元素进行访问、添加、移动、改变或移除的方法和属性，都是通过 DOM 来获得的。

文档对象模型 DOM 被分为不同的部分(核心、HTML 及 XML)和级别，其中核心(Core DOM)定义了一套标准的针对任何结构化文档的对象；HTML DOM 定义了一套标准的针对 HTML 文档的对象；XML DOM 定义了一套标准的针对 XML 文档的对象。

本章只讨论 HTML DOM，XML DOM 将在 XML 相关章节详细说明。

6.1.1　BOM 和 DOM

在很多场合还会提及 BOM(浏览器对象模型：Browser Object Model)，BOM 提供了对浏览器对象(window、location、history、navigator 等)的访问接口。

狭义上的 DOM 专指 HTML、XML 的文档结构，广义上的 DOM 不仅包含文档的结构，还包括了 BOM，如图 6－1 所示的是 DOM 结构。

本章主要介绍的是 BOM 和文档对象 document。

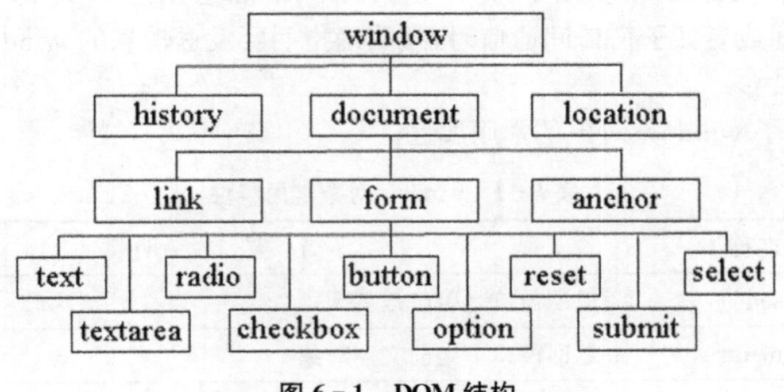

图 6－1　DOM 结构

6.1.2 浏览器差异

在各个版本浏览器中,文档对象模型都有其特殊的地方。一般来说,每发布一个新版本的浏览器,浏览器厂商都会以各种方式扩展 document 对象,新版本修订了老版本的程序错误,同时添加了对象的属性、方法及事件处理程序等,不断扩充原有的功能。

当然,从新对象模型可以更快捷地执行更多任务的技术层面上来看,每次的浏览器版本更新绝对不是一件坏事,但不同浏览器的对象模型朝着不同方向发展,却给 Web 开发人员将应用程序在不同浏览器之间移植方面带来了相当的难度,导致 Web 应用程序的跨平台性较差。

W3C 所制定的文档对象模型(DOM)标准是一个中立的接口语言平台,为程序以及脚本动态地访问和更新文档内容,结构以及样式提供一个通用的标准。它将把整个页面(HTML 或 XML)规划成由节点分层构成的文档,页面的每个部分都是一个节点的衍生物,从而使开发者对文档的内容和结构具有空前的控制力,用 DOM API 可以轻松地删除、添加和替换指定的节点。

本书全部采用 W3C 的 DOM 规范,个别浏览器的规范差异会做个别介绍。

6.2 window 对象

简单来说,window 对象为浏览器窗口对象,为文档提供一个显示的容器。当浏览器载入目标文档时,打开浏览器窗口的同时,创建 window 对象的实例,Web 应用程序开发人员可通过 JavaScript 脚本引用该实例,从而进行诸如获取窗口信息、设置浏览器窗口状态或者新建浏览器窗口等操作。同时,window 对象提供一些方法产生图形用户界面中用于客户与页面进行交互的对话框(模式或者非模式),并能通过脚本获取其返回值然后决定浏览器后续行为。

由于 window 对象是 DOM 中的顶级对象,对当前浏览器的属性和方法,以及当前文档中的任何元素的操作都默认以 window 对象为起始点,并按照对象的层次顺序进行访问和相关操作,所以在访问这些目标时,可将引用 window 对象的代码省略掉,如在需要给客户以警告信息的场合调用 window 对象的 alert()方法产生警告框,使用 window.alert("…")与直接使用 alert("…")语句的效果相同。

但是在框架集(frameset)页面中,每个框架(frame)都会对应一个 window 对象。如需在框架集的框架间或者父子窗口间通信时,须明确指明要发送消息的 window 对象名称。

6.2.1 属性

表 6-1 列出了 window 对象的常用属性。

表 6-1 window 对象常用属性

属性名称	简 要 说 明
closed	返回窗口是否已被关闭
document	返回窗口中当前文档对象
frames	包含窗口中所有 frame 对象的数组

续表 6-1

属性名称	简　要　说　明
history	返回窗口的历史 URL 清单
length	设置或返回窗口中的框架数量
location	返回窗口中的 URL 地址栏对象
name	设置或返回窗口的名称
navigator	返回对 navigator 对象的只读引用
opener	返回对创建此窗口的窗口的引用
parent	返回父窗口对象
screen	返回当前窗口所在的屏幕对象
status	设置或返回窗口底部的状态栏信息,FF 不支持
top	返回顶层窗口对象

其中 document、history、location 和 navigator 对象在后面会单独介绍,这里通过图 6-2 所示代码来看看部分其他属性的用法。

js5-2-1.html

```
<html>
<head>
<script type="text/javascript">
window.name="parent_window_sample";
</script>
<frameset rows="100,*">
  <frame src="logo.jpg">
  <frame src="js5-2-2.html">
</frameset>
</html>
```

js5-2-2.html

```
<head>
<script type="text/javascript">
window.name="window_sample";
function doClick()
{
  alert("closed="+window.closed);
  alert("name="+window.name);
  alert("parent.name="+parent.name);
  alert("length="+parent.length);
  alert("frames="+parent.frames.length);
  alert("screen="+screen.width+
      "*"+screen.height);
  status="welcome";
}
</script>
</head>
<body>
<input type="button" value="test"
onclick="doClick()"/>
```

图 6-2　window 对象示例

图6-2window对象示例的示例由js5—2—1.html(框架集)、js5—2—2.html两个页面和图片logo.TIF组成。在两个页面中均通过第6行代码为各自设置name属性,在js5—2—2.html的doClick方法中输出各属性的值。其中第9行输出其是否为关闭状态,得到的结果当然是false;第10、11行分别输出自己(即js5—2—2.html)和父窗口(即js5—2—1.html)的name属性;第12、13行都是输出框架集中的框架数量;第14行输出当前显示屏幕的分辨率;第16行代码在IE浏览器中会看到最下面的状态栏里会显示文字“welcome”。

6.2.2 方法

window对象的常用方法可分为三类:消息框、窗口和定时器。

使用window对象产生与页面交互的消息框主要有警告框、确认框和提示框,这三种消息框使用window对象的不同方法产生,界面、功能和应用场合也不大相同。使用window对象也可以创建新的模式或非模式窗口,并将其关闭。使用window对象还可以设定或取消定时器、延时器。

下面我们逐一介绍window对象的方法:

※　警告框

警告框使用window对象的alert()方法产生,用于将浏览器或文档的警告信息(也可能不是恶意的警告)传递给客户。该方法产生一个带有短字符串消息和“确定”按钮的模式对话框(在某些浏览器中,如IE,还会伴随着警告声音和黄色感叹号图标),且单击“确定”按钮后对话框不返回任何结果给父窗口。此方法的语法如下:

window.alert(“……”);

或:alert(“……”);

其中参数可以是已定义变量、文本字符串或者是表达式等。当参数传入时,将参数的类型强制转换为字符串然后输出。

※　确认框

确认框使用window对象的confirm()方法产生,用于将浏览器或文档的信息(如表单提交前的确认等)传递给用户确认。该方法产生一个带有短字符串消息和“确定”、“取消”按钮的模式对话框(在某些浏览器中,如IE,还会有蓝色问号图标),提示客户选择单击其中一个按钮表示同意该字符串消息与否,“确定”按钮表示同意,“取消”按钮表示不同意,并将结果返回给父窗口。此方法的语法如下:

var ans=window.confirm(“……”);

或:var ans=confirm(“……”);

其中参数可以是已定义变量、文本字符串或者是表达式等。当参数传入时,将参数的类型强制转换为字符串作为需要确认的问题输出。该方法返回一个布尔值表示消息确认的结果,true表示客户同意了该消息,而false表示客户不同意该消息或确认框被客户直接关闭。

※　提示框

提示框使用window对象的prompt()方法产生,可用于接收用户输入的信息,该方法产生一个带有短字符串消息的问题、“确定”和“取消”按钮以及一个文本输入框的模式对话框,提示客户输入文字内容并选择单击其中一个按钮表示确定还是取消该提示框。如果客户单击了“确定”按钮则将该输入内容返回,若单击了“取消”按钮或者直接关闭则返回null值。此方法的语法如下:

var str＝window.prompt("……"[,"……"]);

或 var str＝prompt("……"[,"……"]);

该方法通过第一个参数给出一个提示信息，通过第二个可选参数为文本框设定初始值，如无初始值，该参数建议设定为空字符串。当客户填入问题的答案并单击"确定"按钮后，文本框内容作为 prompt()方法的返回值赋值给变量 str；当客户单击"取消"按钮时，prompt()方法返回 null。

图 6-3 消息框示例给出了这三种消息框的示例。点击不同的测试按钮，会弹出不同外观的消息框，在不同浏览器中同一种消息框外观也有较大差距。其中第 14 行代码，如果不为 prompt()方法提供值为空字符的第二个参数，则在 IE 浏览器中文本框会显示"undefined"。

```
4  <head>
5  <script type="text/javascript">
6  function doAlert(){
7    alert("Hello");
8  }
9  function doConfirm(){
10   var ret=confirm("R U OK?");
11   alert("ret="+ret);
12 }
13 function doPrompt(){
14   var ret=prompt("Pls input:","");
15   alert("ret="+ret);
16 }
17 </script>
18 </head>
19 <body>
20 <input type="button" value="alert"
21 onclick="doAlert()"/>
22 <input type="button" value="confirm"
23 onclick="doConfirm()"/>
24 <input type="button" value="prompt"
25 onclick="doPrompt()"/>
```

图 6-3　消息框示例

※　创建非模式窗口

window 对象使用 open()方法创建非模式的新窗口，新窗口可以包含已存在的 HTML 文档或者完全由该方法创建的新文档，其语法如下：

var newWin＝window.open(URL,Name,Options);

其中参数 URL 指定要打开的目标文档地址；参数 Name 可指定"_blank"、"_self"等系统名称作为打开目标文档的位置，也可自定义新窗口的名字作为特定标签(如<a>)的"target"；参数 Options 指定该窗口的外观属性，如页面大小、是否有工具栏等，是一组用逗号隔开的可选属性对，用以指明该窗口所具备的各种属性，其属性及对应的取值如表 6-2 窗口属性所示。

表 6-2　窗口属性

<table>
<tr><th>属性名称</th><th>取　　值</th><th>说　　明</th></tr>
<tr><td>channelmode</td><td>yes|no|1|0</td><td>剧院模式，默认为 no</td></tr>
<tr><td>fullscreen</td><td>yes|no|1|0</td><td>全屏模式，默认为 no</td></tr>
<tr><td>height</td><td>pixels</td><td>窗口高度，以像素计</td></tr>
<tr><td>left</td><td>pixels</td><td>窗口的左边距，以像素计</td></tr>
<tr><td>location</td><td>yes|no|1|0</td><td>显示地址栏，默认为 yes</td></tr>
<tr><td>menubar</td><td>yes|no|1|0</td><td>显示菜单栏，默认为 yes</td></tr>
<tr><td>resizable</td><td>yes|no|1|0</td><td>是否可调节尺寸，默认为 yes</td></tr>
<tr><td>scrollbars</td><td>yes|no|1|0</td><td>显示滚动条，默认为 yes</td></tr>
<tr><td>status</td><td>yes|no|1|0</td><td>显示状态栏，默认为 yes</td></tr>
<tr><td>titlebar</td><td>yes|no|1|0</td><td>显示标题栏，默认为 yes</td></tr>
<tr><td>toolbar</td><td>yes|no|1|0</td><td>显示工具栏，默认为 yes</td></tr>
<tr><td>top</td><td>pixels</td><td>窗口的顶边距，以像素计</td></tr>
<tr><td>width</td><td>pixels</td><td>窗口的宽度，以像素计</td></tr>
</table>

open()方法返回新建的窗口对象，可通过新窗口对象的 document 子对象的 write()方法往该窗口中写入内容，既可以是纯粹的字符串，也可是 HTML 格式的字符串，后者将被浏览器解释之后再显示。

```
<script type="text/javascript">
function doOpen1(){
  open("js5-4-2.html");
}
function doOpen2(){
  open("js5-4-2.html","newWin");
}
function doOpen3(){
  open("js5-4-2.html","newWin",
  "toolbar=no,menubar=0,width"+
  "=200px,height=160px,location=1");
}
</script>
</head>
<body>
<input type="button" value="open1"
onclick="doOpen1()"/>
<input type="button" value="open2"
onclick="doOpen2()"/>
<input type="button" value="open3"
onclick="doOpen3()"/>
<br/>
<a href="logo.jpg"
  target="newWin">Logo</a>
```

图 6-4　open()方法示例

图 6－4open()方法示例中，“open1”按钮会打开一个新窗口，里面显示“js5－4－2.html”页面内容；“open2”按钮和“open1”按钮一样，但因为定义了新窗口的名字为“newWin”，所以点击第 27 行的超链接时将会在新窗口中显示图片；“open3”按钮打开的新窗口被设置了一些外观、尺寸。

注意，因为后面介绍的 document 对象也有 open()方法，因此建议总是使用 window.open()的完整写法。

※　创建模式窗口

window 对象使用 showModalDialog()方法创建模式的新窗口，其语法如下：

var ret＝showModalDialog(URL，Name，Options)；

该方法的参数与 open()方法基本一致，但返回值是任意类型的变量值，该值由新窗口通过 window 对象的 returnValue 属性提供。

模式与非模式的区别在于是否受到限制，模式窗口在没有关闭时是不能回到父窗口的，而非模式窗口则不受限制。

※　关闭窗口

js5-5-1.html

```
<head>
<script type="text/javascript">
function doOpen1(){
  var ret=showModalDialog("js5-5-2.html")
  alert(ret+":"+typeof(ret));
}
</script>
</head>
<body>
<input type="button" value="open1"
onclick="doOpen1()"/>
```

js5-5-2.html

```
<head>
<script type="text/javascript">
function doClose(){
  window.returnValue="Hello";
  window.close();
}
</script>
</head>
<body>
<h1>this is js5-5-2.html</h1>
<input type="button" value="close"
onclick="doClose()"/>
```

图 6－5　模式窗口和 close()方法示例

无论非模式还是模式窗口，在操作完成后，可通过 window 对象的 close()方法来关闭该窗口，close()方法的语法如下：

[window_object.]close()；

在不指定 window 对象的情况下，关闭当前窗口。一般 close()方法用于关闭经由前 2 种方法打开的模式或非模式窗口，直接在浏览器中新建的窗口是不能通过该方法关闭的(IE 例外，可通过提示关闭)。

图 6-5 模式窗口和 close()方法示例所示代码，js5－5－1.html 中点击按钮打开一个模式窗口，显示 js5－5－2.html 页面，此时代码挂起在第 7 行，不再继续往下运行；只有在新窗口中点击"close"按钮将模式窗口关闭，前者的代码才能继续。因为在关闭前通过 js5－5－2.html 第 7 行代码给 window 对象的 returnValue 属性赋过值了，所以 js5－5－1.html 第 7 行代码变量 ret 得到该值，第 8 行将该值及数据类型显示出来，即"Hello：string"。returnValue 属性可以接受任何类型，若将 js5－5－2.html 第 7 行改为"window.returnValue＝100；"，则 js5－5－1.html 中弹出"100：number"。

※　设定循环定时器

window 对象提供 setInterval()方法用于设定一个循环定时器，用于按照指定的时间间隔去周期性地执行某个功能，典型的应用如动态状态栏、动态显示时间等，该方法的语法如下：

var timerID＝setInterval(func，time)；

或 var timerID＝window. setInterval(func，time)；

其中参数 func 为函数回调，参数 time 指间隔的时间，以毫秒(ms)为单位，返回值为该循环定时器的引用变量(就是一个序号)。

循环定时器一旦设置，就会一直循环下去，因此 windows 对象同时提供用于清除该定时器使函数回调的周期执行失效的方法 clearInterval()，该方法语法如下：

window.clearInterval(timerID)；

该方法接受唯一的参数 timerID，指明要清除的定时器引用变量。

※　设定延时定时器

window 对象提供 setTimeout()方法用于设置某函数回调的延时执行，即在设定的延时时间到来时进行调用，其语法如下：

var timerID＝setTimeout(func，time)；

或 var timerID＝window.setTimeout(func，time)；

参数与返回值的含义与 setInterval()方法相同。同样，window 对象提供 clearTimeout()方法来清除指定的延时定时器对象，在延时时间结束前都可以通过该方法清除定时器，使函数回调失效。

延时定时器一次有效，即设定后延时指定时间进行函数回调，同时定时器自身也销毁失效。可以在回调函数内再次设定延时定时器，来实现与循环定时器基本相同的能力。

```
4  <head>
5  <script type="text/javascript">
6  var timer,cnt;
7  function doInterval(){
8    cnt=0;
9    timer=setInterval(func1,3000);
10 }
11 function func1(){
12   cnt++;
13   alert("第"+cnt+"次计时");
14 }
15 function doClearInterval(){
16   clearInterval(timer);
17 }
18 function doTimeout(){
19   setTimeout(func2,3000);
20 }
21 function func2(){
22   alert("3秒后显示");
23 }
24 </script>
25 </head>
26 <body>
27 <input type="button" value="interval"
28 onclick="doInterval()"/>
29 <input type="button" value="clear"
30 onclick="doClearInterval()"/><br />
31 <input type="button" value="timeout"
32 onclick="doTimeout()"/>
33 </body>
```

图6-6 两种定时器

图6-6两种定时器中，通过“interval”和“timeout”按钮可以分别设置两种不同的定时器。点击“interval”按钮，则每隔3秒弹出一个消息框，显示计时次数，只要不点击“clear”按钮就会一直计数下去。而点击“timeout”按钮，则只会在3秒后弹出一个消息框，所以未为其设置清除按钮。如果将第19行代码复制一份到第22行之后，那点击“timeout”按钮就会每隔3秒弹出一个消息框了，与循环定时器的功能就基本相同了（除了在模式窗口对计时时间的影响外，这里不深入研究）。

6.2.3 事件

window对象还具有许多事件，表6-3列出了其中一些常用事件，其中加了*标记的事件IE浏览器不支持。

表6-3 window常用事件

事件名称	事 件 说 明
onload	当窗口载入文档时
onbeforeunload	当窗口中文档关闭前发生
onscroll	当窗口滚动条滑动时
onfocus	当窗口获得焦点时

续表 6-3

事件名称	事 件 说 明
onblur	当窗口失去焦点时
onresize	当窗口调节尺寸时
* onclick	当在窗口中点击鼠标时
* oncontextmenu	当在窗口中点击鼠标右键时

图 6-7 所示代码给出了 window 对象的事件使用示例，其中第 12—19 行关于焦点事件的代码被注释掉了，这是因为在示例中我们使用消息框来查看事件发生的情况，当弹出消息框时，窗口就会失去焦点，当关闭消息框回到窗口，窗口又会获得焦点，这样页面上就会不断的有消息框弹出，影响代码的运行效果。为使 onbeforeunload 事件发生，可在浏览器地址栏里输入另一个页面的地址，当然直接关闭浏览器也会触发该事件。为使 onscroll 事件发生，建议在<body>中添加较多内容，让浏览器的滚动条出现。另外在页面上点击鼠标右键时会先后出现“用户点击鼠标”和“用户点击鼠标右键”两个消息框，这是因为鼠标右键事件同时也是鼠标点击事件。小技巧，可以在 oncontextmenu 事件中写上“return false;”来禁用页面的上下文菜单(又称为右键菜单或弹出式菜单)，但对 IE 无效。

```
4  <head>
5  <script type="text/javascript">
6  window.onload=function(){
7    alert("浏览器加载文档");
8  }
9  window.onbeforeunload=function(){
10   alert("浏览器关闭文档");
11 }
12 /*
13 window.onfocus=function(){
14   alert("浏览器获得焦点");
15 }
16 window.onblur=function(){
17   alert("浏览器失去焦点");
18 }
19 */
20 window.onscroll=function(){
21   alert("用户拖动滚动条");
22 }
23 window.onresize=function(){
24   alert("用户改变窗口尺寸");
25 }
26 window.onclick=function(){
27   alert("用户点击鼠标");
28 }
29 window.oncontextmenu=function(){
30   alert("用户点击鼠标右键");
31 }
32 </script>
33 </head>
34 <body>
```

图 6-7 window 对象事件

6.3 history 对象

在 BOM 中，history 对象处于 window 对象的下一个层次，是 window 对象的子对象，用于跟踪浏览器最近访问的历史 URL 地址列表。但在绝大多数浏览器中，该历史 URL 地址列表并不能由 JavaScript 脚本读出来，而只能通过调用 history 对象的方法来模拟浏览器的动作以实现历史访问页面之间的跳转。

6.3.1 属性

history 对象常用的属性并不多，主要是 length 属性，用来表示历史 URL 地址列表中存放的记录数量。

6.3.2 方法

history 对象提供 back()、forward()和 go()方法来实现历史访问页面的导航。back()和 forward()方法实现的功能分别与浏览器工具栏中“后退”和“前进”导航按钮相同，而go()方法则可接受合法参数，并将浏览器定位到由参数指定的历史页面。

```
<head>
<script type="text/javascript">
function doBack(){
  history.back();
}
function doForward(){
  history.forward();
}
function doGo(n){
  alert(history.length);
  history.go(n);
}
</script>
</head>
<body>
<input type="button" value="back"
onclick="doBack()"/>
<input type="button" value="forward"
onclick="doForward()"/>
<input type="button" value="go 2"
onclick="doGo(2)"/>
<input type="button" value="go -2"
onclick="doGo(-2)"/>
</body>
```

图 6-8　history 对象示例

这三种方法触发脚本检测浏览器的历史 URL 地址记录，然后将浏览器定位到目标页面，整个过程与文档无关。需要注意的是，如果在一个框架集的某个框架页面中使用 history 对象的上述方法，大多数浏览器都是在本框架内进行跳转导航，而不是在浏览器顶层窗口上进行调整导航。

图 6-8 所示代码给出了 history 对象的使用示例，history.go(1)与 history.forward()、history.go(－1)与 history.back()具有相同效果，所以这里给出的参数是 2(前进 2 条记录)和－2(后退 2 条记录)，但前提是要保证历史访问记录中有相应的记录。

6.4 location 对象

在 BOM 中，location 对象处于 window 对象的下一个层次，是 window 对象的子对象，用于保存浏览器当前打开的窗口或框架的 URL 信息。如果窗口含有框架集，则浏览器的 location 对象保存其父窗口的 URL 信息，同时每个框架都有与之相关联的 URL 信息。

6.4.1 属性

浏览器载入目标页面后，location 对象的诸多属性保存了该页面 URL 的所有信息，URL 的这些属性含义前面已介绍过。

location 对象的主要属性如表 6-4 所示。

表 6-4 location 对象常用属性

属性名称	说　明
hash	保存 URL 的散列参数部分
host	保存 URL 的主机名和端口部分
hostname	保存 URL 的主机名
href	保存完整的 URL
pathname	保存 URL 完整的路径部分
port	保存 URL 的端口部分
protocol	保存 URL 的协议部分
search	保存 URL 的查询字符串部分

6.4.2 方法

location 对象的方法仅有三个，分别是：

assign(URL)：将以参数传入的 URL 赋予 location 的 href 属性；

reload(Boolean)：重新加载(刷新)当前页面，参数为 true 则忽略浏览器缓存，相当于浏览器的 Shift＋F5；参数为 false 或不提供则看服务器是否更新，如未更新则从缓存中加载，相当于浏览器的 F5；

replace(URL)：载入以参数 URL 传入的地址对应的文档来替换当前文档，当前文档将不会被记录在 history 中。

```
5 <script type="text/javascript">
6 function doAttr(){
7     alert("hash:"+location.hash);
8     alert("host:"+location.host);
9     alert("href:"+location);
10    alert("pathname:"+location.pathname);
11    alert("port:"+location.port);
12    alert("protocol:"+location.protocol);
13    alert("search:"+location.search);
14 }
15 function doAssign(){
16    location.assign("other.html");
17 }
18 function doReload(){
19    location.reload();
20 }
21 function doReplace(){
22    location.replace("other.html");
23 }
24 </script>
25 </head>
26 <body>
27 <input type="button" value="attr"
28 onclick="doAttr()"/>
29 <input type="button" value="assign"
30 onclick="doAssign()"/>
31 <input type="button" value="reload"
32 onclick="doReload()"/>
33 <input type="button" value="replace"
34 onclick="doReplace()"/>
```

图 6－9　location 对象示例

图 6－9 给出了 location 对象的属性、方法示例。在测试属性的 doAttr()方法中，很多属性(如 host、port)会显示出空值，这是在本地打开页面造成的，等部署到服务器上之后就可以看到正确的结果了。第 9 行直接使用 location 对象本身，与使用其 href 属性完全相同。另外在赋值时，assign()方法也具有相同功能，即以下三行代码效果完全一样：

location＝"1.html"；

location.href＝"1.html"；

location.assign("1.html")；

在测试 location 对象的方法时最好是在一个新打开的浏览器里，无历史记录，先点击"assign"按钮，注意观察一下浏览器的"后退"按钮的状态变化。再关闭浏览器重新打开后点击"replace"按钮，再看一下浏览器的"后退"按钮的状态，以区别二者。

6.5 navigator对象

```
<head>
<script type="text/javascript">
function doAttr(){
  //浏览器的开发名称
  alert("appCodeName:"+navigator.appCodeName);
  //浏览器的发行名称
  alert("appName:"+navigator.appName);
  //浏览器的版本
  alert("appVersion:"+navigator.appVersion);
  //客户端平台
  alert("platform:"+navigator.platform);
  //客户端user-agent头部信息
  alert("userAgent:"+navigator.userAgent);
}
</script>
</head>
<body>
<input type="button" value="attr"
onclick="doAttr()"/>
</body>
```

图 6-10 navigator 对象属性示例

navigator 对象实际上是一个 JavaScript 对象，而不是 HTML DOM 对象。navigator 对象是由 JavaScript Runtime Engine 自动创建的，包含有关客户端浏览器的信息，主要可用于判断浏览器类型。图 6-10 给出了简单示例与说明。

6.6 document对象

JavaScript 作为一门客户端脚本语言，document 对象在与客户交互的过程中扮演着极其重要的角色。深入理解 document 对象对编写 Web 应用程序(尤其是 Ajax 应用)是非常关键的。

document 对象和 history 对象、location 对象一样，都是 window 对象的子级对象。

6.6.1 属性

在 HTML 页面中的 document 对象实际上是一个名为 HTMLDocument 接口的子类实例，该接口对 DOM 中的 Document 接口进行了扩展，定义了一些 HTML 专用的属性和方法。

其中很多属性都是集合类型(实际上是只读数组)，用于保存对锚、表单、链接等页面元素的引用，这些集合属性已经逐渐被 document 对象的方法 getElementsByTagName()所取代，但因为使用方便，仍然会常常被使用。

表 6-5 中列出了一些常用的 document 对象的属性。

表 6－5　document 对象属性

属　　性	说　　明
all	文档中所有 HTML 元素的数组
anchors	文档中所有<a name="…">元素的数组
body	提供对<body>元素的直接访问。对于定义了框架集的文档，该属性引用最外层的<frameset>
cookie	设置或返回与当前文档有关的所有 cookie
forms	文档中所有<form>元素的数组
Ws	文档中所有<img>元素的数组
links	文档中所有<a href="…">元素的数组
title	文档的标题
URL	文档的 URL

图 6－11 给出了部分属性的使用示例。第 8 行输出该页面所有元素数量，包括<html>、<head>、<title>、<script>、<body>、<input>等共计十个；第 9、10 行分别输出锚点和链接的数量，虽然第 20、21 行都是<a>元素，但第 20 行是超链接用法，第 21 行是锚点用法，所以数量各为一个；第 12 行获取的就是<title>元素的内容；第 13 行的 URL 属性等同于 location 对象的 href 属性。

```
3  <html>
4  <head>
5  <title>Document Attribute</title>
6  <script type="text/javascript">
7  function doAttr(){
8    alert("all:"+document.all.length);
9    alert("anchors:"+document.anchors.length);
10   alert("links:"+document.links.length);
11   alert("forms:"+document.forms.length);
12   alert("title:"+document.title);
13   alert("url:"+document.URL);
14 }
15 </script>
16 </head>
17 <body>
18 <input type="button" value="attr"
19 onclick="doAttr()"/>
20 <a href="1.html"><img src="logo.jpg"/></a>
21 <a name="top">Anchor</a>
22 <form></form>
23 </body>
24 </html>
```

图 6－11　document 对象属性示例

6.6.2 方法

表 6-6 中列出了一些常用的 document 对象的方法。

表 6-6 document 对象属性

方法名称	说　明
close()	关闭 open 方法打开的输出流
createComment()	创建注释节点
createElement()	创建元素节点
createTextNode()	创建文本节点
getElementById()	根据元素的 id 属性查找一个
getElementsByName()	根据元素的 name 属性查找多个
getElementsByTagName()	根据元素的名称查找多个
open()	打开一个流,接收来自 write 方法的输出
write()	往文档中输出内容
writeln()	同上,会多加一个换行

```
4  <head>
5  <title>Document Function</title>
6  <script type="text/javascript">
7  function doTest(){
8    var doc=document.open("text/html");
9    doc.write("第一行");
10   doc.writeln("第二行");
11   doc.write("第三行<br />");
12   doc.write("第四行");
13   doc.close();
14 }
15 </script>
16 </head>
17 <body>
18 <input type="button" value="open"
19 onclick="doTest()"/>
20 </body>
```

第一行第二行 第三行
第四行

图 6-12 document 对象方法示例一

因为上述 document 对象的方法用途不尽相同,所以通过三个例子加以说明,首先是一个输出新内容的示例,如图 6-12 所示。第 8 行通过 open()方法打开一个输出流,通过第 9—12 输出一些内容,最后第 13 行用于关闭。可以看出 write()方法与 writeln()方法的差别其实在页面上并不大(仅仅一个空格),因为页面中的换行是由
标签标示的,代码中的换行在页面中仅是一个空白字符而已。最后如果不关闭,内容还是能看到,但浏览器会一直处于未完成状态。

```
4  <head>
5  <title>Document Function</title>
6  <script type="text/javascript">
7  function doGetId(){
8    var elm=document.getElementById("pid");
9    alert(elm.nodeName);
10 }
11 function doGetName(){
12   var elms=document.getElementsByName("pn");
13   alert(elms.length);
14 }
15 function doGetTag(){
16   var elms=document.getElementsByTagName("a");
17   alert(elms.length);
18 }
19 </script>
20 </head>
21 <body>
22 <input type="button" value="ID"
23 onclick="doGetId()"/>
24 <input type="button" value="NAME"
25 onclick="doGetName()"/>
26 <input type="button" value="TAG"
27 onclick="doGetTag()"/>
28 <a href="1.html" name="pn">link a</a>
29 <a href="2.html" id="pid">link b</a>
30 <a href="3.html">link c</a>
31 <img src="logo.jpg" id="pid"/>
32 <img src="adv.jpg" name="pn"/>
33 </body>
```

图 6－13　document 对象方法示例二

图 6－13document 对象方法示例二的示例主要说明三个以 get 开头的用于查找页面元素方法的使用。

第 7 行的函数用于测试 document 对象的 getElementById()方法，该方法通过参数传入一个 ID 值，并根据该值查找页面中第一个使用该值作为 id 属性的元素，所以会找到第 29 行的<a>元素，通过元素的 nodeName 属性输出“A”。

第 11 行的函数用于测试 document 对象的 getElementsByName()方法，该方法通过参数传入一个 name 值，并根据该值查找页面中所有使用该值作为 name 属性的元素数组（即使只查到一个也返回数组），所以会找到第 28 行和第 32 行的 2 个元素。

第 15 行的函数用于测试 document 对象的 getElementsByTagName()方法，该方法通过参数传入一个元素名称（标签名）值，并根据该值查找页面中所有标签为该值的元素数组（即使只查到一个也返回数组），所以会找到第 28—30 行的 3 个元素。

对于一个有着良好编码习惯的程序员来说，页面中每个元素的 id 属性都应该是唯一的；只有同类型的元素才会使用相同的 name 属性。

```
4  <head>
5  <title>Document Function</title>
6  <script type="text/javascript">
7  function doAdd(){
8    var elm=document.getElementById("ux");
9    var newElm=document.createElement("li");
10   elm.appendChild(newElm);
11   var txt=document.createTextNode("append");
12   newElm.appendChild(txt);
13 }
14 </script>
15 </head>
16 <body>
17 <input type="button" value="add"
18 onclick="doAdd()"/>
19 <ul id="ux">
20   <li>first</li>
21   <li>second</li>
22 </ul>
23 </body>
```

图 6－14　document 对象方法示例三

图 6－14 的示例主要说明使用 document 对象的方法为页面中添加新的元素。该页面初始状态下有一个包含两个列表项的无序列表(第 19－22 行)，每点击一次"add"按钮就会为其新增一个列表项。第 8 行获取无序列表元素，第 9 行创建一个新的列表项元素＜li＞，第 10 行将其添加到无序列表中，第 11 行创建一个内容是"append"的文本节点，第 12 行将其添加到列表项中。

以上三个示例，这里要求重点掌握的是第二个，要求能够根据需要熟练地查找到页面元素。第一组应用不多，第三组在后面的 XML 课程中还会详细讲解。

第 7 章　内置对象类型

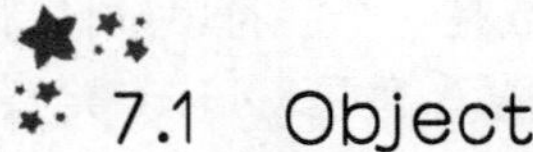

7.1　Object

所有的 JavaScript 对象都继承自 Object 对象，后者为前者提供基本的属性（如 prototype 等）和方法（如 toString()等）。而前者也在这些属性和方法基础上进行扩展，以支持特定的某些操作。

7.1.1　构造对象

Object 对象实例的创建语法如下：

var obj = new Object([value]);

上述语句创建 Object 的对象实例 obj，并可同时用传入的参数 value 来初始化对象实例，参数 value 的类型决定了 obj 对象所包装的数据类型（可通过关键字 instanceof 判断）；此参数可选，若无此参数，则构建一个未定义属性的新对象。上述语法中，关键字 new 可省略（图 7－1）。

```
<head>
<script type="text/javascript">
function doCreate(){
  var obj=new Object(10);
  alert(typeof obj+":"+obj);
  alert(obj instanceof Number);
  alert(3+obj);
  obj=new Object(true);
  alert(typeof obj+":"+obj);
  alert(obj instanceof Boolean);
  alert(3+obj);
  obj=new Object("12");
  alert(typeof obj+":"+obj);
  alert(obj instanceof String);
  alert(3+obj);
}
</script>
</head>
<body>
<input type="button" value="create"
onclick="doCreate()"/>
</body>
```

图 7－1　Object 对象创建

图 7-1Object 对象创建中，第 7 行创建对象时传入的参数是一个数值，所以得到的是一个包装了 Number 类型的对象，第 8 行通过 typeof 只能看到是 Object 类型，但通过第 9 行能判断出是一个 Number 类型的对象，所以在第 10 行执行的是算术加运算，得到结果：13。

第 11 行创建对象时传入的参数是一个布尔值，所以得到的是一个包装了 Boolean 类型的对象，同样的，第 12 行通过 typeof 只能看到是 Object 类型，但通过第 13 行能判断出是一个 Boolean 类型的对象，所以在第 14 行执行加运算时，将其值由 true 转为数值 1 再运算，得到结果：4。

第 15 行创建对象时传入的参数是一个字符串，所以得到的是一个包装了 String 类型的对象，第 16 行通过 typeof 还是只能看到是 Object 类型，但通过第 17 行能判断出是一个 String 类型的对象，所以在第 18 行执行的是字符串拼接运算，得到结果："312"。

JavaScript 语言支持另外一种创建 Object 对象实例的方式——JSON。

7.1.2 方法

Object 类型里定义了如下方法：

hasOwnProperty：检查对象是否拥有局部定义的（非继承的）、具有特定名字的属性，参数为指定的属性名称，返回布尔值。语法如下：

```
var flag = obj.hasOwnProperty(propName);
```

isPrototypeOf：检查指定的类型的原型是否为指定对象的原型，参数为指定的对象，返回布尔值。语法如下：

```
var flag = TYPE.prototype.isPrototypeOf(obj);
```

propertyIsEnumerable：检查指定的属性是否存在，以及是否能用 for/in 循环枚举，参数为指定的属性名称，返回布尔值。语法如下：

```
var flag = obj.propertyIsEnumerable(propName);
```

toLocaleString：返回对象本地化的字符串表示，该方法的默认实现只调用 toString()方法，但子类可以覆盖它以提供本地化，返回字符串。语法如下：

```
var str = obj.toLocaleString();
```

toString：返回对象的字符串表示，无参数，返回字符串。语法如下：

```
var flag = obj.toString();
```

valueOf：返回对象的原始值（如果存在），对于类型为 Object 的对象，该方法只返回对象自身，而对于 Object 的子类（如 Number、Boolean 等）则返回的是与对象相关的原始数值。语法如下：

```
var value = obj.valueOf();
```

在页面中自定义了类型 Person，并对 Object 中的 toLocaleString()、toString()和 valueOf()方法进行重新定义，代码如下：

```
function Person(){
    this.name="Tom",
    this.age=20;
    this.toString=function(){
        return "My Name is "+this.name+
            ",age is "+this.age+".";
```

```
    }
    this.toLocaleString=function(){
        return "我叫"+this.name+
            ",今年"+this.age+"岁。";
    }
    this.valueOf=function(){
        return this.age;
    }
}
```

图 7－2Object 方法示例给出了测试代码，第 25 行用于判断 Person 类的对象 obj 是否拥有属性“name”；第 27 行判断 Person 类的原型是否是 obj 的原型；第 29 行判断 Object 类的原型是否是 obj 的原型；第 31 行判断 obj 对象中是否有属性“age”；第 33 行调用 obj 对象的 toLocaleString()方法，获取本地化字符串；第 35 行调用 obj 对象的 toString()方法，获取默认字符串；第 36 行调用 obj 对象的 valueOf()方法，获取原始值。

```
22 <script type="text/javascript">
23 function doTest(){
24   var obj=new Person();
25   alert("hasOwnProperty:"+
26       obj.hasOwnProperty("name"));
27   alert("Person isPrototypeOf:"+
28       Person.prototype.isPrototypeOf(obj));
29   alert("Object isPrototypeOf:"+
30       Object.prototype.isPrototypeOf(obj));
31   alert("propertyIsEnumerable:"+
32       obj.propertyIsEnumerable("age"));
33   alert("toLocaleString():"+
34       obj.toLocaleString());
35   alert("toString():"+obj.toString());
36   alert("valueOf():"+obj.valueOf());
37 }
38 </script>
39 </head>
40 <body>
41 <input type="button" value="test"
42 onclick="doTest()"/>
43 </body>
```

图 7－2　Object 方法示例

7.2 Number

Number类型对应于原始数值类型和提供数值常数的对象，可通过为Number对象的构造函数指定参数值的方式来创建一个Number对象实例。其中的参数符合IEEE 754－1985标准，采用双精度浮点数格式表示，占用8字节(64位)。

7.2.1 常量

- MAX_VALUE：Number类型支持的最大值；
- MIN_VALUE：Number类型支持的(绝对值)最小值；
- NaN：Not a Number的简写，表示一个不等于任何数的值；
- NEGTTIVE_INFINITY：表示负无穷大的特殊值；
- POSITIVE_INFINITY：表示正无穷大的特殊值。

7.2.2 方法

除了由Object继承下来的方法外，Number类型还提供了以下方法：

toFixed()：把数字转换成字符串，结果的小数点后有指定位数的数字；参数为指定的小数部分的位数(0－20)，如未指定则认为是0，返回值为字符串类型；

toExponential()：把数字转换成字符串，结果采用指数计数法，小数点后有指定位数的数字；参数为指定的小数部分的位数(0－20)，如未指定则采用尽量长的位数，返回值为字符串类型；

toPrecision()：把数字转换成字符串，结果中包含指定位数的有效数字，在对象的整数部分位数值超出指定位数时将其转换为指数计数法，否则采用定点计数法；参数为结果要保留的数值精度的位数(1－21)，如未指定则调用toString()方法，返回值为字符串类型。

图7-3给出了Number类型的用法示例，第7、8行用于显示Number类型的两个常量，必须由Number类型自己来访问，不属于任何对象。

第10行未给方法toFixed()提供参数，所以四舍五入取整；第12行指定方法toFixed()的参数为3，所以保留小数点后3位，对小数点后第4位四舍五入。

第14行调用toExponential()方法以指数形式显示数值，但未提供参数，所以有效数字部分保留所有数字；第16行指定toExponential()方法的参数为3，所以在有效数字部分保留小数点后3位。

第18行调用toPrecision()方法但未提供参数，所以输出与toString()相同；第20行指定参数为3，因整数部分超过3位，所以采用指数计数法，小数点后保留2位(参数减1，即3－1＝2)；第22行指定参数为6，因整数部分未超过6位，所以采用定点计数法，小数点后保留1位(参数减整数位数，即6－5＝1)。

```
<head>
<script type="text/javascript">
function doTest(){
   alert(Number.MAX_VALUE);
   alert(Number.MIN_VALUE);
   var n=31415.926536;
   alert("toFixed():"+
     n.toFixed());
   alert("toFixed(3):"+
     n.toFixed(3));
   alert("toExponential():"+
     n.toExponential());
   alert("toExponential(3):"+
     n.toExponential(3));
   alert("toPrecision():"+
     n.toPrecision());
   alert("toPrecision(3):"+
     n.toPrecision(3));
   alert("toPrecision(6):"+
     n.toPrecision(6));
}
</script>
</head>
<body>
<input type="button" value="test"
onclick="doTest()"/>
</body>
```

图 7-3　Number 常量和方法示例

7.3 Boolean

Boolean 类型对应于原始逻辑数据类型，它具有原始的布尔值：true 和 false。该类型没有自己特有的属性或方法。

7.4 String

String 类型属于 JavaScript 核心对象类型之一，主要提供诸多方法实现字符串检查、抽取子串、连接、分割等字符串相关操作。

7.4.1 属性

String 类型特有的属性只有一个，就是 length，用于获取字符串的长度(即字符个数)。注意一下，在 Java 语言中 length 是 String 类型的方法，不要混淆。

7.4.2 方法

String 类型的方法较多，但这些方法都不会操作对象本身，而只是返回操作结果。如下例：

```
var str = "Hello";
var ret = str.toUpperCase();
```

toUpperCase()方法是要将字符串转为大写形式，String 对象 str 调用该方法后，返回的结果是一个全部大写的字符串，赋给另一个变量 ret，而 str 自身还是原来的值"Hello"，并没有改变。

表 7-1 String 类型的常用方法

方法名称	说　　明
charAt()	返回在指定位置的字符
charCodeAt()	返回在指定位置的字符编码
concat()	连接其他字符串
indexOf()	检索指定字符串第一次出现的位置
lastIndexOf()	检索指定字符串最后一次出现的位置
localeCompare()	用本地特定的顺序来比较两个字符串
slice()	提取字符串的片断
split()	把字符串分割为字符串数组
substr()	提取字符串的片断
substring()	提取字符串的片断
toLowerCase()	把字符串转换为小写
toUpperCase()	把字符串转换为大写

表 7-1 中列出了常用的 String 类型的方法。其中大部分方法与 Java 语言中的 String 类型的方法语法相同，这里就不一一详述了，列举一些用法较特殊的举例说明。

charCodeAt()：与 charAt()不同，该方法返回的是指定位置的字符的 Unicode 编码(0—65535)，而不是字符，如果参数不合法(负数或超出字符串长度)，则返回 NaN。

localeCompare()：与使用<、>来比较字符串不同，localeCompare()会采用当前环境下底层操作系统所给出的比较规则来进行字符串比较，而不是后者所采用的按照 Unicode 编码来比较，但在大多数语言环境下，二者是相同的。

slice()、substr()、substring()：这三个方法都是用于截取子字符串的，slice()和 substring()的参数含义相同，都是 start(起始位置)、end(结束位置)，而 substr()的参数是

start 和 length(截取长度);slice()允许使用负数作为参数,表示倒数第几个位置;substring()不接受负数,将其看作 0,但有自动交换参数的能力,如果第二个参数小于第一个参数,则交换后再截取;substr()的第一个参数支持负数,同样表示倒数第几个位置,但第二个参数如果为负数,则将其视为 0,也就无法截取到子字符串。三个方法的第二个参数都是可选的,如果未提供,则意味着从 start 位置截取到字符串结束。下面的代码给出这三个方法的使用效果:

```
    var str="Welcome";
//从第 3 个位置(0 开始计数)截取到结束
    var s=str.slice(3);//结果:"come"
//从倒数第 2 个位置(-1 开始计数)截取到结束
    s=str.slice(-2);// 结果:"me"
//从倒数第 4 个位置截取到倒数第 2 个位置
    s=str.slice(-4,-2);// 结果:"co"
//从第 3 个位置截取到第 5 个位置
    s=str.slice(3,5);// 结果:"co"
//从第 5 个位置截取到第 3 个位置,参数不合法,返回空字符串
    s=str.slice(5,3);// 结果:""
//从第 3 个位置截取到结束
    s=str.substring(3);// 结果:"come"
//从第 0 个位置截取到第 3 个位置
    s=str.substring(-3,3);// 结果:"Wel"
//从第 3 个位置截取到第 5 个位置
    s=str.substring(3,5);// 结果:"co"
//交换参数后截取,从第 3 个位置截取到第 5 个位置
    s=str.substring(5,3);// 结果:"co"
//从第 3 个位置截取到结束
    s=str.substr(3);// 结果:"come"
//从第 3 个位置截取 2 个字符
    s=str.substr(3,2);// 结果:"co"
//从倒数第 3 个位置截取 2 个字符
    s=str.substr(-3,2);// 结果:"om"
```

split():该方法接收两个参数,第一个是用于拆分的标识,第二个是限制拆分结果的数量,如果没有第二个参数,则无限制,拆分出多少个就是多少个。与 Java 语言中的 split()有两点不同,一是第一个参数既可以是字符串也可以是正则表达式,这里的例子会以字符串作为参数;二是第二个参数含义不同,JavaScript 中是严格限制数量,多余数据全部舍去。Java 中是结余存储,即多余的数据全部存放在最后一个数组元素中。

JavaScript 中的 String 类型还有很多特有的与 HTML 相关的方法,包括:anchor(创建 HTML 锚点)、big(创建<big>标签)、blink(创建<blink>标签)、bold(创建<b>标签)、fixed(创建<tt>标签)、fontcolor(设置文本的颜色)、fontsize(设置文字的大小)、italics(创

建<i>标签)、link(创建超链接)、small(创建<small>标签)、strike(创建<strike>标签)、sub(创建<sub>标签)、sup(创建<sup>标签)等。

以下给出简单示例：

```
var str="Link";
var s=str.link("1.html");
//s 的值:<a href="1.html">Link</a>
    s=str.fontcolor("red");
//s 的值:<font color="red">Link</font>
    s=str.strike();
//s 的值: <strike>Link</strike>
```

除了上述方法，String 类型还有一个静态方法 fromCharCode，用于将一个或多个字符的 Unicode 编码转换为字符串，示例如下：

```
var str = String.fromCharCode(65);
//str 的值:"A"
    str = String.fromCharCode(65,66,67);
//str 的值:"ABC"
    str = String.fromCharCode(0x5B57,0x7B26,0x4E32);
//str 的值:"字符串"
```

7.5 Array

数组是一个包含了若干数据的容器，在 JavaScript 语言中定义为 Array 类型，支持最大的数组长度为 4294967295(232－1)。数组是 JavaScript 语言中用法最灵活、功能最强大的内置类型，几乎涵盖了 Java 语言中所有集合类型的用法。

7.5.1 构造对象

数组对象可用构造函数 Array()创建，主要有三种构造方法：

```
var arr1 = new Array();
var arr2 = new Array(3);
var arr3 = new Array(2,3,4);
```

第一句声明一个空数组并将其存放在以 arr1 命名的内存空间里；第二句声明一个初始容量为 3 的空数组；第三句声明一个初始容量为 3 的数组，并存放数值 2、3、4。也可以采取直接赋值的形式，对应上面的三个数组定义如下：

```
var arr1 = [];
var arr2 = [,,];
var arr3 = [2,3,4];
```

需要注意的是，这里用的符号是“[]”，而不是 Java 中的“{}”；并且 arr2 的定义方式最好不要用，在 IE 和 FF 中这种定义方式可能有不同结果。

7.5.2 多种集合结构

在 JavaScript 中，Array 类型不仅仅是数组，还可以作为 Java 语言中的 List、Map、Stack

等集合结构。

List 集合和数组的最大区别在于其容量可自由扩展，而不是在定义时设定后就不可改变。所以在上一节介绍 Array 创建语法时，特别说明 new Array(3)中的 3 仅仅是初始容量，可以随时增加，如下：

```
var arr = new Array(3);
arr[0] = 100;
arr[3] = 300;
```

当创建数组对象 arr 时设定其初始容量为 3，在 Java 语言中，以后的代码只能使用下标 0－2，但在 JavaScript 中无此限制，只要不超过数组的最大容量，可以任意指定下标，所以第 3 行代码正确。

JavaScript 中，Array 还可以使用字符串（其他非数值类型转为 string 类型）作为下标，以表示 Map 数据结构，如下：

```
var arr = new Array();
arr["first"] = 100;
arr["second"] = 300;
arr[true] = 500;//将布尔值 true 转为字符串"true"
```

JavaScript 中，还可以使用 Array 类型提供的 push()、pop()、shift()、unshift()方法实现 Stack、Queue 等数据结构，这里就不举例了。

7.5.3　属性

Array 类型的特有属性和 String 类型一样，只有一个——length，但和 Java 语言中数组的 length 属性不同，这里的 length 属性是读写属性，通过读取 length 属性的值知道数组中存放的数据（以数值类型作为下标的）数量；通过给 length 属性赋值，改变数组的当前容量。

如下代码：

```
var arr = new Array();
var n = arr.length;//结果:n=0
arr[0] = 100;
n = arr.length;//结果:n=1
arr[2] = 200;
n = arr.length;//结果:n=3
arr["first"] = 300;
n = arr.length;//结果:n=3
arr.length = 2;
n = arr.length;//结果:n=2
```

由此可以看出，当 Array 对象使用数值作为索引下标时，其 length 属性值就是最大下标数值加 1，而字符串下标是不会被计算在 length 属性中的。

那这就带来了一个问题，如何对 Array 所模拟的 Map 数据集合进行遍历？在上面的代码片段后添加下面这段 for 语句：

```
for(var i=0 ; i<arr.length ; i++){
```

```
    alert(i+":"+arr[i]);
}
```

发现只弹出二次消息框，分别显示下标为0的数值100和下标为1的undefined，而下标为“first”的数据却取不出来，通过firebug之类的调试工具是可以看到该数据确实存在于数组arr中。

回顾之前所学的JavaScript基础语法，循环语句的写法除了for循环，还有for…in循环，所以将循环代码改写成如下形式：

```
for(var i in arr){
    alert(i+":"+arr[i]);
}
```

执行后还是弹出二次消息框，分别显示下标为0的数值100和下标为“first”的数值300，下标为1的数据是undefined，按照for…in循环的规则不执行循环体。

7.5.4 方法

Array类型提供了许多方法来访问、操作其中存放的数据，如增加、修改、排序等，表7-2列出了Array类型的常用方法。

表7-2 Array类型的常用方法

方法名称	说　　明
concat()	连接两个或多个数组
join()	将数组中的所有元素拼接成一个字符串
pop()	删除并返回数组的最后一个元素，出栈操作
push()	向数组的末尾添加一个或多个元素，入栈操作
reverse()	反转数组中元素的顺序
shift()	删除并返回数组的第一个元素
slice()	从已有数组中截取部分元素
sort()	对数组的元素进行排序
splice()	用于插入、删除或替换数组的元素
unshift()	向数组的开头添加一个或多个元素，并返回新的长度

首先介绍排序sort()和反转reverse()方法，sort()语法如下：

```
arrayObject.sort();
arrayObject.sort(callback_function);
```

第一种调用方式不指定排序规则，JavaScript将数组中的元素全部转化为字符串类型，再按照字符编码的升顺序进行排序；第二种调用方式由参数callback_function(回调函数)来指定排序算法，该回调函数的定义需接受两个参数，如：function comp(a,b){…}；并返回一个数值以表示两个参数之间的关系：若判定参数a大于参数b，则返回正数；若判定参数a小于参数b，则返回负数；否则返回0。

reverse()方法将按照数组的索引号的顺序将数组中元素完全颠倒。图 7-4 给出了这两个方法的使用示例。

```
<head>
<script type="text/javascript">
function doTest(){
   var arr=[10,5,23,417];
   alert(arr);//10,5,23,417
   arr.sort();//按照字符排序
   alert(arr);//10,23,417,5
   arr.sort(function(a,b){
     return a-b;
     });//按照数值大小排序
   alert(arr);//5,10,23,417
   arr.reverse();//反转
   alert(arr);//417,23,10,5
}
</script>
</head>
<body>
<input type="button" value="test"
onclick="doTest()"/>
```

图 7-4　Array 的排序和反转

接着介绍用于添加、删除数组元素的方法，Array 类型提供了 pop()、push()、unshift()、shift()等方法来动态添加和删除数组元素。其中 pop()方法模拟 Stack 的"出栈"操作，将数组中最后一个元素删除，并将该元素作为操作的结果返回，同时更新数组的 length 属性；push()方法模拟 Stack 的"入栈"操作，将以参数传入的元素(可多个)按参数顺序添加到数组的尾部，同时更新数组的 length 属性并作为操作的结果返回；unshift()、shift()方法与 pop()、push()方法相对应，但删除和添加目标的位置不同，都是从数组的第一个元素开始操作，后面的元素将分别向前(使用 shift 删除时)和向后(使用 unshift 插入时)移动。因此使用 push()和 pop()方法可使数组模拟出 LIFO(Last In First Out，后进先出)的 Stack 结构；而使用 push()和 shift()方法可使数组模拟出 FIFO(First In First Out，先进先出)的 Queue 结构。虽然 shift()和 unshift()配合也可实现 Stack，但因为在头部插入、删除会导致其后数据的移动，影响执行速度，因此一般不会采用。

Array 的插入和删除示例如图 7-5 所示。

```
<head>
<script type="text/javascript">
function doTest(){
  var arr=[],n;
  n=arr.push(3,5);
  //arr=[3,5]  n=2
  n=arr.unshift(2,4);
  //arr=[2,4,3,5]  n=4
  n=arr.pop();
  //arr=[2,4,3]  n=5
  n=arr.shift();
  //arr=[4,3]  n=2
}
</script>
</head>
<body>
<input type="button" value="test"
onclick="doTest()"/>
```

图 7-5　Array 的插入和删除

以上四个 Array 类型的方法只能操作数组的头部或末端的元素，而不能进行任意位置数组元素的添加和删除操作，使用 splice()方法可以在数组中任意位置执行该添加、删除操作，语法如下：

arrayObject.splice(start,length,append1,…,appendN)；

参数说明如下：

start：开始插入或删除元素的起始位置。

length：为 0 时，不删除任何元素，一般用于执行插入操作；非 0 时，将数组中从 start 下标开始的 length 个元素删除，其后的数组元素前移；未提供该参数则将从 start 下标开始的所有元素全部删除。

append1…appendN：用于向数组中添加的若干元素，按顺序插入到参数 start 所指定的开始位置，原数组该位置之后的元素往后顺移。

splice()方法的返回值为含有被删除的元素的数组，如未删除数组元素，则返回空的数组。

Array 的 splice()方法示例如图 7-6 所示。

```
<head>
<script type="text/javascript">
function doTest(){
  var arr=[3,5,7],n;
  n=arr.splice(1,0,2,4);
  //arr=[3,2,4,5,7]  n=[]
  n=arr.splice(0,2);
  //arr=[4,5,7]  n=[3,2]
  n=arr.splice(1,1,6);
  //arr=[4,6,7]  n=[5]
  n=arr.splice(1);
  //arr=[4]  n=[6,7]
}
</script>
</head>
<body>
<input type="button" value="test"
onclick="doTest()"/>
```

图 7－6　Array 的 splice 方法

与 splice 拼写很相近的方法 slice()用于从数组中截取一部分返回，与 String 类型的 slice()方法语法基本相同，如下：

arrayObject.slice(start,end);

参数 start 表示截取的起始位置，负数表示从尾部数起；参数 end 表示截取的结束位置（不含在内），如未提供则截取到结束；返回的是截取出的数组。slice()方法对于数组对象本身并没有任何修改，示例如下：

```
var arr = [3,7,4,23,1];
var n = arr.slice(3);//n=[23,1]
n = arr.slice(1,3);//n=[7,4]
n = arr.slice(-3);//n=[4,23,1]
n = arr.slice(-3,-1);//n=[4,23]
```

最后介绍 Array 类型的 join()和 concat()方法，这两种方法都是用于拼接数组元素，不同的是 join()方法将一个数组中的元素拼接成一个字符串，concat()方法是将多个数组拼接成一个数组。

join()方法默认将数组中的各元素用逗号连接成一个字符串，也可以通过参数指定用于连接的符号，如下：

```
var arr = ["Java", "SQL", "XML"];
var str = arr.join();//str="Java,SQL,XML"
str = arr.join("");//str="JavaSQLXML"
str = arr.join(" ");//str="Java SQL XML"
```

如果数组中的元素不是 String 类型，join()方法会调用元素的 toString()方法将其转化为字符串。

concat()方法用于拼接多个数组，用法如下：

```
var arr1 = [5,2,6];
var arr2 = [7,3];
var n = arr1.concat(arr2);//n=[5,2,6,7,3]
```

concat()方法的参数可以是多个数组，该方法将按照参数的顺序将它们逐一添加到目标数组的尾部，并返回最终形成的新数组。concat()方法同样并不修改数组对象本身。

7.6 Math

JavaScript 中的 Math 类型与 Java 语言中的 Math 类型很相似，使用时无需创建对象实例，直接使用 Math 类型来访问其中的属性和方法，进行比基本算术运算更为复杂的一些运算。表 7-3 列出 Math 的常用属性，表 7-4 列出 Math 的常用方法。

表 7-3 Math 的常用属性

属性名称	说 明
E	常量 e，自然对数的底数(约 2.718)
LN2/LN10	2/10 的自然对数(约 0.693/2.302)
LOG2E/LOG10E	以 2/10 为底的 e 的对数(约 1.414/0.434)
PI	返回圆周率(约 3.14159)
SQRT1_2/SQRT2	0.5/2 的平方根(约 0.707/1.414)

表 7-4 Math 的常用方法

方法名称	说 明
abs(n)	求 n 的绝对值
ceil(n)	对 n 向上取整(结果不小于 n)
exp(n)	求常量 E 的 n 次方
floor(n)	对 n 向下取整(结果不大于 n)
log(n)	求 n 的自然对数
max(m,n)	求 m 和 n 的最大值
min(m,n)	求 m 和 n 的最小值
pow(m,n)	求 m 的 n 次方
random()	获取 0—1 之间的随机数
round(n)	对 n 四舍五入取整
sqrt(n)	求 n 的平方根

Math 类还有一些和三角函数相关的方法这里就不列举了。

7.7 Date

在实际应用中，经常碰到需要处理时间和日期的情况，JavaScript 中内置了 Date 类型，该类型可以表示从毫秒到年的所有时间和日期，并提供了一系列操作时间和日期的方法。

JavaScript 中采用 UNIX 系统存储时间的方式，即以毫秒数存储时间，该毫秒数是客户端电脑的时间与标准零点时间(GMT 时间 1970 年 1 月 1 日 0 点整)之间的差值。

7.7.1 构造对象

创建 Date 对象可通过以下的构造函数：

```
var date = new Date();
var date = new Date(milliseconds);
var date = new Date(string);
var date = new Date(year,month,day,hours,minus,secs,ms);
```

第一句创建一个表示当前客户端电脑的系统时间的 Date 对象，可在后续操作中通过 Date 类型提供的 setter()方法来设定其时间；第二句通过传递一个表示毫秒数的参数 milliseconds 来创建 Date 对象，该对象所表示的时间与标准零点相距 milliseconds 毫秒；第三句通过传递一个特定格式的字符串来创建 Date 对象，但因为该格式并没有一个统一的标准，因此并不推荐使用此方式；第四句通过传递具体的日期属性，如 year、month 等创建指定的 Date 对象。

通过下面的代码来测试一下 Date 对象的创建：

```
var now = new Date();
document.write("当前时间" + now + "<br />");
var date = new Date(3 * 24 * 60 * 60 * 1000);
document.write("标准零点 3 天后" + date + "<br />");
date = new Date(2008,8,8);
document.write("指定时间 1:" + date + "<br />");
date = new Date(2008,8,8,12,23,45,678);
document.write("指定时间 2:" + date + "<br />");
```

在 FF(火狐)浏览器中运行结果如下：

当前时间:Thu Apr 01 2013 10:20:30 GMT+0800

标准零点 3 天后:Sun Jan 04 1970 08:00:00 GMT+0800

指定时间 1:Mon Sep 08 2008 00:00:00 GMT+0800

指定时间 2:Mon Sep 08 2008 12:23:45 GMT+0800

第一行输出的是客户端计算机的当前系统时间(测试时间不同，这行的结果也会不同)；第二行输出的是标准零点 3 天后的时间，因为客户端计算机设置的时区是东八区(北京时间)，所以不是 1 月 4 日的零点，而是早 8 点；第三、四行都是指定的时间值，未指定的部分设为其有效取值范围的下限值，又因为 Date 类型中，月份用 0—11 表示 1—12 月，所以显示出的月份是 9 月(Sep)。同样的代码在 IE 浏览器中运行效果如下：

当前时间:Thu Apr 1 10:20:55 UTC+0800 2013

标准零点 3 天后:Sun Jan 4 08:00:00 UTC+0800 1970

指定时间 1:Mon Sep 8 00:00:00 UTC+0800 2008

指定时间 2:Mon Sep 8 12:23:45 UTC+0800 2008

可以看出 IE 浏览器的输出结果与 FF 浏览器的输出结果有所差异,这就是我们不建议使用第三种创建方式的原因,不同浏览器对于 Date 类型的字符串表示格式有不同规定,要写出这样一个字符串还是比较困难的。

关于 GMT 与 UTC 的区别,这里简单介绍一下:

GMT:格林威治标准时间的英文缩写,指位于伦敦郊区的皇家格林威治天文台的标准时间,该地点的经线被定义为本初子午线。理论上来说,格林威治标准时间的正午是指当太阳横穿格林威治子午线时的时间。

UTC:世界协调时间的英文缩写,是由国际无线电咨询委员会规定和推荐的,并由国际时间局(BIH)负责保持的以秒为基础的时间标度,相当于本初子午线上的平均太阳时。由于地球自转速度不规则,目前采用由原子钟授时的 UTC 作为时间标准。

在大多数情况下,可以假定 GMT 时间和 UTC 时间一致,电脑的时钟严格按照 GMT 时间运行。

7.7.2 方法

Date 类型提供了大量 getter()和 setter()方法来对 Date 对象的各属性进行读写操作,以及一些按照不同格式将 Date 对象转换为字符串的方法,如表 7-5。

表 7-5 Date 的常用方法

方法名称	说　　明
getDate()	获取月份当中的天数,1—31
getDay()	获取星期当中的天数,0—6
getMonth()	获取月份,0—11
getFullYear()	获取年份,4 位数字,代替 getYear()方法
getHours()	获取小时数,0—23
getMinutes()	获取分钟数,0—59
getSeconds()	获取秒数,0—59
getMilliseconds()	获取毫秒数,0—999
getTime()	获取距标准零点的毫秒数
getUTCXXX()	与上述方法对应的 UTC 时间值
setter()	与上述方法对应的 setXXX()方法,没有 setDay()方法
toDateString()	获取日期部分的字符串
toTimeString()	获取时间部分的字符串
toGMTString()	根据 GMT 时间转换的字符串
toUTCString()	根据 UTC 时间转换的字符串
toLocaleString()	按照本地格式转换的字符串

在使用 setter()方法为 Date 对象设置值时，需注意一点，即使参数不是有效范围内的数字，也是可以设置成功的，只是 Date 对象会按照合理的日期时间来自动调整，如下例：

```
var d = new Date(2013,3,1,10,20,30);
document.write("初始时间："+d+"<br/>");
d.setDate(31);
document.write("修改日期后："+d+"<br/>");
d.setMonth(12);
document.write("修改月份后："+d+"<br/>");
```

输出结果为：

```
初始时间:Mon Apr 01 2013 10:20:30 GMT+0800
修改日期后:Wed May 01 2013 10:20:30 GMT+0800
修改月份后:Wed Jan 01 2014 10:20:30 GMT+0800
```

因为传递进去的月份值为 3，所以初始时间显示为 4 月(Apr)；当调用 setDate 方法将日设为 31 时，因为 4 月只有 30 天，所以调整到 5 月(May)1 日；在调用 setMonth 方法将月份设为 12 后，因超出月份的合理值(0—11)，所以日期被调整到 2014 年 1 月(Jan)。

注意，获取星期几的方法 getDay()是没有对应的 setter 方法 setDay()的，星期几只能根据所设定的日期来获取。利用此方法可以很容易的得出某日期是星期几，如下例：

```
var week=["日","一","二","三",
          "四","五","六"];
  var d = new Date(2013,3,1);
  document.write(d.toLocaleDateString()+
  "是星期"+week[d.getDay()]+"<br/>");
```

首先定义一个表示中文星期几的数组 week，创建一个指定的日期，通过方法 toLocaleDateString()获取本地形式的只包含日期部分的字符串，再通过 getDay()的返回值获取数组 week 中的星期值，结果如下：

2013 年 4 月 1 日是星期一

通过 Date 类型的方法还可以很容易的获取某年二月份的天数，而无需判断该年是否为闰年。代码如下：

```
var d = new Date(2013,2,0);
  document.write(d.getDate());
```

第一行在创建 Date 对象时，指定的月份值是 2，应该表示的是 3 月，但同时指定了日期值为 0，按照日期的有效取值范围是 1—31 的规定，Date 类型自动将日期值调整为上个月(2 月)的最后一天，此时调用 getDate()方法即能获取 2013 年 2 月份的天数。

另外，Date 类型还提供了静态方法 parse 来将特定格式的字符串转化为毫秒数(目标日期与标准零点的间隔)，利用该毫秒数及前面所介绍的 Date 类型的第二种构造方法来生成表示该日期的 Date 对象。parse()方法语法如下：

```
var ms = Date.parse("……");
```

parse()方法的参数应是类似于使用 Date 对象的 toString()方法所得到的字符串格式，如果该参数不被 parse()方法认可，则方法返回 NaN 值。

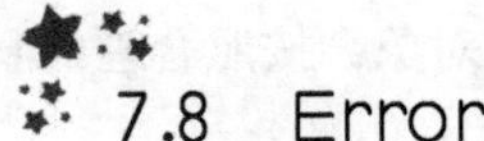

7.8 Error

在 Java 中使用 Exception 类或其子类来保存异常消息，在 JavaScript 中使用 Error 类型及其子类来完成同样的功能。

7.8.1 构造对象及属性

Error 类型的构造方法如下。

var err1 = new Error();

var err2 = new Error("……");

通常使用第二种，在创建 Error 对象的同时，设定异常信息。

Error 类型的属性 name 表示异常的类型，message 属性用于存放异常的详细信息。

7.8.2 使用

Error 对象通常与 throw 语句和 try/catch 语句一起使用。通过图 7-7 的代码你会发现抛出 Error 对象并进行异常处理非常方便。函数 divid 中第 8 行通过 throw 关键字抛出一个 Error 对象，测试函数 doTest 在调用 divid 函数时，将其放在了 try/catch 中。

```
4  <head>
5  <script type="text/javascript">
6  function divid(a,b){
7     if(b==0)
8        throw new Error(
9              "除数不能为0！");
10    return a/b;
11 }
12 function doTest(){
13    try{
14       var n=divid(10,0);
15       alert("n="+n);
16    }
17    catch(e){
18       alert(e);
19    }
20 }
21 </script>
22 </head>
23 <body>
24 <input type="button" value="test"
25 onclick="doTest()"/>
```

图 7-7 Error 的使用

在图 7-7Error 的使用所示的例子中，结果会显示“Error:除数不能为 0!”，Error 类型默认的 toString()方法是返回“name:message”形式的字符串；而在创建 Error 对象时如不提供 message 参数，则只显示 Error 对象的 name 属性值；若将第 18 行改为：alert(e.message)；则本例中只显示“除数不能为 0!”；如果第 14 行传递的参数是 10 和 2，则正常显示“n=5”。

7.8.3　子类

JavaScript 解释器从不直接抛出 Error 对象，而是抛出 Error 子类的对象实例。JavaScript 中定义了如下 Error 子类：

- EvalError：在不正确使用 eval()时抛出；
- SyntaxError：抛出该错误用来通知语法错误；
- RangeError：在数字超出合法范围时抛出；
- ReferenceError：在读取不存在的变量时抛出；
- TypeError：当一个值的类型错误时，抛出该异常；
- URIError：由 URI 的编码和解码方法抛出。

7.9　Function

在 JavaScript 中，函数也是一种数据类型，类型名称为 Funtion。在前面已经介绍过函数定义的两种方式，其中第二种方式就是使用 Function 类型的原始构造函数来创建一个函数对象。由于开发者一般直接定义函数而不是通过使用 Function 类型来创建函数对象，所以对于实际编程而言，Function 类型很少涉及，但正确地理解它有助于我们加深对 JavaScript 中函数概念的理解。

Function 类型的标准构造方式的语法如下：

```
var funcName = new Function([arg1[,... argN]],body);
```

其中 arg1、argN 表示函数的参数，body 表示函数主体，都是以字符串的形式提供，如下例所示：

```
var sayHi = new Function("name","alert(' Hi,'+name);");
```

这就定义了一个名为 sayHi 的函数，该函数有一个名为 name 的形参，函数体是语句“alert(' Hi,'+name);”。定义后，可通过调用 sayHi("Tom")的方式让该函数运行。

Function 类型有两个常用方法：call()和 apply()，通常被用来模拟继承的效果，以达到代码复用的能力，它们的区别主要体现在参数上，语法如下：

```
obj.func_name.call(other_obj,arg1...argN);
obj.func_name.apply(other_obj,arg[]);
```

通过下面的例子来看一下，call()和 apply()如何模拟继承的效果：

```
//定义一个 Animal 类
function Animal(){
    this.name = "Animal";
    this.sayHi = function(time){
        alert("I am "+this.name+",good "+time);
    }
}
//定义一个 Cat 类
function Cat(){
```

```
        this.name = "Kitty";
    }
    //定义一个 Dog 类
    function Dog(){
        this.name = "Snoopy";
    }
    //测试函数
    function doTest(){
        //创建对象
        var animal = new Animal();
        var cat = new Cat();
        var dog = new Dog();
    //通过 call,将 Animal 中 sayHi()方法交给对象 cat 来使用
        animal.sayHi.call(cat,"morning.");
    //通过 apply,将 Animal 中的 sayHi()方法交给对象 dog 来使用
        animal.sayHi.apply(dog,["afternoon."]);
    }
```

运行测试函数 doTest 后，会分别弹出"I am Kitty,good morning."、"I am Snoopy,good afternoon."的消息框，由此可以看出，Animal 中定义的方法 sayHi 可以被 Cat、Dog 类型的对象所使用，从而避免重复定义代码基本相同的函数了。而 sayHi 方法中的 this 不再仅仅指代 Animal 对象，而可以指向任何对象，该对象由 call、apply 的第一个参数决定。

Function 类型还有一个属性：length，用于表示函数定义时的形参个数。用法如下：

```
var animal = new Animal();
    alert(animal.sayHi.length);//结果显示:1
```

该属性仅仅表示函数定义时的形参个数，因为 JavaScript 对于函数实际执行时形参的宽容性，所以在函数内部通常使用 Arguments(见 7.10 节)对象来获取实参。

7.10　Arguments

准确的说 Arguments 并不是一个对象类型，而是当一个函数被调用时，JavaScript 解释器自动为该函数创建的一个名为 arguments 局部变量，其主要用途是提供一种方式，用来确定传递给函数的参数个数并且引用未命名的参数。我们不能创建 Arguments 类型的对象，甚至于不能使用 instanceof 来判断 arguments 是否是 Arguments 的实例，但可以将 arguments 视作数组类型，因为其访问方式与数组一样都是使用索引下标，且都有 length 属性。如图 7-8，虽然未给函数 doTest 声明形参，但并不妨碍在调用该方法时为其提供实参，这时只能依靠 arguments 才能读取到。但是即使定义函数时指定了形参，调用时的实参依然会存放在 arguments 中，只是多了一种读取方式。

```
<head>
<script type="text/javascript">
function doTest(){
  alert("参数个数:"+arguments.length);
  for(var i=0;i < arguments.length;i++){
    alert("第"+i+"个参数值是: "+
          arguments[i]+",类型是: "+
          typeof(arguments[i]));
  }
}
</script>
</head>
<body>
<input type="button" value="test"
onclick="doTest(1,'tom',true)"/>
</body>
```

图 7－8　arguments 的用法

尽管 arguments 很像数组，但它并不是数组类型。首先，它的 length 属性是只读的，而不像数组是可读写的；其次，它还有属性 callee，用于引用匿名函数自身。

```
4  <head>
5  <script type="text/javascript">
6  function doTest(num){
7    doCalc(num,
8          function(n){
9            if(n<=1)
10             return 1;
11           return arguments.callee(n-1)*n;
12         }
13   );
14 }
15 function doCalc(n,func){
16   var ret=func(n);
17   alert("ret="+ret);
18 }
19 </script>
20 </head>
21 <body>
22 <input type="button" value="test"
23 onclick="doTest(5)"/>
24 </body>
```

图 7－9　arguments 的 callee 属性

图 7－9 所示代码给出了 callee 属性的用法，第 15 行定义了一个 doCalc 函数，用于执行特定的计算，用于计算的数值由第一个参数 n 提供，算法由第二个参数 func 提供。第 6 行是用于测试的函数，调用 doCalc，并传递数值 5(由 test 按钮的 onclick 事件传入)和自定义算法(第 8—12 行)，该算法是一个阶乘的递归实现，但因为是一个匿名函数，无法通过函数名来递归调用，因此使用了 arguments 的属性 callee 来指代该函数自身。

7.11 RegExp

当您检索某个文本时，可以使用一种模式来描述要检索的内容，简单的模式可以是一个单独的字符，而复杂的模式包括了更多的字符，并可用于解析、格式检查、替换等，正则表达式(Regular Expressions)就是这种模式。

JavaScript 中使用 RegExp 类型来定义这种模式，通过创建该类型的对象以及调用其方法，我们可以规定字符串中的检索位置，以及要检索的字符类型等。

RegExp 是对字符串执行模式匹配的强大工具，但也仅限于模式匹配，它无法代替数据的有效性验证。例如，对于一个描述日期的字符串，RegExp 可以检测其是否为“yyyy－mm－dd”格式，但无法检测其中的日期是否为合法日期。

7.11.1 构造对象

创建 RegExp 对象的方法有两种，一种是直接量语法，另一种是构造方法，具体语法如下：

```
var rx1 = /pattern/attr;
    var rx2 = new RegExp(pattern,attr);
```

其中 pattern 表示匹配模式；attr 表示匹配属性，是可选的。构造方法中的 pattern 既可以是字符串，也可以直接量，但使用直接量时，不再接受 attr 参数，而是与 pattern 写在一起。

pattern 的写法将在 7.11.2 节讲解，attr 的取值有“g”、“i”、“m”及其组合，分别表示 global(全局匹配)、ignoreCase(忽略大小写)、multiline(多行匹配)，这三个英文单词同时也是 RegExp 的三个属性。示例如下：

```
var rx = new RegExp("\d{3}","gi");
//也可写成:var rx = /\d{3}/gi;
    alert(rx.global);//true
    alert(rx.ignoreCase);//true
    alert(rx.multiline);//false
```

7.11.2 模式 pattern

正则表达式的匹配模式主要由三个组成部分：元字符、量词、特殊符号。元字符是具有特定含义的字符；量词指定元字符出现的次数；特殊符号是在模式中有特殊作用的符号。

常用的元字符有：

- .(英文句点)：匹配除换行符以外的任意字符；
- w：匹配英文字母、数字或下划线；
- s：匹配任意的空白符；
- d：匹配任意数字；
- \0mnn：匹配指定八进制数对应的字符；
- \xdd：匹配指定十六进制数对应的字符；
- \udddd：匹配指定十六进制数对应的 Unicode 字符；

上述元字符中，\w、\s、\d 如果改成大写，则意思正好相反。

常用的量词有：

- *：重复零次或更多次
- +：重复一次或更多次
- ?：重复零次或一次
- {n}：重复 n 次
- {n,}：重复 n 次或更多次
- {n,m}：重复 n 到 m 次

常用的特殊符号有：

- ^：在[]外表示行开始，在[]内表示非
- $：表示行结束
- []：表示可匹配序列
- ()：用于 pattern 分组
- |：用于 pattern 并列

下面通过几个例子来说明：

/\d+/	至少一个数字
/^\d+$/	全都是数字，且至少有一个
/^\d{3,}$/	全都是数字，且至少有 3 个
/^[abc]+$/	只能是由“a”、“b”、“c”组成的字符串，至少一个
/^[ab]+$/i	只能是由“a”、“b”、“A”、“B”组成的字符串，至少一个
/^[a-z]+$/i	只能是由英文字母组成的字符串，至少一个，不区分大小写
/^[^ab]+$/	只能是由除了“a”、“b”之外的字符组成的字符串，至少一个
/^(A|B)$/	只能是“A”或“B”

7.11.3 方法

RegExp 类型提供了三个方法：测试方法 test()、搜索方法 exec()和重新编译方法 compile()，下面分别说明这三个方法的作用。

测试方法 test 用于测试一个字符串是否符合正则表达式对象所指定的模式规则，返回布尔值。用法如下：

```
var rx=/\d{3,}/;
var str="Room 2046";
var ret=rx.test(str);
alert("ret="+ret);//结果：true
rx=/^\d{3,}$/;
ret=rx.test(str);
alert("ret="+ret);//结果：false
```

第一次调用 test()方法测试时，rx 的模式含义是包含至少 3 个连续的数字，而第二次调用 test 方法时，rx 的模式已经改成全部由数字组成且至少 3 个。

搜索方法 exec()用于在字符串中查找符合正则表达式对象所指定的模式的子字符串，若找不到则返回 null。用法如下：

```
var rx=/e/gi;//全局搜索字符 e，忽略大小写
```

```
var str="Welcome to E-home";//要搜索的字符串
var ret;//用于存放搜索结果
while(ret=rx.exec(str)){//是否搜索到
//显示下次开始搜索的位置和本次搜索的结果
alert(rx.lastIndex+":"+ret);
}
```

代码中 lastIndex 是 RegExp 对象的属性，指示下次搜索的起始位置。这里需要注意的是，如果 RegExp 对象没有 g 属性，则不能使用本例中的循环语句，因为每次搜索到就会又回到起始位置，形成死循环。

重新编译方法 compile 使用较少，可以重新创建一个 RegExp 对象来代替该方法。用法如下：

```
rx.compile("o","g");
while(ret=rx.exec(str)){
alert(rx.lastIndex+":"+ret);
}
```

在 exec()方法的示例基础上增加上述代码，第 1 行是为正则表达式对象 rx 重新编译生成一个新模式(全局搜索字符 o)。

除了 RegExp 类型自身的方法，String 类型也有一些方法支持正则表达式，如：search、match 等。

search()方法用于检索字符串中指定的子字符串，或检索与正则表达式相匹配的子字符串，一般使用第二种用法，第一种用法可以使用 String 类型的 indexOf()方法替代。如果找到匹配的子字符串则返回其第一个字符的索引，否则返回-1.用法如下：

```
var rx=/\d{3,}/;
var str="Room 2046";
//正则表达式作为参数
var ret=str.search(rx);
alert("ret="+ret);//结果:5
rx=/^\d{3,}$/;
ret=str.search(rx); //结果:-1
alert("ret="+ret);
//字符串作为参数
ret=str.search("Room");//结果:0
alert("ret="+ret);
ret=str.search("room");//结果:-1
alert("ret="+ret);
```

match()方法可在字符串内检索指定的值，或找到一个或多个(是否有全局属性 g)正则表达式的匹配结果，返回存放所有匹配的子字符串数组，用法如下：

```
var rx=/\d{3,}/;
var str="2012 2046 2999";
//正则表达式作为参数
```

```
var ret=str.match(rx);
alert("ret="+ret);//["2012"]
rx=/\d{3,}/g;
ret=str.match(rx);
alert("ret="+ret); //["2012","2046","2999"]
//字符串作为参数
ret=str.match("2046");
alert("ret="+ret); //["2046"]
ret=str.match("2048");
alert("ret="+ret);//null
```

replace()方法用于在字符串中用一些字符替换另一些字符，或替换一个与正则表达式匹配的子串。本方法接受两个参数，第一个是要查找的子字符串或匹配的正则表达式对象，第二个是用于替换的新字符串。用法如下：

```
var rx=/java/i;
var str="I like Java and Java!";
//正则表达式作为参数
var ret=str.replace(rx,"JavaScript");
alert("ret="+ret);
//结果:I like JavaScript and Java!
rx=/java/gi;
ret=str.replace(rx,"JavaScript");
alert("ret="+ret);
//结果:I like JavaScript and JavaScript!
//字符串作为参数
ret=str.replace("Java","JavaScript");
alert("ret="+ret);
//结果:I like JavaScript and Java!
ret=str.replace("java","JavaScript");
alert("ret="+ret);
//结果:I like Java and Java!
```

split()方法用于把一个字符串按照指定的模式分割成由若干子字符串组成的数组，之前在String类型中介绍过使用String作为参数的用法，这里介绍使用正则表达式作为参数的用法。用法如下：

```
var rx=/[:,.]/;
var str="Tom:Mike,Jerry.Marry;Tony";
var ret=str.split(rx);
//结果:["Tom","Mike","Jerry","Marry;Tony"]
```

7.11.4 常用正则表达式

以下是一些常用的正则表达式：

- 判断字符串中是否全是数字字符：
  /^\d+$/
- 判断字符串中是否全是英文字母：
  /^[a-zA-Z]$/或/^[a-z]$/i
- 判断字符串中是否全是中文字符：
  /^[\u4E00-\u9FA5]+$/
- 判断身份证格式是否正确（支持新、旧证）：
  /^[1-9]\d{14}(\d{2}[0-9X])?$/
- 判断固定电话号码格式是否正确（含区号）：
  /^((\(0\d{2,3}\))|(0\d{2,3}-))?[1-9]\d{6,7}$/
- 判断 Email 格式是否正确：
  简单：/^\w+@\w+\.\w+$/
  复杂：/^\w+([-.]\w+)*@\w+([-.]\w+)*\.\w+([-.]\w+)*$/

7.12 Option

Option 类型是一个用法相对单一、固定的类型，专门用于<select>标签中的选项（即<option>标签）。创建 Option 对象的语法如下：

var opt=new Option(TEXT,VALUE);

构造方法的第一个参数 TEXT 为创建的 Option 对象的 text 属性赋值，同时也表示<option>标签体内的文本；第二个参数 VALUE 为创建的 Option 对象的 value 属性赋值，同时也对应<option>标签的 value 属性。虽然可以省略第二个参数，但极不建议。

```
<head>
<script type="text/javascript">
var month=["一月","二月","三月",
           "四月","五月","六月",
           "七月","八月","九月",
           "十月","十一月","十二月"];
window.onload=function(){
  var sel=document.getElementById("selM");
  for(var i=0;i<month.length;i++){
    var opt=new Option(month[i],i);
    sel.options.add(opt);
  }
}
</script>
</head>
<body>
<select id="selM">
<option value="-1">请选择</option>
</select>
</body>
```

图 7-10 Option 类型的应用示例

图 7－10 所示代码给出了一个 Option 类型的应用，其中第 14 行的 options 是<select>标签元素的属性，用于存放 Option 对象，该属性的 add 方法可用来往<select>标签中添加新的选项，运行效果如图 7－11。options 另有 remove()方法删除指定位置的 Option 对象，以及可读写属性 length。

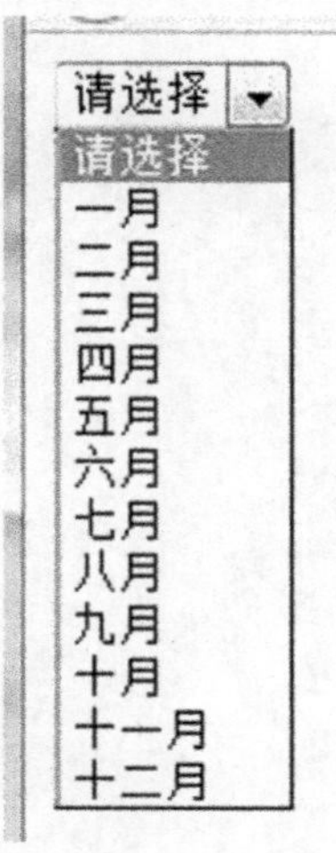

图 7－11　运行效果

第四篇　JSP篇

JSP 技术使用 Java 编程语言编写，来封装产生动态网页的处理逻辑。JSP 将网页逻辑与网页设计和显示分离，支持可重用的基于组件的设计，使基于 Web 的应用程序的开发变得迅速和容易。

Web 服务器在遇到访问 JSP 网页的请求时，首先执行其中的程序段，然后将执行结果连同 JSP 文件中的 HTML 代码一起返回给客户。插入的 Java 程序段可以操作数据库、重新定向网页等，以实现建立动态网页所需要的功能。

JSP 与 JavaServlet 一样，是在服务器端执行的，通常返回给客户端的就是一个 HTML 文本，因此客户端只要有浏览器就能浏览。

JSP 的 1.0 规范的最后版本是 1999 年 9 月推出的，12 月又推出了 1.1 规范。目前较新的是 JSP1.2 规范，JSP2.0 规范的征求意见稿也已出台。

自 JSP 推出后，众多大公司都支持 JSP 技术的服务器，如 IBM、Oracle、Bea 公司等，所以 JSP 迅速成为商业应用的服务器端语言。

JSP 可用一种简单易懂的等式表示为：HTML＋Java＋JSP 标记＝JSP。

本篇我们来讨论 JSP 技术。

第 8 章　JSP 基础

8.1　HTTP 协议

HTTP 是一个属于应用层的面向对象的协议，由于其简捷、快速的方式，适用于分布式超媒体信息系统。它于 1990 年提出，经过几年的使用与发展，得到不断地完善和扩展。

HTTP 协议的主要特点可概括如下：

1. 支持客户/服务器模式。

2. 简单快速：客户向服务器请求服务时，只需传送请求方法和路径。请求方法常用的有 GET、HEAD、POST。每种方法规定了客户与服务器联系的类型不同。由于 HTTP 协议简单，使得 HTTP 服务器的程序规模小，因而通信速度很快。

3. 灵活：HTTP 允许传输任意类型的数据对象。正在传输的类型由 Content - Type 加以标记。

4. 无连接：无连接的含义是限制每次连接只处理一个请求。服务器处理完客户的请求，并收到客户的应答后，即断开连接。采用这种方式可以节省传输时间。

5. 无状态：HTTP 协议是无状态协议。无状态是指协议对于事务处理没有记忆能力。缺少状态意味着如果后续处理需要前面的信息，则它必须重传，这样可能导致每次连接传送的数据量增大。另一方面，在服务器不需要先前信息时它的应答就较快。

HTTP(超文本传输协议)是一个基于请求与响应模式的、无状态的、应用层的协议，常基于 TCP 的连接方式，HTTP 1.1 版本中给出一种持续连接的机制，绝大多数的 Web 开发，都是构建在 HTTP 协议之上的 Web 应用。

HTTP URL (URL 是一种特殊类型的 URI，包含了用于查找某个资源的足够的信息)的格式如下：

http://host[":"port][abs_path]

HTTP 表示要通过 HTTP 协议来定位网络资源；host 表示合法的 Internet 主机域名或者 IP 地址；port 指定一个端口号，为空则使用缺省端口 80；abs_path 指定请求资源的 URI；如果 URL 中没有给出 abs_path，那么当它作为请求 URI 时，必须以"/"的形式给出，通常这个工作浏览器自动帮我们完成。

举例说明：

输入：www.itany.com

浏览器自动转换成：http://www.itany.com/

http:192.168.0.116:8080/index.jsp

http 请求由三部分组成，分别是：请求行、消息报头和请求正文。

请求行以一个方法符号开头，以空格分开，后面跟着请求的URI和协议的版本，格式如下：Method Request－URI HTTP－Version CRLF 其中 Method 表示请求方法；Request－URI 是一个统一资源标识符；HTTP－Version 表示请求的 HTTP 协议版本；CRLF 表示回车和换行（除了作为结尾的 CRLF 外，不允许出现单独的 CR 或 LF 字符）。

请求方法（所有方法全为大写）有多种，各个方法的解释如下：

- GET　　请求获取 Request－URI 所标识的资源
- POST　　在 Request－URI 所标识的资源后附加新的数据
- HEAD　　请求获取由 Request－URI 所标识的资源的响应消息报头
- PUT　　请求服务器存储一个资源，并用 Request－URI 作为其标识
- DELETE　　请求服务器删除 Request－URI 所标识的资源
- TRACE　　请求服务器回送收到的请求信息，主要用于测试或诊断
- CONNECT　　保留将来使用
- OPTIONS　　请求查询服务器的性能，或者查询与资源相关的选项和需求

应用举例：

GET 方法：在浏览器的地址栏中输入网址的方式访问网页时，浏览器采用 GET 方法向服务器获取资源，eg：GET /form.html HTTP/1.1 (CRLF)

POST 方法：要求被请求服务器接受附在请求后面的数据，常用于提交表单。

举例：

```
POST /reg.jsp HTTP/ (CRLF)
Accept:W/gif,W/x-xbit,... (CRLF)
...
HOST:www.itany.com (CRLF)
Content-Length:22 (CRLF)
Connection:Keep-Alive (CRLF)
Cache-Control:no-cache (CRLF)
(CRLF)          //该 CRLF 表示消息报头已经结束，在此之前为消息报头
user=mike&pwd=1234   //此行以下为提交的数据
```

HEAD 方法与 GET 方法几乎是一样的，对于 HEAD 请求的回应部分来说，它的 HTTP 头部中包含的信息与通过 GET 请求所得到的信息是相同的。利用这个方法，不必传输整个资源内容，就可以得到 Request－URI 所标识的资源的信息。该方法常用于测试超链接的有效性，是否可以访问，以及最近是否有更新。

在接收和解释请求消息后，服务器返回一个 HTTP 响应消息。

HTTP 响应也是由三个部分组成，分别是：状态行、响应报头、响应正文。

1. 状态行格式如下：

HTTP－Version Status－Code Reason－Phrase CRLF

其中，HTTP－Version 表示服务器 HTTP 协议的版本；Status－Code 表示服务器发回的响应状态代码；Reason－Phrase 表示状态代码的文本描述。

状态代码由三位数字组成，第一个数字定义了响应的类别，且有五种可能取值：

- 1xx：指示信息——表示请求已接收，继续处理

- 2xx:成功——表示请求已被成功接收、理解、接受
- 3xx:重定向——要完成请求必须进行更进一步的操作
- 4xx:客户端错误——请求有语法错误或请求无法实现
- 5xx:服务器端错误——服务器未能实现合法的请求

常见状态代码、状态描述、说明:

- 200 OK　　//客户端请求成功
- 400 Bad Request　//客户端请求有语法错误,不能被服务器所理解
- 401 Unauthorized //请求未经授权,代码必须和 WWW－Authenticate 报头域一起使用
- 403 Forbidden　//服务器收到请求,但是拒绝提供服务
- 404 Not Found　//请求资源不存在,eg:输入了错误的 URL
- 500 Internal Server Error //服务器发生不可预期的错误
- 503 Server Unavailable　//服务器当前不能处理客户端的请求,一段时间后可能恢复正常

举例:

HTTP/1.1 200 OK (CRLF)

2. 响应报头(后述)

3. 响应正文就是服务器返回的资源的内容

HTTP 消息由客户端到服务器的请求和服务器到客户端的响应组成。请求消息和响应消息都是由开始行(对于请求消息,开始行就是请求行,对于响应消息,开始行就是状态行),消息报头(可选),空行(只有 CRLF 的行),消息正文(可选)组成。

HTTP 消息报头包括普通报头、请求报头、响应报头、实体报头。每一个报头域都是由名字+":"+空格+值组成,消息报头域的名字是大小写无关的。

1. 普通报头

在普通报头中,有少数报头域用于所有的请求和响应消息,但并不用于被传输的实体,只用于传输的消息。

举例:

Cache－Control 用于指定缓存指令,缓存指令是单向的(响应中出现的缓存指令在请求中未必会出现),且是独立的(一个消息的缓存指令不会影响另一个消息处理的缓存机制),HTTP1.0 使用的类似的报头域为 Pragma。

请求时的缓存指令包括:no－cache(用于指示请求或响应消息不能缓存)、no－store、max－age、max－stale、min－fresh、only－if－cached;

响应时的缓存指令包括:public、private、no－cache、no－store、no－transform、must－revalidate、proxy－revalidate、max－age、s－maxage。

举例:

为了指示 IE 浏览器(客户端)不要缓存页面,服务器端的 JSP 程序可以编写如下:response.setHeader("Cache－Control","no－cache");

response.setHeader("Pragma","no－cache");

作用相当于上述代码,通常两者合用。这句代码将在发送的响应消息中设置普通报头域:Cache－Control:no－cache

Date 普通报头域表示消息产生的日期和时间。

Connection 普通报头域允许发送指定连接的选项。例如指定连接是连续，或者指定"close"选项，通知服务器，在响应完成后，关闭连接。

2. 请求报头

请求报头允许客户端向服务器端传递请求的附加信息以及客户端自身的信息。

常用的请求报头：

Accept

Accept 请求报头域用于指定客户端接受哪些类型的信息。eg：Accept：W/gif，表明客户端希望接受 GIF 图象格式的资源；Accept：text/html，表明客户端希望接受 html 文本。

Accept－Charset

Accept－Charset 请求报头域用于指定客户端接受的字符集。

举例：

Accept－Charset：iso－8859－1，gb2312.如果在请求消息中没有设置这个域，缺省是任何字符集都可以接受。

Accept－Encoding

Accept－Encoding 请求报头域类似于 Accept，但是它是用于指定可接受的内容编码。

举例：

Accept－Encoding：gzip.deflate.如果请求消息中没有设置这个域服务器，假定客户端对各种内容编码都可以接受。

Accept－Language

Accept－Language 请求报头域类似于 Accept，但是它是用于指定一种自然语言。

举例：

Accept－Language：zh－cn.如果请求消息中没有设置这个报头域，服务器假定客户端对各种语言都可以接受。

Authorization

Authorization 请求报头域主要用于证明客户端有权查看某个资源。当浏览器访问一个页面时，如果收到服务器的响应代码为 401(未授权)，可以发送一个包含 Authorization 请求报头域的请求，要求服务器对其进行验证。

Host(发送请求时，该报头域是必需的)

Host 请求报头域主要用于指定被请求资源的 Internet 主机和端口号，它通常从 HTTP URL 中提取出来的。

举例：

我们在浏览器中输入：http://www.itany.com/index.html

浏览器发送的请求消息中，就会包含 Host 请求报头域，如下：

Host：www.itany.com

此处使用缺省端口号 80，若指定了端口号，则变成：Host：www.itany.com：指定端口号

User－Agent

我们上网登录论坛的时候，往往会看到一些欢迎信息，其中列出了你的操作系统的名称和版本，你所使用的浏览器的名称和版本，这往往让很多人感到很神奇，实际上，服务器应用

程序就是从 User－Agent 这个请求报头域中获取到这些信息。User－Agent 请求报头域允许客户端将它的操作系统、浏览器和其他属性告诉服务器。不过，这个报头域不是必需的，如果我们自己编写一个浏览器，不使用 User－Agent 请求报头域，那么服务器端就无法得知我们的信息了。

请求报头举例：

GET /form.html HTTP/1.1 (CRLF)

Accept：W/gif，W/x － xbitmap，W/jpeg，application/x － shockwave － flash，application/vnd.ms－excel，application/vnd.ms－powerpoint，application/msword，*/*(CRLF)

Accept－Language：zh－cn (CRLF)

Accept－Encoding：gzip，deflate (CRLF)

If－Modified－Since：Mon，18 Mar 2013 11：21：25 GMT (CRLF)

If－None－Match：W/"80b1a4c018f3c41：8317" (CRLF)

User－Agent：Mozilla/14.0(compatible；MSIE8.0；Windows NT 5.0) (CRLF)

Host：www.itany.com (CRLF)

Connection：Keep－Alive (CRLF)

(CRLF)

3. 响应报头

响应报头允许服务器传递不能放在状态行中的附加响应信息，以及关于服务器的信息和对 Request－URI 所标识的资源进行下一步访问的信息。

常用的响应报头：

Location

Location 响应报头域用于重定向接受者到一个新的位置。Location 响应报头域常用在更换域名的时候。

Server

Server 响应报头域包含了服务器用来处理请求的软件信息。与 User－Agent 请求报头域是相对应的。

举例：

Server：Apache－Coyote/1.1

WWW－Authenticate

WWW－Authenticate 响应报头域必须被包含在 401(未授权的)响应消息中，客户端收到 401 响应消息时候，并发送 Authorization 报头域请求服务器对其进行验证时，服务端响应报头就包含该报头域。

举例：

WWW－Authenticate：Basic realm＝"Basic Auth Test!"　//可以看出服务器对请求资源采用的是基本验证机制。

4. 实体报头

请求和响应消息都可以传送一个实体。一个实体由实体报头域和实体正文组成，但并不是说实体报头域和实体正文要在一起发送，可以只发送实体报头域。实体报头定义了关于实体正文(例如:有无实体正文)和请求所标识的资源的元信息。

常用的实体报头:

Content—Encoding

Content— Encoding 实体报头域被用作媒体类型的修饰符,它的值指示了已经被应用到实体正文的附加内容的编码,因而要获得 Content—Type 报头域中所引用的媒体类型,必须采用相应的解码机制。Content — Encoding 这样用于记录文档的压缩方法,举例:Content— Encoding:gzip。

Content—Language

Content—Language 实体报头域描述了资源所用的自然语言。没有设置该域则认为实体内容将提供给所有的语言阅读者。举例:Content—Language:da

Content—Length

Content—Length 实体报头域用于指明实体正文的长度,以字节方式存储的十进制数字来表示。

Content—Type

Content—Type 实体报头域用语指明发送给接收者的实体正文的媒体类型。

举例:

Content—Type:text/html;charset=ISO—8859—1

Content—Type:text/html;charset=GB2312

Last—Modified

Last—Modified 实体报头域用于指示资源的最后修改日期和时间。

Expires

Expires 实体报头域给出响应过期的日期和时间。为了让代理服务器或浏览器在一段时间以后更新缓存中(再次访问曾访问过的页面时,直接从缓存中加载,缩短响应时间和降低服务器负载)的页面,我们可以使用 Expires 实体报头域指定页面过期的时间。

举例:

Expires:Mon,18 Mar 2013 16:23:12 GMT

HTTP1.1 的客户端和缓存必须将其他非法的日期格式(包括 0)看作已经过期。

举例:为了让浏览器不要缓存页面,我们也可以利用 Expires 实体报头域,设置为 0,jsp 中程序如下:

response.setDateHeader("Expires","0");

5. 利用 telnet 观察 http 协议的通讯过程

实验目的及原理:

利用 MS 的 telnet 工具,通过手动输入 http 请求信息的方式,向服务器发出请求,服务器接收、解释和接受请求后,会返回一个响应,该响应会在 telnet 窗口上显示出来,从而从感性上加深对 http 协议的通讯过程的认识。

实验步骤:

(1) 打开 telnet

① 打开 telnet

运行→cmd→telnet

② 打开 telnet 回显功能

set localecho

(2) 连接服务器并发送请求

① open www.itany.com 80　//注意端口号不能省略

HEAD /index.asp HTTP/1.0

Host: www.itany.com

/ * 我们可以变换请求方法，请求桂林电子主页内容，输入消息如下 * /

open www. itany.com 80

GET /index.asp HTTP/1.0　//请求资源的内容

Host: www. itany.com

② open www.sina.com.cn 80　//在命令提示符号下直接输入 telnet www.sina.com.cn 80

HEAD /index.asp HTTP/1.0

Host: www.sina.com.cn

(3) 实验结果

① 请求信息 2.1 得到的响应是：

HTTP/1.1 200 OK　//请求成功

Server: Microsoft－IIS/5.0　//Web 服务器

Date: Mon,18 Mar 201307:17:51 GMT

Connection: Keep－Alive

Content－Length: 23330

Content－Type: text/html

Expries: Tue,19 Mar 2013 07:16:51 GMT

Set－Cookie: ASPSESSIONIDQAQBQQQB＝BEJCDGKADEDJKLKKAJEOIMMH; path＝/

Cache－control: private

//资源内容省略

② 请求信息 2.2 得到的响应是：

HTTP/1.0 404 Not Found　//请求失败

Date: Mon, 18 Mar 2013 07:50:50 GMT

Server: Apache/2.0.54 <Unix>

Last－Modified: Wed, 15 Feb 2012 11:35:41 GMT

ETag: "6277a－415－e7c76980"

Accept－Ranges: bytes

X－Powered－By: mod_xlayout_jh/0.0.1vhs.markII.remix

Vary: Accept－Encoding

Content－Type: text/html

X－Cache: MISS from zjm152－78.sina.com.cn

Via: 1.0 zjm152－78.sina.com.cn:80<squid/2.6.STABLES－20061207>

X－Cache：MISS from th－143.sina.com.cn

Connection：close

失去了跟主机的连接

按任意键继续…

(4) 注意事项

- 出现输入错误，则请求不会成功。
- 报头域不分大小写。
- 更深一步了解 HTTP 协议，可以查看 RFC2616，在 http://www.letf.org/rfc 上找到该文件。
- 开发后台程序必须掌握 http 协议。

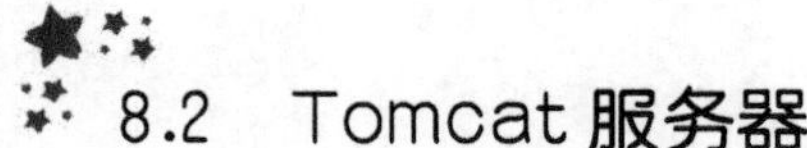

8.2 Tomcat 服务器

8.2.1 Tomcat 的安装和使用

自从 JSP 发布以后，推出了各式各样的 JSP 引擎。作为世界上用得最多的 Web 服务器软件之一，Apache 的 Apache Group 也在进行 JSP 的实用研究。最初的软件产品是在 Apache 的 Java Servlet 引擎，即在 ApacheJServ 的基础上实现的 GNUJSP，一直到 GNUJSP 1.0，基本上实现了 JSP 1.0 标准。另外还出现了一个被称为 GSP 的产品，是作为 GNU 体系的一个服务器端的 Script 语言实现的。

GNUJSP 基本上是一个 ApacheJServ 的附属，它主要是利用 Servlet 将 JSP 源文件翻译为一个 Servlet 的 Java 语言源文件，然后经 Java 编译器编译后作为 Servlet 执行。

在完成 GNUJSP1.0 的开发以后，开发组的成员开始考虑在 SUN 的 JSWDK 基础上开发一个可以直接提供 Web 服务的 JSP 服务器，当然同时也支持 Servlet。这样，Jakarta－Tomcat 就诞生了。

作为一个开放源代码的软件，Jakarta－Tomcat 有着自己独特的优势：

首先，它容易得到。事实上，任何人都可以从互联网上自由地下载这个软件。无论从 http://jakarta.Apache.org 还是从其他网站。

其次，对于开发人员，特别是 Java 开发人员，Tomcat 提供了全部的源代码，包括 Servlet 引擎、JSP 引擎、HTTP 服务器……，无论是对哪一方面感兴趣的程序员，都可以从这些由世界顶尖的程序员书写的代码中获得收益。

最后，由于源代码的开放及世界上许多程序员的卓有成效的工作，Tomcat 已经可以和大部分的主流服务器一起工作，而且是以相当高的效率一起工作。如：以模块的形式被载入 Apache，以 ISAPI 的形式被载入 IIS 或 PWS，以 NSAPI 的形式被载入 Netscape Enterprise Server……

接下来，读者可以看到：

- 如何安装 Tomcat，让它发挥作用。
- 如何让 Tomcat 和 Apache、IIS 等一起工作。
- 如何配置 Tomcat，让它符合自己的要求。

下面，先来建立一个 JSP 页面。

```
Helloworld.jsp
<HTML>
<HEAD>
<TITLE>JSP 测试页面———HelloWorld! </TITLE>
</HEAD>
<BODY>
<%
    out.println("<h1>Hello World! <br>世界，你好! </h1>");
%>
</BODY>
</HTML>
```

在 Apache 的 jakarta 项目的主页上，可以看到有 Tomcat 的超链接，在这里可以找到各种版本。我们这里使用的 Tomcat 版本为 apache－tomcat－6.0.14，它是由 JavaSoft 和 Apache 开发团队共同提出合作计划(Apache Jakarta Project)下的产品。Tomcat 能支持 Servlet 2.4 和 JSP 2.0 并且是免费使用的。Tomcat 6.0.14 可以从 http://jakarta.apache.org/tomcat/index.html 网站自行免费下载。

第一步：执行 apache－tomcat－6.0.14.exe(见图 8－1 执行 apache－tomcat)。

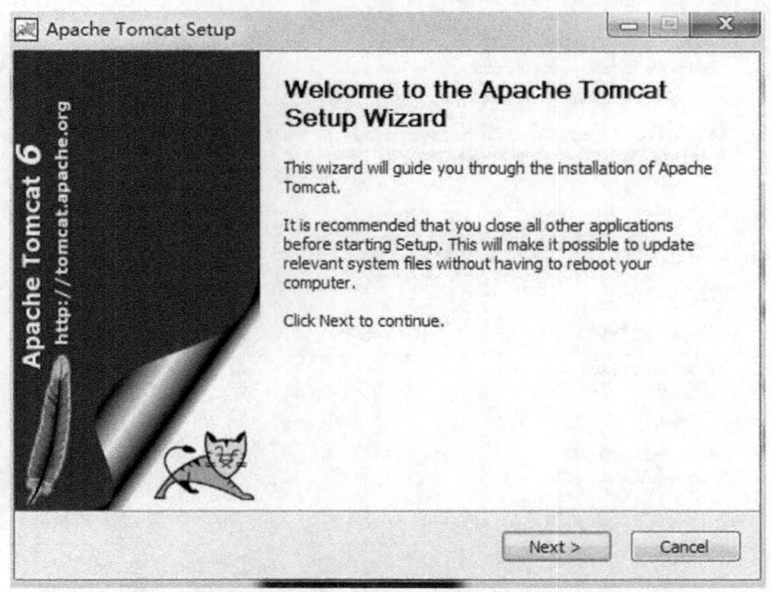

图 8－1 执行 apache－tomcat－6.0.14.exe

先按【Next】，选择【I Agree】后，再按【Next】。

第二步：选择安装路径及安装内容(见图 8－2 选择安装内容，图 8－3 选择安装路径)。

通常我们会选择完全安装(Full)，即如图 8－2 选择安装内容。在选项中，主要有：Core、Service、Source Code 和 Documentation，假若选择安装 Service 时，而后我们可以利用 Windows 的服务(控制面板|管理工具|服务)来设定重新开机启动时，Tomcat 能够自动启动。

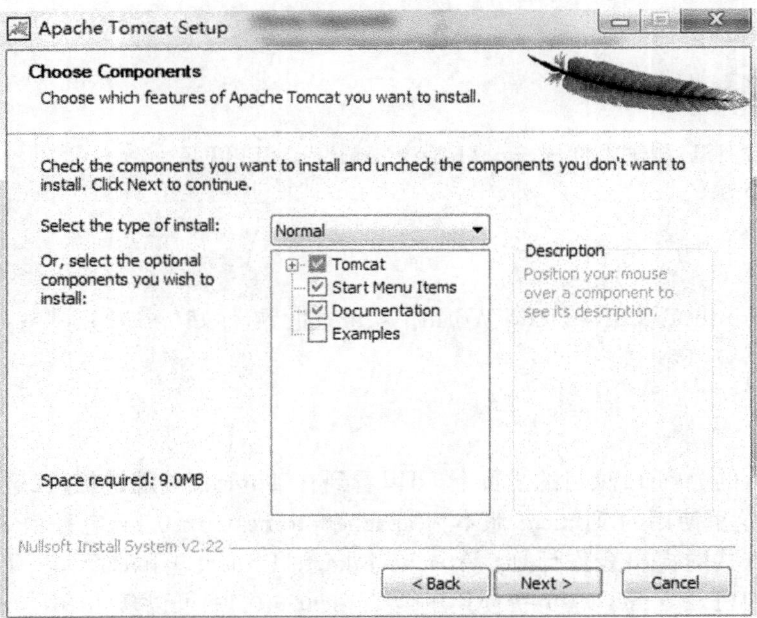

图 8-2　选择安装内容

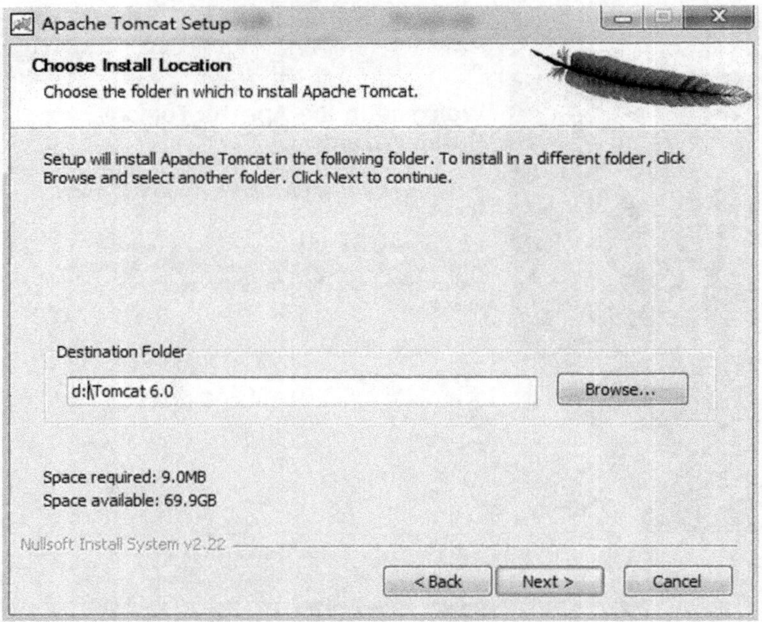

图 8-3　选择安装路径

第三步：设定 Tomcat Port 和 Administrator Login(见图 8-4 设定 Tomcat Port)。

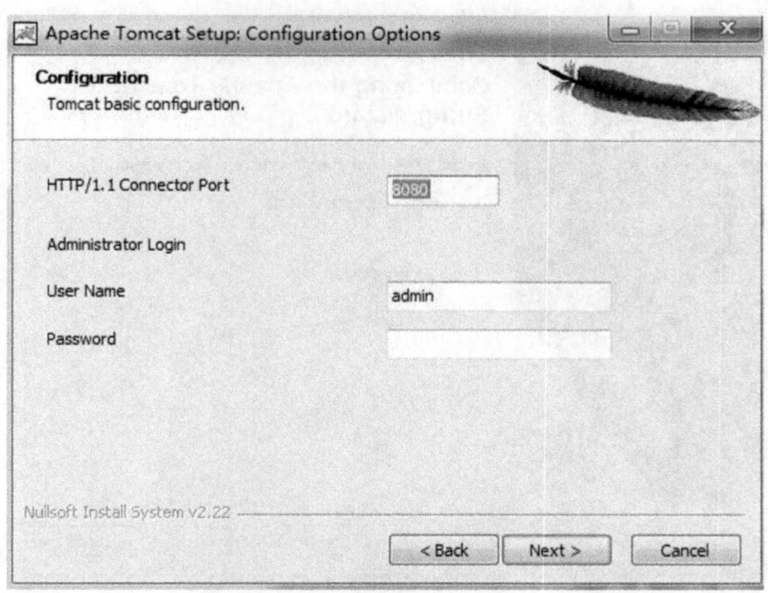

图 8-4　设定 Tomcat Port

第四步：设定 Tomcat 使用的 JVM(见图 8-5 选择 Tomcat 使用的 JVM)。

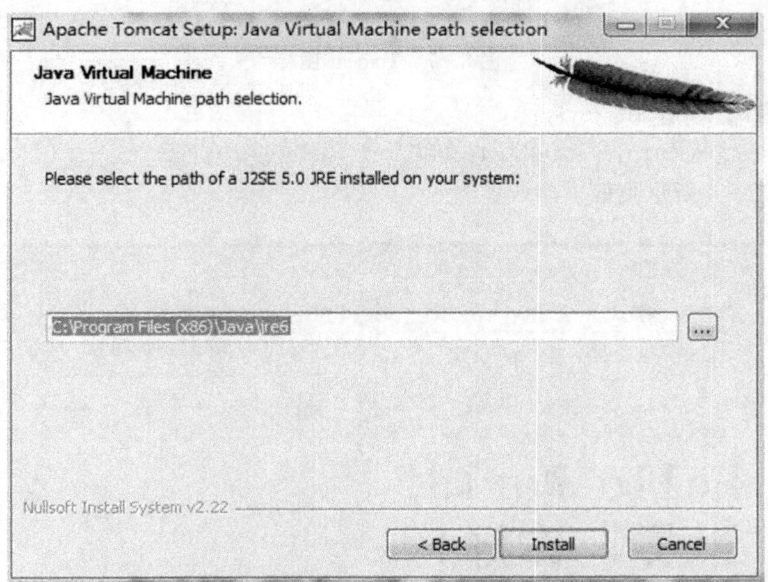

图 8-5　选择 Tomcat 使用的 JVM

确认无误后，按下【Install】，正式开始执行安装程序。安装成功后，会看到如图 8-6 所示的结果。假若你勾选了【Run Apache Tomcat】，按下【Finish】之后，会直接启动 apache—tomcat—6.0.14，然后在你计算机的右下角，会出现绿色箭头的符号，如图 8-7 所示，即成功安装 Apache Tomcat。

图 8－6　成功安装 apache－tomcat－6.0.14

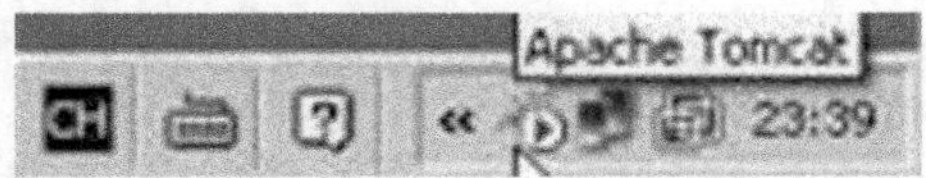

图 8－7　Tomcat 图标

第五步：测试 Tomcat。

在浏览器中输入 http://localhost:8080/test/helloworld.jsp。

显示如图 8－8 所示页面。

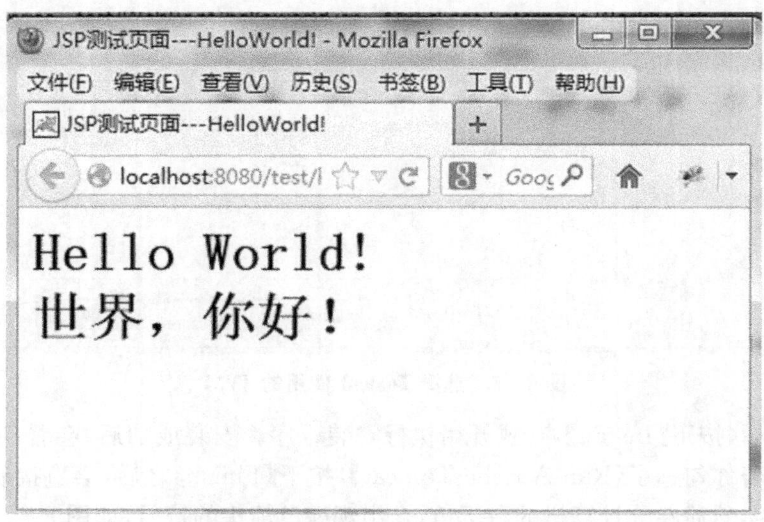

图 8－8　JSP 测试页面——helloworld

也可以下载 jakarta－tomcat.zip 包，解压缩到一个目录下，如："D:\tomcat6.0"，执行效果和安装包一样。

下面我们来看看 Tomcat 的目录结构：

Tomcat6.0
bin ·············· Tomcat 执行脚本目录
conf ·············· Tomcat 配置文件
doc ·············· Tomcat 文档
lib ·············· Tomcat 运行需要的库文件(JARS)
logs ·············· Tomcat 执行时的 LOG 文件
src ·············· Tomcat 的源代码
webapps ········ Tomcat 的主要 Web 发布目录
work ············ Tomcat 的工作目录

Work 为工作目录，Tomcat 将翻译 JSP 文件得到的 Java 文件和 class 文件放在这里。

在 Bin 目录下，有一个名为 startup.bat 的脚本文件，执行这个脚本文件，就可以启动 Tomcat 服务器。

8.2.2 Tomcat 的配置和常见问题

Tomcat 为用户提供了一系列的配置文件来帮助用户配置自己的 Tomcat，和 Apache HTTP 不同，Tomcat 的配置文件主要是基于 XML 的，如 server.xml、web.xml……只有 workers.properties 和 uriworkermap.properties 等少数几个文件是传统的配置文件。本节将详细讨论 Tomcat 的主要配置文件以及如何利用这些配置文件解决常见问题。

Tomcat 的主配置文件：server.xml。

观察 server.xml，可以发现其中有如表 8-1 所示的一些元素。

表 8-1　Server.xml 中的元素

元　素	描　述
Server	Server 元素是 server.xml 文件的最高级别的元素，Server 元素描述一个 Tomcat 服务器，一般来说用户不用关心这个元素
Logger	一般会包括 Logger 和 ContextManager 两个元素，Logger 元素定义了一个日志对象，一个日志对象包含有如下属性： (1) name，表示这个日志对象的名称 (2) path，表示这个日志对象包含的日志内容要输出到哪一个日志文件 (3) verbosityLevel，表示这个日志文件记录的日志的级别 一般来说，Logger 对象是对 Java Servlet、JSP 和 Tomcat 运行期事件的记录
ContextManager	ContextManager 定义了一组 ContextInterceptors(ContextManage 的事件监听器)，RequestInterceptors(ContextManage 的事件监听器)，Contexts(Web 应用程序的上下文目录)和它们的 Connectors(连接器)的结构和配置 ContextManager 包含如下一些属性： (1) debug，记录日志记录调试信息的等级 (2) home，webapps/、conf/、logs/和所有 Context 的根目录信息。这个属性的作用是从一个不同于 TOMCAT_HOME 的目录启动 Tomcat (3) workDir，Tomcat 工作目录

续表 8-1

元　素	描　述
ContextInterceptor RequestInterceptor	两者都是监听 ContextManager 的特定事件的拦截器。ContextInterceptor 监听 Tomcat 的启动和结束事件信息。而 RequestInterceptor 监听用户对服务器发出的请求信息。一般用户无需关心这些拦截器,对于开发人员,需要了解这就是全局性的操作得以实现的方法
Connector	Connector(连接器)对象描述了一个到用户的连接,不管是直接由 Tomcat 到用户的浏览器还是通过一个 Web 服务器。Tomcat 的工作进程和由不同的用户建立的连接传来的读 /写信息和请求 /答复信息都是由连接器对象管理的。对连接器对象的配置中应当包含管理类
Context	每一个 Context 都描述了一个 Tomcat 的 Web 应用程序的目录。这个对象包含以下属性: (1) docBase,这是 Context 的目录。可以是绝对目录也可以是基于 ContextManage 的根目录的相对目录 (2) path,这是 Context 在 Web 服务时的虚拟目录位置和目录名 (3) debug,日志记录的调试信息记录等级 (4) reloadable,这是为了方便 Servlet 的开发人员而设置的,当这个属性开关打开的时候, Tomcat 将检查 Servlet 是否被更新而决定是否自动重新载入它

1. 加入自己的日志文件

添加 Logger 对象就可以加入自己的日志文件,添加工作相当简单,只需要将作为示例的 Logger 对象复制一份,然后修改一下前面介绍的几个属性就可以了。在设定了 Logger 以后,就可以在自己的 Servlet 中使用 ServletContext.log()方法来建立自己的日志文件。

2. 设定新的 JSP 目录

设立新的 JSP 工作目录是比较简单的,只需要添加一个 Context 对象就可以了。如要在 c:\jsp 目录下开发 JSP 项目,并且让用户可以使用 /mybook/虚拟目录访问,则:

```
<Context path="/mybook" docBase="c:\jsp" debug="0" reloadable="true" >
</Context>
```

一般来说,这样就可以直接执行 JSP 文件了。

8.2.3 在 Tomcat 中建立新的 Web 应用程序

JSP 主要是为建立 Web 网站而开发的技术,这种技术由 Web 应用程序的一整套 Web 文件(jsp,servlet,html,jpg,gif,class……)所组成。Tomcat 为 Web 应用程序的建立提供了一系列的帮助。

按照 Tomcat 的规范,从 /example 例子目录来看, Tomcat 的 Web 应用程序应该由如表 8-2 所示目录组成。

表 8-2 应用程序的目录

目录	描述
*.html, *.jsp, etc.	这里可以有许多目录,由用户的网站结构而定,实现的功能应该是网站的界面,也就是用户主要的可见部分。除了 HTML 文件、JS 文件外,还有 JS (JavaScript)文件和 CSS(样式表)文件以及其他多媒体文件等
Web—INF/web.xml	这是一个 Web 应用程序的描述文件。这个文件是一个 XML 文件,描述了 Servlet 和这个 Web 应用程序的其他组件信息,此外还包括一些初始化信息和安全约束等
Web—INF/classes/	这个目录及其下的子目录应该包括这个 Web 应用程序的所有 Servlet 文件,以及没有被压缩打入 JAR 包的其他 class 文件和相关资源。注意,在这个目录下的 Java 类应该按照其所属的包组织目录
Web—INF/lib/	这个目录下包含了所有压缩到 JAR 文件中的类文件和相关文件。比如:第三方提供的 Java 库文件、JDBC 驱动程序等

8.3 JSP 的运行机制

JSP 执行过程流程图(图 8-9):

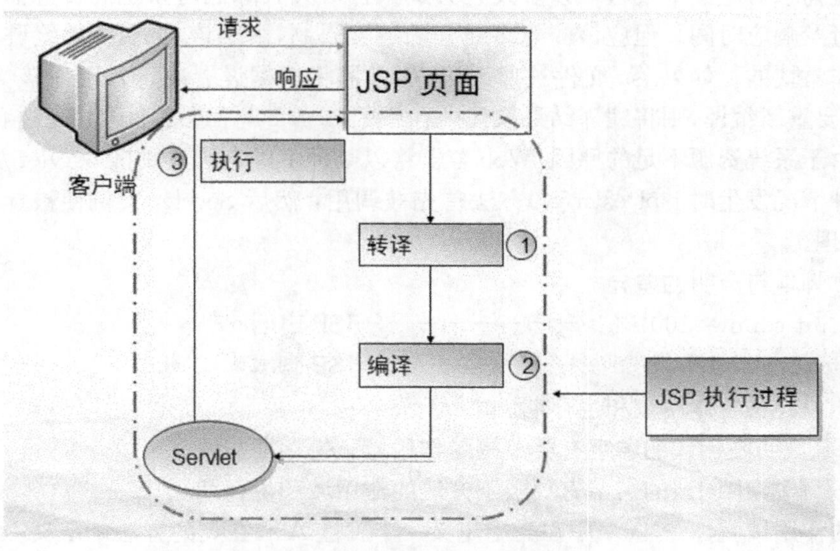

图 8-9 JSP 执行过程流程图

1. JSP 引擎

JSP 引擎实际上要把 JSP 标签、JSP 页中的 Java 代码甚至连同静态 HTML 内容都转换为大块的 Java 代码。这些代码块被 JSP 引擎组织到用户看不到的 Java Servlet 中去,然后

Servlet自动把JVM(java虚拟机)编译成Java字节码。这样,当网站的访问者请求一个JSP页时,在他不知道的情况下,一个已经生成的、预编译过的Servlet实际上将完成所有的工作,非常隐蔽而又高效。因为Servlet是编译过的,所以网页中的JSP代码不需要在每次请求该页时被解释一遍。JSP引擎只需在Servlet代码最后被修改后编译一次,然后这个编译过的Servlet就可以被执行了。由于是JSP引擎自动生成并编译Servlet,不用程序员动手编译代码,所以JSP能带给你高效的性能和快速开发所需的灵活性。

2. JSP工作原理

当Web容器(Tomcat、JBoss等)接收到用户的第一个JSP页面请求时,jsp引擎将这个jsp页面转换为Java源代码(Servlet类),在转换过程中,如果发现jsp文件有任何的语法错误,转换过程将终止,并向服务器和客户端输出错误信息,如果转换成功,然后jsp引擎用javac编译Java源代码生成class文件,然后Web容器加载class文件并从此创建一个新的Servlet对象进行实例化,当Servlet类实例化后,容器加载jsinit,以通知Servlet它已进入服务行列。init方法必须被加载,Servelt才能接收和请求。假如要载入数据库驱动程序、初始化一些值等,程序员可以重写这个方法。在其他情况下,这个方法一般为空,jspInit()方法在Servlet的生命周期中只被执行一次。然后jspService()方法被调用来处理客户端的请求。容器创建一个响应文档,将文档发送给用户,若干时间后,用户再次访问这个JSP请求这个JSP时,容器会再次创建响应一个文档,直到容器卸载了这个class文件,当用户卸载了这个class文件后,再次访问时,JSP引擎并不重新转换和编译这个JSP文件,而是对它进行重新初始化,并创建一个响应文档,返回给客户端。对每一个请求,Web容器创建一个新的线程来处理该请求。如果有多个客户端同时请求该JSP文件,则JSP引擎会创建多个线程。每个客户端请求对应一个线程。以多线程方式执行可大大降低对系统的资源需求,提高系统的并发量及响应时间。但应该注意多线程的编程限制,由于该Servlet始终驻于内存,所以响应是非常快的。如果.jsp文件被修改了,服务器将根据设置决定是否对该文件重新编译,如果需要重新编译,则将编译结果取代内存中的Servlet,并继续上述处理过程。如果在任何时候由于系统资源不足的原因,Web容器将以某种不确定的方式将Servlet从内存中移去。当这种情况发生时jspDestroy()方法首先被调用,然后Servlet实例便被标记加入“垃圾收集”处理。

3. JSP脚本与声明的差异

＜％！ int count＝100；％＞－－－－－－－－－－JSP声明

＜％int count＝100；％＞－－－－－－－－－－－－JSP脚本

二者的差异在于作用域和生存期。

(1) JSP声明中创建的名字有类范围的作用域和生存期

(2) JSP脚本中创建的名字有局限于方法的作用域和生存期。

二者的作用域就像是Java中在类中定义一个属性A和在类的方法中定义一个属性B。类中不能引用属性B,但是在方法中可以引用属性A。

二者的生存期:

JSP声明,例如:＜％！ int count＝100；％＞＜％＝count＋＋％＞

脚本中的变量生存期存在于第一个用户延续到第二个用户……如果第一个用户第一次访问时100,第二个用户访问就101,第三个用户访问时102,以此类推……如果服务器停止而重新启动后，则 count 值就返回到 100。

JSP 脚本，例如：<%int count=100;%><%=count++%>

脚本中的变量生存期存在于每个用户的访问期间，所以没有用户访问都是 100。

无论声明和脚本放置的位置不同，JSP 容器都是首先进行初始化声明，再执行脚本的。

总结：

(1) 不能在脚本中定义方法，但可以在 JSP 声明中定义自己的方法，因为脚本程序是局限于 jspService 方法中的，如果在 jspservice 方法中再次定义方法是不允许的。

(2) 不能在 JSP 声明中使用 out 等隐藏对象，因为 out 等隐藏对象，是作用域 jspservice 方法中定义的。

(3) 脚本中定义变量，不能在 JSP 声明中引用此变量。

(4) 如果变量定义在方法中，则不能在方法之前使用此变量。

8.4 JSP的生命周期

解释和编译的工作完成之后，JSP 的生命周期将分为四个阶段：

1. 装载和实例化：服务端为 JSP 页面查找已有的实现类，如果没找到则创建新的 JSP 页面的实现类，然后把这个类载入 JVM。在实现类装载完成之后，JVM 将创建这个类的一个实例。这一步会在装载后立刻执行，或者在第一次请求时执行。

2. 初始化：初始化 JSP 页面对象。如果你希望在初始化期间执行某些代码，那么你可以向页面中增加一个初始化方法(method)，在初始化的时候就会调用该方法。

3. 请求处理：由页面对象响应客户端的请求。需要注意的是，单个对象实例将处理所有的请求。在执行完处理之后，服务器将一个响应(response)返回给客户端。这个响应完全是由 HTML 标签和其他数据构成的，并不会把任何 Java 源码返回给客户端。

4. 生命周期终止：服务器不再把客户端的请求发给 JSP。在所有的请求处理完成之后，会释放掉这个类的所有实例。一般这种情况会发生在服务器关闭的时候，但是也有其他的可能性，比如服务器需要保存资源、检测到有 JSP 文件更新，或者由于其他某些原因需要终止实例等情况。如果想让代码执行清除工作，那么可以实现一个方法，并且在这个类实例释放之前调用该方法。

8.5 JSP的语法

所有 HTML 文件可以在资源管理器中双击执行。

但是 JSP 文件必须先放到 Web 服务器中，然后通过 HTTP 的方式访问。因为文件内所有<%%>内代码是被 Web 服务器解释执行的。

在一个 JSP 页面中，主要分为三种元素：编译指令、操作指令和 JSP 代码。

1. 编译指令告诉 JSP 的解释引擎(比如：Tomcat)，需要在编译时做什么动作，比如引入一个其他的类，设置 JSP 页面的使用什么语言编码等。

2. 操作指令则是在 JSP 页面被请求时，动态执行的，比如可以根据某个条件动态跳转到另外一个页面。

3. JSP 代码指的就是我们自己嵌入在 JSP 页面中的 Java 代码，这又分为两种：第一种是 JSP 页面中一些变量和方法的声明，在声明时，使用"＜%!"和"%＞"标记。另外一种，就是常用到的用"＜%"和"%＞"包含的 JSP 代码块。

- HTML 注释

作用：在客户端显示一个注释。

JSP 语法格式：

＜! —— comment [＜%= expression %＞] ——＞

举例 1：

＜! ——这是显示一个用户登录的界面——＞

效果：在客户端的 HTML 源代码中产生和上面一样的数据：

＜! ——这是显示一个用户登录的界面——＞

举例 2：

＜! —— This page was loaded on ＜%= (new java.util.Date()).toLocaleString() %＞ ——＞

效果：在客户端的 HTML 源代码中显示为：

＜! —— This page was loaded on March 18, 2013——＞

描述：

这种注释和 HTML 中很像，也就是它可以在"查看源代码"中看到。

唯一有些不同的就是，你可以在这个注释中用表达式(例子 2 所示)。这个表达式是不定的，由页面不同而不同，你能够使用各种表达式，只要是合法的就行。

- JSP 代码

主要分为两种：

1. 使用＜%! ……%＞标记：用来声明 JSP 页面中的变量和方法。

2. 使用标记＜%……%＞：表示是一段。

- JSP 页面的基本结构

JSP 页面文件是由传统的 HTML 页面文件中加入 Java 程序片和 JSP 标签构成的。

JSP 页面文件由五种元素组合而成：

普通的 HTML 标记符

JSP 标签，如指令标签、动作标签

变量和方法的声明
Java 程序片
Java 表达式 } JSP 的脚本部分

把 JSP 页面中普通的 HTML 标记符号，交给客户的浏览器执行显示。JSP 标签、数据和方法声明、Java 程序片由服务器负责执行，将需要显示的结果发送给客户的浏览器。Java 表达式由服务器负责计算，并将结果转化为字符串，然后交给客户的浏览器负责显示。

变量和方法、类的声明

在"＜%!"和"%＞"标记符号之间声明变量和方法。

在“<%!”和“%>”之间声明的变量在整个JSP页面内都有效，这些变量是类的成员变量。所有用户共享这些变量。

1. 声明方法

在“<%!”和“%>”之间声明方法，该方法在整个JSP页面内有效，但是在该方法内定义的变量只在该方法中有效。这些方法将在Java程序片中被调用，当方法被调用时，方法内定义的变量被分配内存，调用完毕即可释放所占的内存。

2. 声明类

可以在“<%!”和“%>”之间声明一个类，该类在JSP页面内有效，即在JSP页面的Java程序片部分，可以使用该类创建对象。

3. Java程序片

在“<%”和“%>”之间的Java程序称为Java程序片。可以有多个程序片在一个JSP页面中。程序片中的变量是局部变量。可以把程序片分隔成多个程序片。

4. 表达式

可以在“<%=”和“%>”之间插入一个表达式。

<%=是一个完整的符号。

表达式的值由服务器负责计算。

表达式的结果用字符串形式发送到客户端显示。

5. JSP中的注释

- HTML注释：在标记符号“<! --”和“-->”之间加入注释内容。
- JSP注释：在标记符号“<%--”和“--%>”之间加入注释内容。

<%-- 注释 --%> JSP引擎忽略JSP注释

6. 隐藏注释

作用：写在JSP程序中，但不是发给客户。

JSP语法格式：　　<%-- comment --%>

例子：

```
<%@ page language="java" contentType="text/html; charset=UTF-8"
    pageEncoding="UTF-8"%>
<html>
<head>
<meta http-equiv="Content-Type" content="text/html; charset=UTF-8">
<title>内容注释</title>
</head>
<body>
<h2>内容注释</h2>
<%--该内容不在页面源文件中显示 --%>
</body>
</html>
```

描述：用隐藏注释标记的字符会在JSP编译时被忽略掉。这个注释在你希望隐藏或注释你的JSP程序时是很有用的。

注:JSP 编译器不是会对<%——and——%>之间的语句进行编译的,它不会显示在客户的浏览器中,也不会在源代码中看到在<%—— ——%>之间,你可以任意写注释语句,但是不能使用"——%>",如果你非要使用请用"——%\>"。

8.5.1 JSP 的脚本元素

用来在 JSP 中包含脚本代码(通常是 Java 代码)的。它声明变量和方法,包含任意脚本代码和对表达式求值。

主要包含三种类型:

- 声明
- Java 程序块
- 表达式

1. 声明

作用:在 JSP 程序中声明合法的变量和方法

JSP 语法格式:<%! declaration; [declaration;]+ … %>

举例:

```
<%! int i = 0; %>
<%! int a, b, c; %>
<%! Circle a = new Circle(2.0); %>
```

描述:

声明你将要在 JSP 程序中用到的变量和方法。你也必须这样做,不然会出错。当 JSP 页面被编译执行的时候,整个页面被编译成一个类,这些变量是 JSP 页面类的成员变量。同时这些变量也是被共享的,任何一个用户的操作都会影响到其他用户。

举例:

```
<%! int i=0;   %>
<%
  i++;
  out.print(i);
%>
```

个人访问本站

执行程序,并刷新浏览器,可以看到值是增加的。

也可以声明函数,一定在函数前面加上 synchronized 关键字,功能是当前一个用户在执行该方法的时候,其他的用户必须等待,直到该用户完成操作。

举例:

```
<%! int number=0;
    synchronized void countPeople() {
    number++;
        }
%>
<%
countPeople();
```

```
%>
```

您是第<%out.print(number);%>个访问本站的客户。

你可以一次性声明多个变量和方法，只要以“;”结尾就行，当然这些声明在 Java 中要是合法的。

当你声明方法或变量时，请注意以下的一些规则：

- 声明必须以“;”结尾。
- 你可以直接使用在<% @ page %>中被包含进来的已经声明的变量和方法，不需要对它们重新进行声明。
- 一个声明仅在一个页面中有效。如果你想每个页面都用到一些声明，最好把它们写成一个单独的文件，然后用<%@ include %>或<jsp:include >元素包含进来。
- 在 JSP 中，声明是一段 Java 代码，它用来定义在产生的类文件中的类范围变量和方法。当 JSP 页面进行初始化并且有了“类”的范围时，进行声明的初始化。对于其他的声明和表达式或者是代码来讲，在声明中定义的任何东西在整个 JSP 中都可以使用。声明段在<%！ 和%>之间。

2. Java 程序块

Java 程序块内包含一个有效的程序段。

JSP 语法：

```
<% code fragment %>
```

举例：

```
<%
   for(int i=0;i<10;i++){
      for(int j=0;j<i;j++){
         out.print(" *  ");
      }
      %>
      <br/>
      <%
   }
%>
```

该程序执行结果为在页面中输出直角三角形，如图 8-10 所示。

可以在“<%”和“%>”之间插入 Java 程序片，一个 JSP 页面可以有许多 Java 程序片，这些代码块将被 JSP 服务器按照顺序执行。在一个代码块中声明的变量是 JSP 页面的局部变量，只在当前页面中有效。

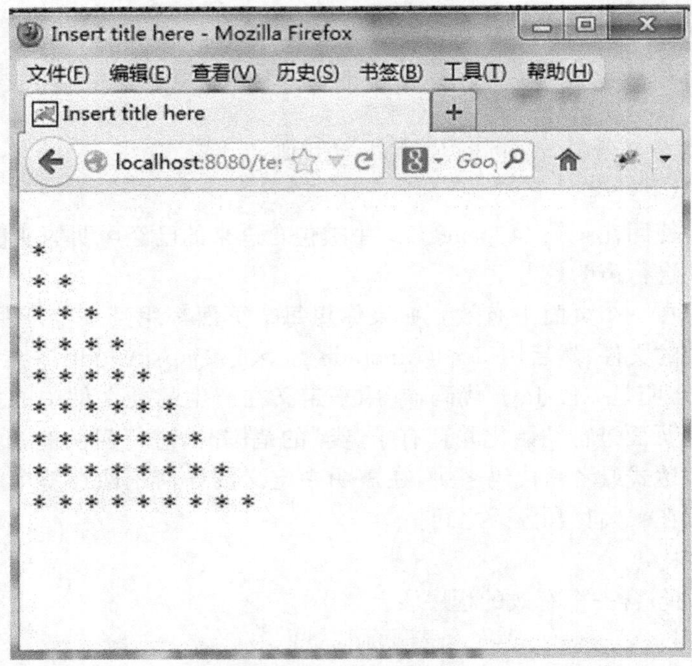

图 8－10　三角输出

举例：

```
<%int i=0;   %>
<%
  i++;
  out.print(i);
%>
```

个人访问本站

该程序去掉了上面程序中的"!"，这样变量 i 就变成局部变量了。该变量是局部变量，所以不能用来计数，该变量始终为 1。

描述：

可包含多个 JSP 语句，方法，变量，表达式。能做以下的事：

- 声明将要用到的变量或方法(参考 声明)。
- 编写 JSP 表达式(参考 表达式)。
- 使用任何隐含的对象和任何用<jsp:useBean>声明过的对象。
- 编写 JSP 语句（语句必须遵从 Java Language Specification,）。
- 任何文本，HTML 标记，JSP 元素必须在 Scriptlet 之外。
- 当 JSP 收到客户的请求时，Scriptlet 就会被执行，如果 Scriptlet 有显示的内容，这些显示的内容就被存在 out 对象中。

Scriptlet 是一段可以在处理请求时间执行的 Java 代码。Scriptlet 包含在<%和%>之间。Scriptlet 具体要做什么要看代码是如何写的。它可以产生输出，发到客户的输出流中。在被编译的类中，多个这样的代码将按照在 JSP 程序出现的顺序合并成一个。像其他的

Java 代码或方法一样，可以修改在它内部的对象，作为方法引用的结果。

在查看网页源代码的时候，这一部分是看不见的，只有执行的结果。因为这里的代码是被服务器执行的。JavaScript 代码是可以看到的，因为 JavaScript 是被浏览器解释执行的。

3. 表达式

作用：包含一个符合 JSP 语法的表达式。

JSP 语法格式：＜％＝ expression ％＞

举例：

Pi 的值：＜％＝ Math.PI％＞＜br/＞

35,56 中的大值：＜％＝Math.max(35,56) ％＞＜br/＞

35,56 中的小值：＜％＝Math.min(35,56) ％＞＜br/＞

4－12 的值：＜％＝4－12 ％＞＜br/＞

3＋2＝＝5 的值：＜％＝(3＋2)＝＝5 ％＞

描述：

表达式元素表示的是一个在脚本语言中被定义的表达式，在运行后被自动转化为字符串，然后插入到这个表达式在 JSP 文件的位置显示。因为这个表达式的值已经被转化为字符串，所以你能在一行文本中插入这个表达式。

当你在 JSP 中使用表达式时请记住以下几点：

- 你不能用一个分号(“;”)来作为表达式的结束符，但是同样的表达式用在 Scriptlet 中就需要以分号来结尾了！查看 Scriptlet 这个表达式元素能够包括任何在 Java Language Specification 中有效的表达式。
- 有时候表达式也能作为其他 JSP 元素的属性值。一个表达式能够变得很复杂，它可能由一个或多个表达式组成，这些表达式的顺序是从左到右。

表达式是用于在返回给客户的响应流中产生输出值的一个 Scriptlet 的简单表示法。当表达式进行计算时，结果转换成了一个字符串并且显示出来。

一个表达式被封装在＜％＝和％＞之间。如果表达式的任何部分是一个对象。就通过使用这个对象的 toString()方法进行转换。

8.5.2 JSP 指令

JSP 指令(directive)是用作从 JSP 发送到 JSP 包容器上的一个信息。它们用来设置全局变量，如声明类、要实现的方法和输出内容的类型等。它们并不向客户产生任何输出。所有的指令都在整个 JSP 文件的范围内有效。换句话说，一个指令影响整个 JSP 文件，并且仅仅只是这个 JSP 文件。在标签中指令都是用@字符在标签内标出的。

语法规则：

＜％@指令名 attribute＝"value" attribute＝"value"％＞

三类指令是：

- 页面(page)指令
- include 指令
- taglib 指令

1. JSP 指令标签

page 指令：用来定义整个 JSP 页面的一些属性和这些属性的值。

page 指令格式：

＜%@ page 属性 1=“属性 1 的值” 属性 2=“属性 2 的值”…%＞

注意：

- page 指令的作用对整个页面有效，与位置无关，习惯写在最前面。
- 一个属性可以指定几个属性值，属性值之间用逗号分隔。
- 可以使用多个 page 指令给属性 import 指定几个值，但其他属性只能使用一次 page 指令给属性值指定的一个值。

page 指令几个常用的属性：

language 属性：定于 JSP 页面使用的脚本语言，该属性的值目前只能取 Java。

格式：＜%@ page language=“java” %＞

import 属性：为 JSP 页面引入 Java 核心包中的类，就可以在 JSP 页面的程序片部分、变量及函数声明部分、表达式部分使用包中的类。

格式：＜%@ page import=“java 包中的类” %＞

contentType 属性：定义 JSP 页面响应 MIME 类型和 JSP 页面字符的编码。属性值一般形式是“MIME”或“MIME 类型；charset=编码”。

格式：＜%@ page contentType=“text/html；charset=utf－8” %＞

session 属性：用于设置是否需要使用内置的 session 对象，session 属性的值可以是 true 或 false，session 属性默认的值是 true。

buffer 属性：内置输出对象 out 负责将服务器的某些信息或运行结果发送到客户端显示，buffer 属性用来指定 out 设置的缓冲区的大小或不使用缓冲区。

格式：＜%@ page buffer=“kb” %＞ 默认值是 8kb

autoFlush 属性：指定 out 的缓冲区被填满时，缓冲区是否自动刷新。可以取 true 或 false，默认是 true。

格式：＜%@ page autoFlush=“true[false]” %＞

注意：当 buffer 的值是 none 时，autoFlush 的值就不能设置成 false。

isThreadSafe 属性：用来设置 JSP 页面是否可多线程访问。该属性值可以取 true 或 false。默认是

格式：＜%@ page isThreadSafe=“true[false]” %＞

info 属性：该属性为 JSP 页面准备一个字符串，属性值是某个字符串。

格式：＜%@ page info=“字符串” %＞

使用 getServletInfo()方法来获取 info 属性的属性值。

2. Page 指令

定义 JSP 文件中的全局属性。页面指令定义了许多影响整个页面的重要属性。单一的 JSP 页面可以包含多个页面指令，在过程中，所有的页面指令被制取出来并同时应用到同一个页面上。然而在给定的 JSP 中，任何由页面指令定义的属性/值只能出现一次。（除了 import 属性外，因为可以多次引入）

JSP 语法：page 指令主要有如下属性：

[language="Script Language"]

[extends="package.class"]

[import="{package.class | package. * }, ..."]
[session="true | false"]
[buffer="none | 8kb | sizekb"]
[autoFlush="true | false"]
[isThreadSafe="true | false"]
[info="text"]
[errorPage="relativeURL"]
[contentType="mimeType [;charset=characterSet]" | "text/html ; charset=ISO-8859-1"]
[isErrorPage="true | false"]

举例：

<%@ page import="java.util. * , java.lang. * " %>
<%@ page buffer="5kb" autoFlush="false" %>
<%@ page errorPage="error.jsp" %>

描述：

<%@ page %>指令作用于整个 JSP 页面，同样包括静态的包含文件。但是<% @ page %>指令不能作用于动态的包含文件，比如 <jsp:include>。你可以在一个页面中用上多个<% @ page %>指令，但是其中的属性只能用一次，不过也有个例外，那就是 import 属性。因为 import 属性和 Java 中的 import 语句差不多(参照 Java Language)，所以你就能多用此属性几次了。

无论你把<% @ page %>指令放在 JSP 的文件的哪个地方，它的作用范围都是整个 JSP 页面。不过，为了 JSP 程序的可读性，以及好的编程习惯，最好还是把它放在 JSP 文件的顶部。

3. include 指令

include 指令：在 JSP 页面内某处整体嵌入一个文件，使用该指令标签。

JSP 语法：

<%@ include file="文件的名字"%>

作用：

在 JSP 页面出现该指令的位置处，静态插入一个文件，被插入的文件必须是可访问和可使用的。即该文件必须和当前 JSP 页面在同一个 Web 服务目录中。

静态插入：

就是当前 JSP 页面和插入的部分合并成一个新的 JSP 页面，然后 JSP 引擎再将这个新的 JSP 页面转译成 Java 类文件。

注意：

新合成的 JSP 页面必须符合 JSP 语法规则。

4. taglib 指令

定义一个标签库以及其自定义标签的前缀。

JSP 语法：

<%@ taglib uri="URIToTagLibrary" prefix="tagPrefix" %>

举例：

<%@ taglib uri="http://www.jspcentral.com/tags" prefix="public" %>

<public:loop>

……….

</public:loop>

描述：

<% @ taglib %>指令声明此JSP文件使用了自定义的标签，同时引用标签库，也指定了他们的标签的前缀。

这里自定义的标签含有标签和元素之分。因为JSP文件能够转化为XML，所以了解标签和元素之间的联系很重要。标签只不过是一个在意义上被抬高了点的标记，是JSP元素的一部分。JSP元素是JSP语法的一部分，和XML一样有开始标记和结束标记。元素也可以包含其他的文本、标记、元素。比如，一个jsp:plugin元素有<jsp:plugin>开始标记和</jsp:plugin>结束标记，同样也可以有<jsp:params>和<jsp:fallback>元素。

你必须在使用自定义标签之前使用<% @ taglib %>指令，而且你可以在一个页面中多次使用，但是前缀只能使用一次。

属性：

uri="URIToTagLibrary"　Uniform Resource Identifier (URI)根据标签的前缀对自定义的标签进行唯一的命名，URI可以是以下的内容：

- Uniform Resource Locator (URL)，由 RFC 2396 定义，查看 http://www.hut.fi/u/jkorpela/rfc/2396/full.html。
- Uniform Resource Name (URN)，由 RFC 2396 定义一个相对或绝对的路径。

prefix="tagPrefix"

在自定义标签之前的前缀，比如，在<public:loop>中的public，如果这里不写public，那么这就是不合法的。请不要用jsp，jspx，java，javax，servlet，sun和sunw作为前缀。

第 9 章　JSP 内置对象

9.1　输入输出内置对象

本节中，我们将介绍和 Input/Output 有关的隐含对象，它们包括：out、request 和 response 对象。request 对象表示客户端请求的内容；response 对象表示响应客户端的结果；而 out 对象负责把数据的结果显示到客户端的浏览器。

9.1.1　request 对象

request 对象包含所有请求的信息，如：请求的来源、标头、Cookies 和请求相关的参数值等。在 JSP 网页中，request 对象是实现 javax.servlet.http.HttpServletRequest 接口的。

HttpServletRequest 接口所提供的方法，可以将它分为四大类：

- 储存和取得属性方法。
- 能够取得请求参数的方法，如表 9-1 所示。

表 9-1　取得请求参数的方法

方　法	说　明
String getParameter(String name)	取得 name 的参数值
Enumeration getParameterNames()	取得所有的参数名称
String [] getParameterValues(String name)	取得所有 name 的参数值
Map getParameterMap()	取得一个要求参数的 Map

- 能够取得请求 HTTP 标头的方法，如表 9-2 所示。

表 9-2　取得请求标头的方法

方　法	说　明
String getHeader(String name)	取得 name 的标头
Enumeration getHeaderNames()	取得所有的标头名称
Enumeration getHeaders(String name)	取得所有 name 的标头
int getIntHeader(String name)	取得整数类型 name 的标头
long getDateHeader(String name)	取得日期类型 name 的标头
Cookie [] getCookies()	取得与请求有关的 cookies

- 其他的方法，例如：取得请求的 URL、IP 和 session，如表 9-3 所示。

表 9－3　其他请求的方法

方　法	说　明
String getContextPath()	取得 Context 路径(即站台名称)
String getMethod()	取得 HTTP 的方法(GET、POST)
String getProtocol()	取得使用的协议（HTTP/1.1、HTTP/1.0）
String getQueryString()	取得请求的参数字符串，不过，HTTP 的方法必须为 GET
String getRequestedSessionId()	取得用户端的 Session ID
String getRequestURI()	取得请求的 URL，但是不包括请求的参数字符串
String getRemoteAddr()	取得用户的 IP 地址
String getRemoteHost()	取得用户的主机名称
int getRemotePort()	取得用户的主机端口
String getRemoteUser()	取得用户的名称
void setCharacterEncoding(String encoding)	设定编码格式，用来解决窗体传递中文的问题

我们来看下面这个程序范例：

request.html

```
<html>
<head>
    <title>request.html</title>
    <meta http-equiv="Content-Type" content="text/html; charset=utf-8">
</head>
<body>
<form action="request.jsp" method="GET">
name:<input type="text" name="name" size="20" maxlength="20"><br>
number:<input type="password" name="number" size="20" maxlength="20"><br><br>
<input type="submit" value="传送">
</form>
</body>
</html>
```

request.html 的执行结果如图 9－1 所示，我们在 name 的字段中输入 mike；number 字段中输入 123。

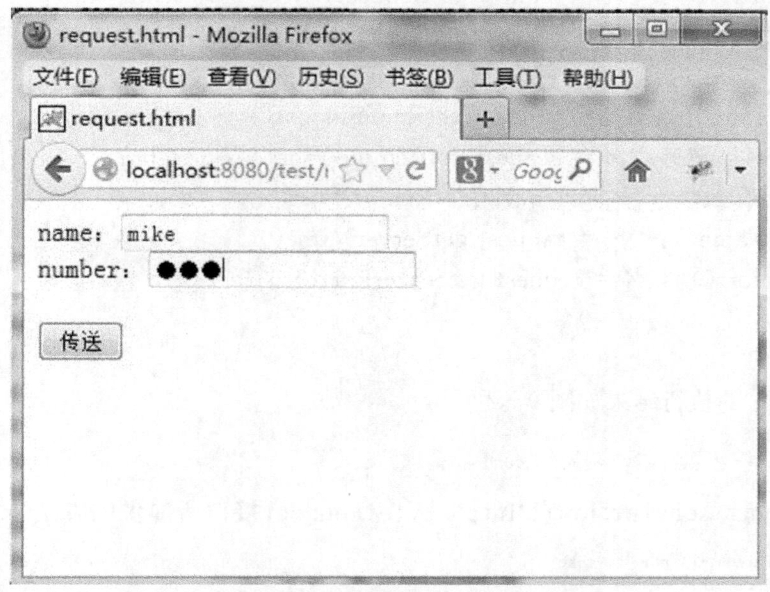

图 9-1　request.html 的执行结果

request.jsp

```
<%@ page language="java" contentType="text/html;charset=utf-8" %>
<html>
<head>
    <title>request.jsp</title>
</head>
<body>
<h2>javax.servlet.http.HttpServletRequest 接口所提供的方法</h2>
getParameter("name"):<%= request.getParameter("name") %><br>
getParameter("number"):<%= request.getParameter("number") %><br>
getAttribute("name"):<%= request.getAttribute("name") %><br>
getAttribute("number"):<%= request.getAttribute("number") %><br><br>
getAuthType():<%= request.getAuthType() %><br>
getProtocol():<%= request.getProtocol() %><br>
getMethod():<%= request.getMethod() %><br>
getScheme():<%= request.getScheme() %><br>
getContentType():<%= request.getContentType() %><br>
getContentLength():<%= request.getContentLength() %><br>
getCharacterEncoding():<%= request.getCharacterEncoding() %><br>
getRequestedSessionId():<%= request.getRequestedSessionId() %><br><br>
getContextPath():<%= request.getContextPath() %><br>
getServletPath():<%= request.getServletPath() %><br>
getPathInfo():<%= request.getPathInfo() %><br>
```

```
getRequestURI():<%= request.getRequestURI() %><br>
getQueryString():<%= request.getQueryString() %><br><br>
getRemoteAddr():<%= request.getRemoteAddr() %><br>
getRemoteHost():<%= request.getRemoteHost() %><br>
getRemoteUser():<%= request.getRemoteUser() %><br>
getRemotePort():<%= request.getRemotePort() %><br>
getServerName():<%= request.getServerName() %><br>
getServerPort():<%= request.getServerPort() %><br>
</body>
</html>
```

request.jsp 的执行结果如图 9－2 所示。

```
localhost:8080/test/request.jsp?name=mike&number=123

javax.servlet.http.HttpServletRequest接口所提供的方法

getParameter("name"): mike
getParameter("number"): 123
getAttribute("name"): null
getAttribute("number"): null

getAuthType( ): null
getProtocol( ): HTTP/1.1
getMethod( ): GET
getScheme( ): http
getContentType( ): null
getContentLength( ): -1
getCharacterEncoding( ): null
getRequestedSessionId( ): A818A2286AD83022792A9E3A071FFADA

getContextPath( ): /test
getServletPath( ): /request.jsp
getPathInfo( ): null
getRequestURI( ): /test/request.jsp
getQueryString( ): name=mike&number=123

getRemoteAddr( ): 0:0:0:0:0:0:0:1
getRemoteHost( ): 0:0:0:0:0:0:0:1
getRemoteUser( ): null
getRemotePort( ): 59377
getServerName( ): localhost
getServerPort( ): 8080
```

图 9－2　request.jsp 的执行结果

在 request.jsp 中，使用 request.getParameter("name")和 request.getParameter("number")能够取得 request.html 窗体的值。除了取得请求的参数值之外，也能取得一些相关信息，如：使用的协议、方法、URI 等。

9.1.2　response 对象

response 对象主要将 JSP 处理数据后的结果传回到客户端。response 对象是实现 javax.servlet.http.HttpServletResponse 接口。下面三表列出了 response 对象的方法（表 9－4～表 9－6）。

表 9-4　设定表头的方法

方　　法	说　　明
void addCookie(Cookie cookie)	新增 cookie
void addDateHeader(String name,long date)	新增 long 类型的值到 name 标头
void addHeader(String name, String value)	新增 String 类型的值到 name 标头
void addIntHeader(String name, int value)	新增 int 类型的值到 name 标头
void setDateHeader(String name,long date)	指定 long 类型的值到 name 标头
void setHeader(String name, String value)	指定 String 类型的值到 name 标头
void setIntHeader(String name, int value)	指定 int 类型的值到 name 标头

表 9-5　设定响应状态码的方法

方　　法	说　　明
void sendError(int sc)	传送状态码(status code)
void sendError(int sc,String msg)	传送状态码和错误信息
void setStatus(int sc)	设定状态码

表 9-6　用来 URL 重写(rewriting)的方法

方　　法	说　　明
String encodeRedirect(String url)	对使用 sendRedirect()方法的 URL 予以编码

有时候，当我们修改程序后，产生的结果却是之前的数据，执行浏览器上的刷新，才能看到更改数据后的结果，针对这个问题，有时是因为浏览器会将之前浏览过的数据存放在浏览器的 cache 中，所以当我们再次执行时，浏览器会直接从 cache 中取出，因此，会显示之前旧的数据。我们将写一个 non－cache.jsp 程序来解决这个问题。

non－cache.jsp

```
<%@ page contentType="text/html;charset=utf-8" %>
<html>
<head>
  <title>non-cache.jsp</title>
</head>
<body>
<h2>解决浏览器 cache 的问题 - response</h2>
<%
    if (request.getProtocol().compareTo("HTTP/1.0") == 0){
        response.setHeader("Pragma", "no-cache");
    }
```

```
        else if (request.getProtocol().compareTo("HTTP/1.1") == 0){
            response.setHeader("Cache-Control", "no-cache");
        }
        response.setDateHeader("Expires", 0);
    %>
    </body>
    </html>
```

先用 request 对象取得协议，如果为 HTTP/1.0，就设定标头，内容为 setHeader ("Pragma","no-cache")；若为 HTTP/1.1，就设定标头为 response.setHeader ("Cache-Control", "no-cache")，最后再设定 response.setDateHeader("Expires", 0)。这样 Non-cache.jsp 网页在浏览过后，就不会再存放到浏览器或是 proxy 服务器的 cache 中。表 9-7 列出了 HTTP/1.1 Cache-Control 标头的设定参数。

表 9-7 HTTP/1.1 Cache-Control 标头的设定参数

参　数	说　明
public	数据内容皆被储存起来，就连有密码保护的网页也是一样，因此安全性相当低
private	数据内容只能被储存到私有的 caches，即 non-shared caches 中
no-cache	数据内容绝不被储存起来。proxy 服务器和浏览器读到此标头，就不会将数据内容存入 caches 中
no-store	数据内容除了不能存入 caches 中之外，亦不能存入暂时的磁盘中，这个标头防止敏感性的数据被复制
must-revalidate	用户在每次读取数据时，会再次和原来的服务器确定是否为最新数据，而不再通过中间的 proxy 服务器
proxy-revalidate	这个参数有点像 must-revalidate，不过中间接收的 proxy 服务器可以互相分享 caches
max-age=xxx	数据内容在经过 xxx 秒后，就会失效，这个标头就像 Expires 标头的功能一样，不过 max-age=xxx 只能服务 HTTP/1.1 的用户。假设两者并用时，max-age=xxx 有较高的优先权

9.2 JSP 中的中文字符处理

当利用 request.getParameter 得到 Form 表单中元素值的时候，默认的情况下其字符编码格式为 ISO-8859-1，这种编码不能正确的显示汉字。

如果是 get 请求，有两种解决方法：

(1) 修改 server.xml　加入 URIEncoding="utf-8"

(2) 将获得的字符串通过 new String 进行包装：

如：

```
<%
String username=new String(request.getParameter("username")
.getBytes("iso8859-1"),"utf-8");
%>
```

如果请求方式为 post，也有对应两种解决方法：

(1) 在执行操作之前，设置 request 的编码格式，语法是：

request.setCharacterEncoding("utf-8");

(2) 将获得的字符串通过 new String 进行包装：

```
<%
String username=new String(request.getParameter("username")
.getBytes("iso8859-1"),"utf-8");
%>
```

实例：

input.jsp

```
<%@ page language="java" contentType="text/html; charset=UTF-8"
    pageEncoding="UTF-8"%>
<html>
<head>
<title>Insert title here</title>
</head>
<body>
<form action="test.jsp" method="get">
username:<input type="text" name="username"/><br/>
password:<input type="password" name="pass"/><br/>
<input type="submit" value="提交"/>
</form>
</body>
</html>
```

test.jsp

```
<%@ page language="java" contentType="text/html; charset=UTF-8"
    pageEncoding="UTF-8"%>
<html>
<head>
<title>Insert title here</title>
</head>
<body>
```

```
<%
    //设置 request 对象的 CharacterEncoding 属性为 utf-8(支持 post 请求)
    //request.setCharacterEncoding("utf-8");
    //获取表单中提交过来的用户名和密码(new String 方式,支持 get/post 请求)
    String username=new String(request.getParameter("username")
    .getBytes("iso8859-1"),"utf-8");
    String password = request.getParameter("pass");
    //在页面中输出用户名和密码
    out.print(username);

%>
<br/>
<%
    out.print(password);
  %>
</body>
</html>
```

在浏览器中输入路径:http://localhost:8080/test/input.jsp
显示如图 9-3 所示的页面。

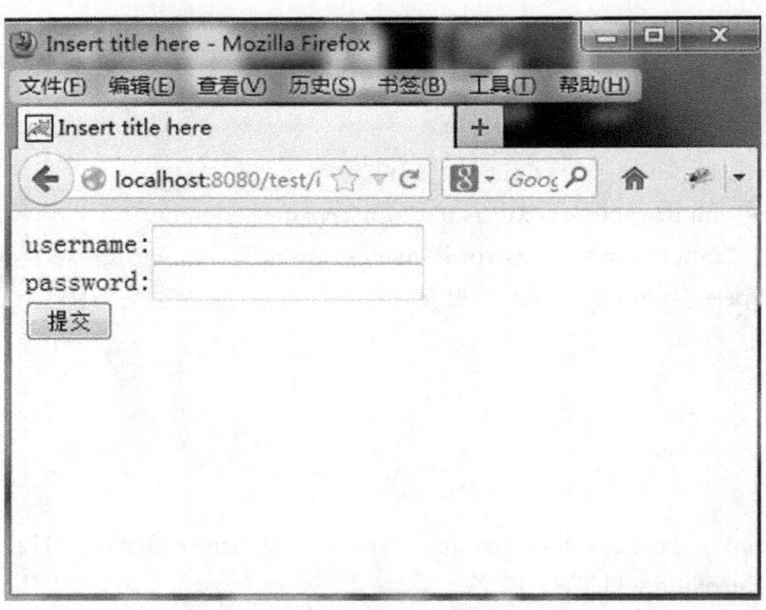

图 9-3　input.jsp 页面执行结果

输入内容,单击提交按钮后,显示结果如图 9-4 所示。

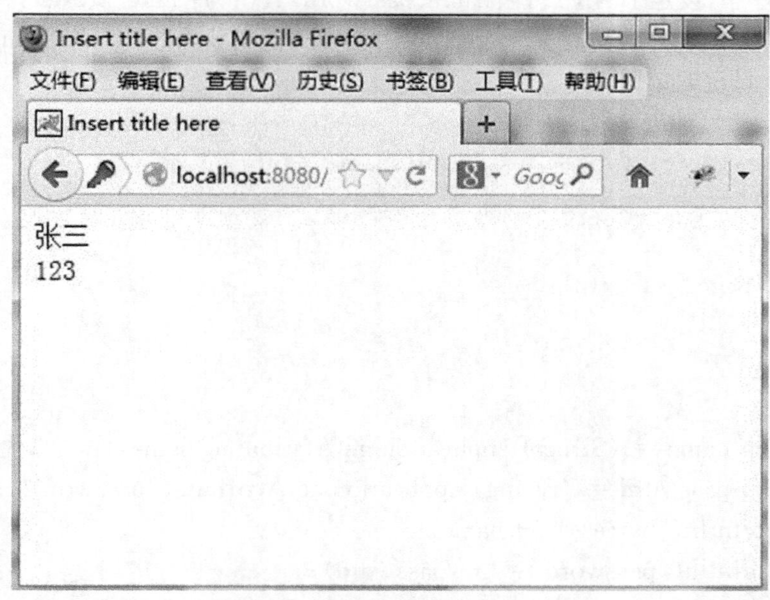

图 9－4　test.jsp 页面执行结果

9.3　作用域对象

有些 JSP 程序员会将 request、session、application 和 pageContext 归为一类，原因在于：它们皆能借助 setAttribute()和 getAttribute()来设定和取得其属性(Attribute)，通过这两种方法来做到数据分享。

我们先来看下面这段小程序：

page1.jsp

```
<%@ page contentType="text/html;charset=utf-8" %>
<html>
<head>
  <title>page1.jsp</title>
</head>
<body>
</br>
<%
      application.setAttribute("name","mike");
      application.setAttribute("password","browser");
%>
<jsp:forward page="page2.jsp"/>
</body>
</html>
```

在这个程序中，设定了两个属性：name、password，其值为：mike、browser。然后再转交(forward)到 page2.jsp。我只要在 page2.jsp 当中加入 application.getAttribute()，就能取得在 page1.jsp 设定的数据。

page2.jsp

```
<%@ page contentType="text/html;charset=utf-8" %>
<html>
<head>
  <title>page2.jsp</title>
</head>
<body>
<%
      String name = (String) application.getAttribute("name");
      String password = (String) application.getAttribute("password");
      out.println("name = "+name);
      out.println("password = "+ password);
%>
</body>
</html>
```

page1.jsp 的执行结果如图 9-5 所示。

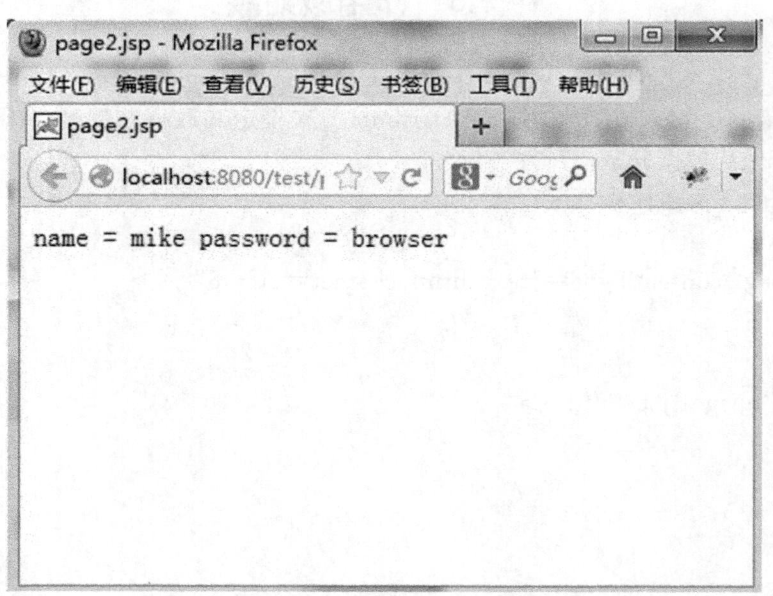

图 9-5 page1.jsp 的执行结果

可以看出，此时 Name 的值就会等于 mike，password 的值就等于 browser。看完这个小范例之后，我们发现网页之间要传递数据时，除了可以使用窗体、隐藏字段来完成之外，JSP 技术还提供给开发人员一项传递数据的机制，那就是利用 setAttribute()和 getAttribute()方法，如同 page1.jsp 和 page2.jsp 的做法。不过它还是有些限制的，这就留到下一节来说明。

在上面 page1.jsp 和 page2.jsp 的程序当中，是将数据存入到 application 对象之中。除了 application 之外，还有 request、pageContext 和 session，也都可以设定和取得属性值，那它们之间有什么分别吗？

它们之间最大的差别在于范围（Scope）不一样，这个概念有点像 C、C++中的全局变量和局部变量的概念。接下来就介绍 JSP 的范围。

9.4　page 内置对象

JSP 有四种范围，分别为 page、request、session、application。所谓的 Page，指的是单单一页 JSP page 的范围。若要将数据存入 page 范围时，可以用 pageContext 对象的 setAttribute()方法；若要取得 page 范围的数据时，可以使用 pageContext 对象的 getAttribute()方法。我们将之前的范例做小幅度的修改，将 application 改为 pageContext。

pageScope1.jsp

```
<%@ page contentType="text/html;charset=utf-8" %>
<html>
<head>
  <title>pageScope1.jsp</title>
</head>
<body>
<h2>page 范围 - pageContext</h2>
<%
   pageContext.setAttribute("name","mike");
   pageContext.setAttribute("password","browser");
%>
<jsp:forward page="pageScope2.jsp"/>
</body>
</html>
```

pageScope2.jsp

```
<%@ page contentType="text/html;charset=utf-8" %>
<html>
<head>
  <title>pageScope2.jsp</title>
</head>
<body>
<h2>page 范围 - pageContext</h2>
</br>
<%
```

```
    String name = (String)pageContext.getAttribute("name");
    String password = (String)pageContext.getAttribute("password");
    out.println("name = "+name);
    out.println("password = "+ password);
%>
</body>
</html>
```

执行结果如图 9-6 所示。

图 9-6　pageScope1.jsp 的执行结果

这个范例程序和之前有点类似，只是之前的程序是 application，现在改为 pageContext，但是结果却大不相同，pageScope2.jsp 根本无法取得 pageScope1.jsp 设定的 name 和 password 值，因为在 pageScope1.jsp 当中，是把 name 和 password 的属性范围设为 page，所以 name 和 password 的值只能在 pageScope1.jsp 当中取得。若修改 pageScope1.jsp 的程序，重新命名为 pageScope3.jsp，如下：

pageScope3.jsp

```
<%@ page contentType="text/html;charset=utf-8" %>
<html>
<head>
  <title>pageScope1.jsp</title>
</head>
<body>
<h2>page 范围 - pageContext</h2>
<%
    pageContext.setAttribute("name","mike");
    pageContext.setAttribute("password","browser");
    String name = (String)pageContext.getAttribute("name");
```

```
        String password = (String)pageContext.getAttribute("password");
        out.println("name = "+name);
        out.println("password = "+ password);%>
</body>
</html>
```

pageScope3.jsp 的执行结果如图 9－7 所示。

图 9－7　pageScope3.jsp 的执行结果

经过修改后的程序，name 和 password 的值就能顺利显示出来。这个范例主要用来说明一个概念：若数据设为 page 范围时，数据只能在同一个 JSP 网页上取得，其他 JSP 网页却无法取得该数据。

9.5　request 内置对象

接下来介绍第二种范围：request。request 的范围是指在一 JSP 网页发出请求到另一个 JSP 网页之间，随后这个属性就失效。设定 request 的范围时可利用 request 对象中的 setAttribute()和 getAttribute()方法。我们再来看下列这个范例：

requestScope1.jsp

```
<%@ page contentType="text/html;charset=utf-8" %>
<html>
<head>
  <title>requestScope1.jsp</title>
</head>
<body>
<h2>request 范围 - request</h2>
<%
```

```
        request.setAttribute("name","mike");
        request.setAttribute("password","browser");
%>
<jsp:forward page="requestScope2.jsp"/>
</body>
</html>
```

requestScope2.jsp

```
<%@ page contentType="text/html;charset=utf-8" %>
<html>
<head>
  <title>requestScope2.jsp</title>
</head>
<body>
<h2>request 范围 - request</h2>
<%
        String name = (String) request.getAttribute("name");
        String password = (String) request.getAttribute("password");
        out.println("name = "+name);
        out.println("password = "+ password);
%>
</body>
</html>
```

requestScope1.jsp 的执行结果如图 9-8 所示。

图 9-8　requestScope1.jsp 的执行结果

现在将 name 和 password 的属性范围设为 request，当 requestScope1.jsp 转向到 requestScope2.jsp 时，requestScope2. jsp 也能取得 requestScope1. jsp 设定的 name 和

password 值。不过其他的 JSP 网页无法得到 name 和 password 值，除非它们也和 requestScope1.jsp 有请求的关系。

除了利用转向(forward)的方法可以存取 request 对象的数据之外，还能使用包含(include)的方法。

假若我们将 requestScope1.jsp 的

<jsp:forward page="requestScope2.jsp"/>

改为：

<jsp:include page="requestScope2.jsp" flush="true"/>

执行 requestScope1.jsp 时，结果还是和图 requestScope1.jsp 的执行结果一样。表示使用<jsp:include>标签所包含进来的网页，同样也可以取得 request 范围的数据。

9.6 session、application 内置对象

表 9-8 介绍了最后两种范围：session、application。

表 9-8 session 与 application 范围

范　围	说　明
session	session 的作用范围为一段用户持续和服务器所连接的时间，但与服务器断线后，这个属性就无效。只要将数据存入 session 对象，数据的范围就为 session
application	application 的作用范围在服务器一开始执行服务，到服务器关闭为止。application 的范围最大、停留的时间也最久，所以使用时要特别注意，不然可能会造成服务器负载越来越重的情况。只要将数据存入 application 对象，数据的 scope 就为 application

表 9-9 列出了一般储存和取得属性的方法，以下 pageContext、request、session 和 application 皆可使用。

注意：

pageContext 并无 getAttributeNames()方法。

表 9-9 相应方法

方　法	说　明
void setAttribute(String name, Object value)	设定 name 属性的值为 value
Enumeration getAttributeNamesInScope(int scope)	取得所有 scope 范围的属性
Object getAttribute(String name)	取得 name 属性的值
void removeAttribute(String name)	移除 name 属性的值

当我们使用 getAttribute(String name)取得 name 属性的值时，它会回传一个 java.lang.Object，因此，我们还必须根据 name 属性值的类型做转换类型(Casting)的工作。例

如：若要取得 String 类型的 Name 属性时：

```
String name =(String)pageContext.getAttribute("name");
```

若是 Integer 类型的 year 属性时：

```
Integer year=(Integer)session.getAttribute("year");
```

到目前已大约介绍完 JSP 中四种范围(scope)：page、request、session 和 application。假若我的数据要设为 page 范围时，则只需要：

```
pageContext.setAttribute("year", new Integer(2013));
```

若要为 request、session 或 application 时，就分别存入 request、session 或 application 对象之中，如下：

```
request.setAttribute("month", new Integer(12) );
session.setAttribute("day", new Integer(27) );
application.setAttribute("times", new Integer(10));
```

9.7 其他相关内置对象

与 servlet 有关的隐含对象有两个：page 和 config。page 对象表示 servlet 本身；config 对象则是存放 servlet 的初始参数值。

9.7.1 page 对象

page 对象代表 JSP 本身，更准确地说，它代表 JSP 被转译后的 servlet，因此，它可以调用 servlet 类所定义的方法，不过实际上，page 对象很少在 JSP 中使用。以下是范例程序：

pageInfo.jsp

```
<%@ page info="我的信息" contentType="text/html;charset=utf-8" %>
<html>
<head>
  <title>pageInfo.jsp</title>
</head>
<body>
<h2>page 隐含对象</h2>
Page Info = <%= ((javax.servlet.jsp.HttpJspPage)page).getServletInfo() %>
</body>
</html>
```

这个例子中，我们先设定 page 指令的 info 属性为“我的信息”，page 对象的类型为 java.lang.Object，我们调用 javax.servlet.jsp.HttpJspPage 中 getServletInfo()的方法，将 Info 打印出来，执行结果如图 9-9 所示。

图 9－9　pageInfo.jsp 的执行结果

9.7.2　config 对象

config 对象里存放着一些 servlet 初始的数据结构，config 对象和 page 对象一样都很少被用到。config 对象实现于 javax.servlet.ServletConfig 接口，它共有下列四种方法：

```
public String getInitParameter(name)
public java.util.Enumeration getInitParameterNames()
public ServletContext getServletContext()
public Sring getServletName()
```

上述前两种方法可以让 config 对象取得 servlet 初始参数值，如果此数值不存在，就传回 null。例如：当我们在 web.xml 中设定如下时：

```
<? xml version="1.0" encoding="utf-8"? >
<web-app xmlns="http://java.sun.com/xml/ns/j2ee"
    xmlns:xsi="http://www.w3.org/2001/XMLSchema-instance"
    xsi:schemaLocation="http://java.sun.com/xml/ns/j2ee/web-app_2_4.xsd"
    version="2.4">
<servlet>
<servlet-name>ServletConfigurator</servlet-name>
<servlet-class>com.itany.servlet.ServletConfigurator</servlet-class>
<init-param>
    <param-name>propertyFile</param-name>
    <param-value>WEB-INF/classes/Proxool.properties</param-value>
</init-param>
<load-on-startup>1</load-on-startup>
</servlet>
```

</web－app>

那么我们就可以直接使用 config.getInitParameter("propertyFile")来取得名称为 propertyFile、其值为 WEB－INF/classes/Proxool.properties 的参数。如下范例：

```
String propertyFile = (String)config.getInitParameter("propertyFile");
```

第 10 章 JSP 的会话跟踪机制

10.1 session

理解 session 对象的几个主要关键点是：

- HTTP 是无状态(stateless)协议；
- Web Server 对每一个客户端请求都没有历史记忆；
- session 用来保存客户端状态信息；
- 由 Web Server 写入，存于客户端；
- 客户端的每次访问都把上次的 session 记录传递给 Web Server；
- Web Server 读取客户端提交的 session 来获取客户端的状态信息。

理解 session 对象的方法：

- 获取属性的值：getAttribute (String name)
- 设置 session 的属性值：setAttribute(Stringname, Objectvalue)
- 设置 session 的创建时间：long getCreationTime()
- 获取最大活动时间：int getMaxInactiveInterval()
- 获取最后访问时间：long getLastAccessedTime()
- 注销 session：invalidate()
- 移除 session 中的属性值：removeAttribute (Stringname)

实例：看当前的登录名和密码是否跟 session 中保存的登录名和密码相同，如果相同则返回成功页面，否则返回失败页面。

login.jsp：

```
<%@ page language="java" contentType="text/html; charset=UTF-8"
    pageEncoding="UTF-8"%>
<html>
<head>
<title>登录页面</title>
</head>
<body>
<form action="sessiontest.jsp" method="post" name="form1">
username:<input type="text" name="name"/><br/>
pass:<input type="password" name="pass"/><br/>
<input type="submit" value="提交"/>
```

```
</form>
</body>
</html>
```

sessiontest.jsp：

```
<%@ page language="java" contentType="text/html; charset=UTF-8"
    pageEncoding="UTF-8"%>
<html>
<head>
<title>Insert title here</title>
</head>
<body>
<%
   //先将需要的用户名和密码保存到 session 中
   session.setAttribute("username","abc");
   session.setAttribute("pass","123");
   //获取表单中提交的用户名和密码
   String username = request.getParameter("name");
   String pass = request.getParameter("pass");
   //比较看是否与 session 中的值一致
   if(username.equals((String)session.getAttribute("username"))
       &&pass.equals((String)session.getAttribute("pass"))){
       //返回登录成功页面
       request.getRequestDispatcher("success.jsp").forward(request,response);
       }else{
       //返回登录页面
       response.sendRedirect("login.jsp");
       }

%>
</body>
</html>
```

success.jsp：

```
<%@ page language="java" contentType="text/html; charset=UTF-8"
    pageEncoding="UTF-8"%>
<html>
<head>
<title>Insert title here</title>
</head>
<body>
```

登录成功页面
</body>
</html>

在浏览器的 url 中输入地址：http://localhost:8080/test/login.jsp，得到如图 10－1 所示页面。

图 10－1　login.jsp 页面执行结果

输入用户名和密码后，单击"提交"按钮，如果是正确的用户名和密码，则返回图 10－2 所示页面。

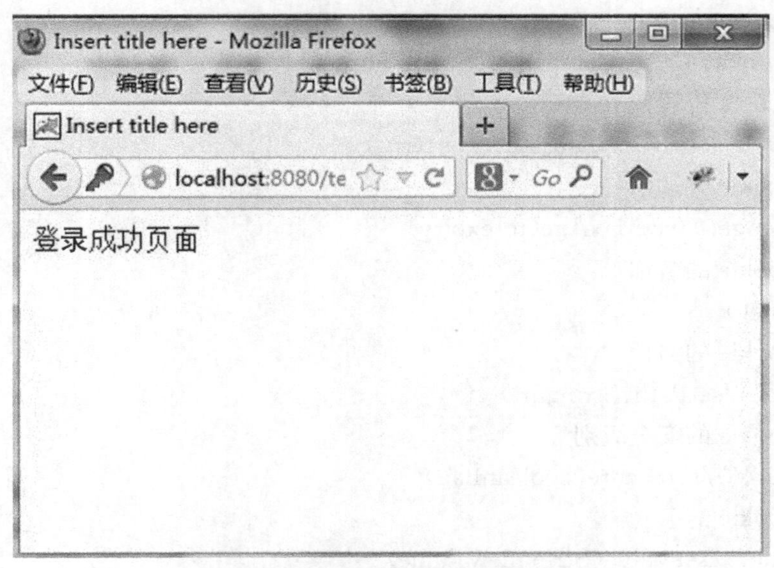

图 10－2　页面执行结果

否则返回原先的登录页面，如图 10－1 所示。

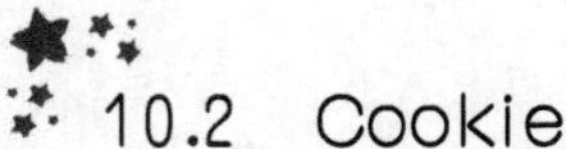

10.2 Cookie

Cookie 是什么？

Cookie 是服务器上根据用户浏览器识别用户并记录一些相关信息的组件，例如：

- 网站能够精确地知道有多少人浏览过；
- 测定多少人访问过；
- 测定访问者有多少是新用户(即第一次来访)，多少是老用户；
- 测定一个用户多久访问一次网站；
- 网站保存用户的设置，按照用户的喜好定制网页外观。

Cookie 同时标注用户和浏览器，有一条极为短小的信息，能够被网站自动地放置在一台电脑的硬盘中。通过 Cookie，网站可以识别你是第一次访问，或是又一次访问它。在你浏览某些网站的时，网站的程序会在你不知不自觉中将一个小的 Cookie(作为一个文本文件)存储在你的硬盘中。

使用 Cookie

Cookie 存放在客户端，首先要建立一个 Cookie，然后设置其属性，再通过 response 对象的 addCookie()方法将其放入客户端，获取 Cookie 对象可用 request 对象的 getCookies()方法。

创建 Cookie

Cookie(String cookiename,String cookievalue)

不能用：空白字符、[]、()、=、,、“、/、?、@、:

设置与读取 Cookie 属性

- 设置 Cookie 内容
  getComments()/setComments(String purpose)
- 设置 Cookie 位置
  getDomain()/setDomain(Stringpattern)
- 设置 Cookie 有效期
  getMaxAge()/setMaxAge(intexpiry)
- 设置 Cookie 的名称
  getName()
- 设置 Cookie 的路径
  getPath()/setPath(Stringuri)
- 设置 Cookie 的安全级别
  getSecure()/setSecure(booleanflag)
- 设置 Cookie 的值
  getValue()/setValue(StringnewValue)
- 设置 Cookie 的版本信息
  getVersion ()/setVersion(intv)

Cookie 操作

将 Cookie 加入 HTTP 头：

```
Cookie usernameCookie=new Cookie("username","dzycsai");
response.addCookie(usernameCookie);
```

读取 Cookie

- getCookies()
- getName()
- getValue()

案例：

设置 cookie：setCookies.jsp

```
<%@ page language="java" contentType="text/html; charset=UTF-8"
    pageEncoding="UTF-8"%>
<html>
<head>
<title>设置 cookies</title>
</head>
<body>
<%
    for(int i=0;i<3;i++){
      //创建 cookie 对象
      Cookie cookie = new Cookie("cookie-n-"+i,"cookie-v-"+i);
      //保存 cookie
      response.addCookie(cookie);
      //创建一个有时效的 cookie
      cookie = new Cookie("cookie-p-"+i,"cookie-pv-"+i);
      //设置有效时间为 1 小时
      cookie.setMaxAge(3600);
      //保存 cookie
      response.addCookie(cookie);
      }
%>
</body>
</html>
```

运行完该页面后会在浏览器中设置 6 个 Cookie 对象及一个 sessionid 对象，在 Firefox 浏览器的菜单栏：工具－选项－隐私，单击“显示 Cookies”按钮，得到结果如图 10－3 所示。

图 10-3　管理 Cookies

也可以编写一个页面：showCookies.jsp，将浏览器的这 7 个 Cookie 对象依次读出，如图 10-4 所示。

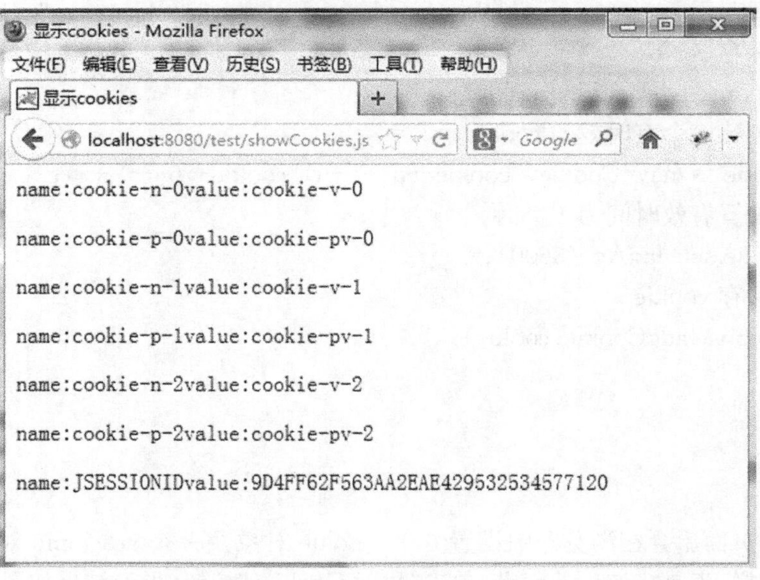

图 10-4　Cookie 页面执行结果

10.3　JSP 指令

在一个 JSP 页面中，主要分为三种元素：编译指令、动作指令和 JSP 代码。

编译指令告诉 JSP 的解释引擎(比如：Tomcat)，需要在编译时做什么动作，比如引入一个其他的类动作指令 JSP 页面的使用什么语言编码等。

动作指令(操作指令)则是在 JSP 页面被请求时，动态执行的，比如可以根据某个条件动态跳转到另外一个页面。

JSP 代码指的就是我们自己嵌入在 JSP 页面中的 Java 代码，这又分为两种：第一种是 JSP 页面中一些变量和方法的声明，在声明时，使用"＜！％"和"％＞"标记。另外一种，就是常用到的用"＜％"和"％＞"包含的 JSP 代码块。

10.3.1　page 指令

page 指令是针对当前页面的指令。page 指令由"＜％@"和"％＞"字符串构成的标记符来指定。在标记符中是代码体，包括指令的类型和值。例如：＜％@page import＝"java.sql. * "％＞指令告诉 JSP 容器将 java.sql 包中的所有类都引入当前的 JSP 页面。

常用的 page 指令属性有 8 个：language、extends、import、errorPage、isErrorPage、contentType、isThreadSafe 和 session。

language 设置 JSP 页面中用到的语言，默认值为"Java"，也是目前唯一有效的设定值。使用的语法是：＜％@ page language＝"java"％＞。

import 设置目前 JSP 页面中要用到的 Java 类，这些 Java 类可能是 Sun JDK 中的类，也有可能是程序员自己定义的类。例如：＜％@page import＝"java.sql. * ,java.util. * "％＞。有些类在默认情况下已经被加入到当前 JSP 页面，而不需要特殊声明，包括四个类：java.lang. * ;java.servlet. * ;java.servlet.jsp. * 和 java.servlet.http. * 。

extends 设定目前 JSP 页面要继承的父类。一般情况下不需要进行设置。在默认情况下，JSP 页面的默认父类是 HttpJspBase。例如：当前 JSP 页面要继承 mypackage 包下的 myclass 类，相应的声明语句为："＜％@ page extends＝"mypackage.myclass"％＞"。

errorPage 用来设定当 JSP 页面出现异常(Exception)时，所要转向的页面。如果没有设定，则 JSP 容器会用默认的当前网页来显示出错信息。例如："＜％@page errorPage＝"/error/error_page.jsp"％＞"

isErrorPage 用来设定当前的 JSP 页面是否作为传回错误页面的网页，默认值是"false"。如果设定为"true"，则 JSP 容器会在当前的页面中生成一个 exception 对象。

contentType 这个属性用来设定传回网页的文件格式和编码方式，一般使用 "text/html;charset＝utf－8"。

isThreadSafe 定义 JSP 容器执行 JSP 程序的方式，默认值为"true"，代表 JSP 容器会以多线程方式运行 JSP 页面。当设定值为"false"时，JSP 容器会以单线程方式运行 JSP 页面。

session 定义当前 JSP 页面中是否要用到 session，默认值为"true"。

10.3.2　include 指令

include 指令用来指定怎样把另一个文件包含到当前的 JSP 页面中，这个文件可以是普通的文本文件，也可以是一个 JSP 页面。例如："<%@ include file = "login.jsp"%>"。采用 include 指令，可以实现 JSP 页面的模块化，使 JSP 的开发和维护变得非常简单。

实例：include.jsp，该页面包含了前面讲到的登录页面：

```
<%@ page language="java" contentType="text/html; charset=UTF-8"
    pageEncoding="UTF-8"%>
<%@ include file="login.jsp" %>
<html>
<head>
  <title>Include.jsp</title>
</head>
<body>
<h2>include 指令</h2>
<%
   out.println("欢迎大家进入 JSP 的世界");
%>
</body>
</html>
```

启动 Tomcat 服务器后在浏览器的地址栏输入地址：http://localhost:8080/test/include.jsp 得到页面结果如图 10-5 所示。

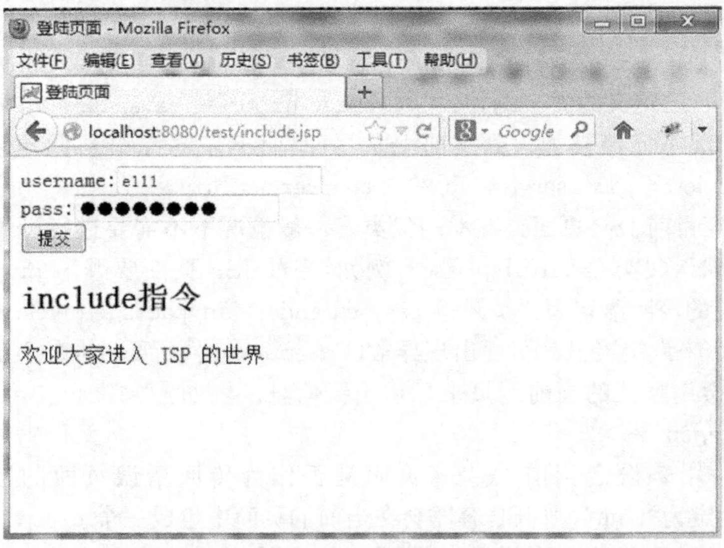

图 10-5　include.jsp 页面执行结果

第 11 章　JSP 标准动作

JSP 编译指令是让 JSP 容器自动采取的动作，但对于 Web 开发人员，有些时候想要自己控制 JSP 页面的运行，这时可以采用 JSP 中的操作指令。这些操作指令就是指 JSP 标准动作。

主要有以下标准动作：

<jsp：useBean> 标记

<jsp：getProperty> 标记

<jsp：setProperty> 标记

<jsp：forward> 标记

<jsp：include> 标记

JSP 标准动作的作用：

实例化对象；

与服务器端资源进行通信；

提高组件的可重用性，增强应用的可维护性；

使 JSP 页面可与 JavaBean 对象进行交互；

通过标记库定义自定义标记。

JSP 标准动作的语法：

JSP 动作标记遵循 XML 语言的语法；

具有一个名称；

具有前缀 jsp；

用一对尖括号(< 和 >)括起来；

在尖括号内定义标记。

11.1　JSP Bean 标记

与 JavaBean 交互的三个标记

- <jsp:useBean>
- <jsp:getProperty>
- <jsp:setProperty>
- <jsp:useBean>

创建一个 Bean 实例并指定它的名字和作用范围。语法格式如下：

<jsp:useBean id="bean name" scope="page | request | session | application" class="class name" />

或者

<jsp:useBean id="bean name" scope="page | request | session | application" class="class name ">

初始化代码：

</jsp:useBean>

设置 Bean 的属性值语法格式如下：

```
<jsp:setProperty name="beanInstanceName"
{
property= " * " ? |
property="propertyName" [ param="parameterName" ] ? |
property="propertyName" value="{string | <%= expression %>}"
}
/>
```

name="beanInstanceName" 表示已经在"<jsp:useBean>"中创建的 Bean 实例的名字。

property=" * " 储存用户在 jsp 输入的所有值，用于匹配 Bean 中的属性。

property="propertyName" [param="parameterName"]

用一个参数值来指定 Bean 中的一个属性值，一般情况下是从 request 对象中获得的。其中 property 指定 Bean 的属性名，param 指定 request 中的参数名。

property="propertyName" value="{string | <%= expression %>}" 使用指定的值来设定 Bean 属性。这个值可以是字符串，也可以是表达式。如果这个字符串，那么它就会被转换成 Bean 属性的类型。如果是一个表达式，那么它的类型就必须和将要设定的属性值的类型一致。

如果参数值为空值，那么对应的属性值也不会被设定。此外，不能在同一个"<jsp:setProperty>"中同时使用 param 和 value 参数。

举例：

```
<jsp:useBean id="cart" scope="session" class="session.carts" />
<jsp:setProperty name="cart" property=" * " />
<jsp:useBean id="checking" scope="session" class="bank.checking" >
<jsp:setProperty name="checking" property="balance" value="0.0" />
</jsp:useBean>
```

11.2 jsp:include 指令

jsp:include 标准动作用于在当前的 JSP 页面中加入静态和动态的资源。

语法格式为：

<jsp:include page="test.htm"/>

jsp:include 指令必须以"/"结束，功能和 include 指令大致相同。

区别：

- include(操作指令)：编译时包括，形成一个整体。
- include(动作)：运行时包括。

举例：

```
<jsp:include page="scripts/login.jsp" />
<jsp:include page="copyright.html" />
<jsp:include page="/index.html" />
<jsp:include page="scripts/login.jsp">
<jsp:param name="username" value="jsmith" />
</jsp:include>
```

11.3 jsp:forward 动作指令

jsp:forward 动作指令用于把当前的 JSP 页面转发到另一个页面上。

基本语法：

```
<jsp:forward page="test2.jsp"/>
```

使用该功能时，浏览器的地址栏中地址不会发生任何变化。

jsp:param 指令

使用 jsp:param 操作指令可以在执行 jsp 动作指令 forward 操作动作时，追加参数，以动作指令字/值的方式进行传递。

jsp:param 操作指令以标记"<jsp:param>"开始，以"/>"结束。

比如：<jsp:param name="oper" value="add"/>。

可以将 jsp:forward 操作指令和 jsp:param 操作指令结合到一起来使用。

举例：

```
<jsp:forward page="/servlet/login" />
<jsp:forward page="/servlet/login">
<jsp:param name="username" value="jsmith" />
</jsp:forward>
```

11.4 jsp:plugin 指令

使用"<jsp:plugin>"插入一个 applet 或 Bean，必要的话还要下载一个 Java 插件用于执行它。语法格式如下：

```
<jsp:plugin
type="bean | applet"
code="classFileName"
codebase="classFileDirectoryName"
```

```
[ <jsp:params>
[ <jsp:param name="parameterName"
value="{parameterValue | <%= expression %>}" /> ]+
? </jsp:params> ]
? [ <jsp:fallback> text message for user </jsp:fallback> ]
</jsp:plugin>
```

举例：

```
<jsp:plugin type=applet code="Molecule.class" codebase="/html">
<jsp:params>
<jsp:param name="molecule" value="molecules/benzene.mol" />
</jsp:params>
<jsp:fallback>
<p>Unable to load applet</p>
</jsp:fallback>
</jsp:plugin>
```

描述：

<jsp:plugin>元素用于在浏览器中播放或显示一个对象(典型的就是 applet 和 Bean)，而这种显示需要在浏览器的 Java 插件。

当 JSP 文件被编译，送往浏览器时，<jsp:plugin>元素将会根据浏览器的版本替换成<object>或者<embed>元素。注意，<object>用于 HTML 4.0，<embed>用于 HTML 3.2.

一般来说，<jsp:plugin>元素会指定对象是 Applet 还是 Bean，同样也会指定 class 的名字，还有位置，另外还会指定将从哪里下载这个 Java 插件。具体如下：

属性

1:type="bean | applet"

将被执行的插件对象的类型，你必须得指定这个是 Bean 还是 applet，因为这个属性没有缺省值。

2:code="classFileName"

将会被 Java 插件执行的 Java Class 的名字，必须以.class 结尾。这个文件必须存在于 codebase 属性指定的目录中。

3:codebase="classFileDirectoryName"

将会被执行的 Java Class 文件的目录(或者是路径)，如果你没有提供此属性，那么使用<jsp:plugin>的 JSP 文件的目录将会被使用。

4:name="instanceName"

这个 Bean 或 applet 实例的名字，它将会在 JSP 其他的地方调用。

5:archive="URIToArchive, ..."

一些由逗号分开的路径名，这些路径名用于预装一些将要使用的 class，这会提高 applet 的性能。

6：align＝"bottom | top | middle | left | right"

图形，对象，Applet 的位置，有以下值：

bottom

top

middle

left

right

height＝"displayPixels" width＝"displayPixels"

applet 或 Bean 将要显示的长宽的值，此值为数字，单位为像素。

7：hspace＝"leftRightPixels" vspace＝"topBottomPixels"

applet 或 Bean 显示时在屏幕的左右、上下所需留下的空间，单位为像素。

8：jreversion＝"JREVersionNumber | 1.1"

applet 或 Bean 运行所需的 Java Runtime Environment (JRE) 的版本。缺省值是 1.1。

9：nspluginurl＝"URLToPlugin"

Netscape Navigator 用户能够使用的 JRE 的下载地址，此值为一个标准的 URL，如 http://www.aspcn.com/jsp

10：iepluginurl＝"URLToPlugin"

IE 用户能够使用的 JRE 的下载地址，此值为一个标准的 URL，如 http://www.itany.com/jsp

11：<jsp:params> [<jsp:param name＝"parameterName"

value＝"{parameterValue | <%＝ expression %>}" />]

</jsp:params>

你需要向 applet 或 Bean 传送的参数或参数值。

12：<jsp:fallback> text message for user </jsp:fallback>

一段文字用于 Java。

插件不能启动时显示给用户的，如果插件能够启动而 applet 或 Bean 不能，那么浏览器会有一个出错信息弹出。

第12章 EL表达式

12.1 基本语法

EL 全名为 Expression Language。

EL 语法很简单,它最大的特点就是使用很方便。接下来介绍 EL 主要的语法结构:

${sessionScope.user.sex}

所有 EL 都是以 ${ 为起始、以 } 为结尾的。上述 EL 范例的意思是:从 Session 的范围中,取得用户的性别。假若依照之前 JSP Scriptlet 的写法如下:

```
User user = (User)session.getAttribute("user");
String sex = user.getSex();
```

两者相比较之下,可以发现 EL 的语法比传统 JSP Scriptlet 更为方便、简洁。

12.2 .与[]运算符

EL 提供 . 和 [] 两种运算符来导航数据。下列两者所代表的意思是一样的:

${sessionScope.user.sex}等于 ${sessionScope.user["sex"]}

. 和 [] 也可以同时混合使用,如下:

${sessionScope.shoppingCart[0].price}

回传结果为 shoppingCart 中第一项物品的价格。

不过,以下两种情况,两者会有差异:

(1) 当要存取的属性名称中包含一些特殊字符,如. 或一等并非字母或数字的符号,就一定要使用 [],例如:${user.My-Name }。

上述是不正确的方式,应当改为:${user["My-Name"] }。

(2) 我们来考虑下列情况:

${sessionScope.user[data]}

此时,data 是一个变量,假若 data 的值为"sex"时,那上述的例子等于 ${sessionScope.user.sex};假若 data 的值为"name"时,它就等于 ${sessionScope.user.name}。因此,如果要动态取值时,就可以用上述的方法来做,但是无法做到动态取值。

12.3 EL变量

EL存取变量数据的方法很简单,例如:${username}。它的意思是取出某一范围中名称为username的变量。因为我们并没有指定哪一个范围的username,所以它的默认值会先从page范围找,假如找不到,再依序到request、session、application范围找(表12-1)。假如途中找到username,就直接回传,不再继续找下去,但是假如全部的范围都没有找到时,就回传null,当然EL表达式还会做出优化,页面上显示空白,而不是打印输出null。

表12-1 属性范围

属性范围(JSTL名称)	EL中的名称
page	pageScope
request	requestScope
session	sessionScope
application	applicationScope

我们也可以指定要取出哪一个范围的变量(表12-2)。

表12-2 指定取出范围的范例

范 例	说 明
${pageScope.username}	取出page范围的username变量
${requestScope.username}	取出request范围的username变量
${sessionScope.username}	取出session范围的username变量
${applicationScope.username}	取出application范围的username变量

其中,pageScope、requestScope、sessionScope和applicationScope都是EL的隐含对象,由它们的名称可以很容易猜出它们所代表的意思,例如:${sessionScope.username}是取出session范围的username变量。这种写法比之前JSP的写法(String username = (String) session.getAttribute("username");)容易、简洁许多。

12.4 自动转变类型

EL除了提供方便存取变量的语法之外,它另外一个方便的功能就是:自动转变类型,我们来看下面这个范例:

${param.count + 20}

假若窗体传来count的值为10时,那么上面的结果为30。之前没接触过JSP的学员可能会认为上面的例子是理所当然的,但是在JSP 1.2之中不能这样做,原因是从窗体所传来的值,它们的类型一律是String,所以当你接收之后,必须再将它转为其他类型,如:int、float

等，然后才能执行一些数学运算，下面是之前的做法：

```
String str_count = request.getParameter("count");
int count = Integer.parseInt(str_count);
count = count + 20;
```

所以，注意不要和 Java 的语法（当字符串和数字用“+”连接时会把数字转换为字符串）搞混淆。

12.5 内置对象及其应用

12.5.1 EL 隐含对象

JSP 有 9 个隐含对象，而 EL 也有自己的隐含对象。EL 隐含对象总共有 11 个（表 12-3）。

表 12-3 EL 的 11 个隐含对象

隐含对象	类 型	说 明
pageContext	javax.servlet.ServletContext	表示此 JSP 的 pageContext
pageScope	java.util.Map	取得 page 范围的属性名称所对应的值
requestScope	java.util.Map	取得 request 范围的属性名称所对应的值
sessionScope	java.util.Map	取得 session 范围的属性名称所对应的值
applicationScope	java.util.Map	取得 application 范围的属性名称所对应的值
param	java.util.Map	如同 ServletRequest.getParameter(String name)。回传 String 类型的值
paramValues	java.util.Map	如同 ServletRequest.getParameterValues(String name)。回传 String[]类型的值
header	java.util.Map	如同 ServletRequest.getHeader(String name)。回传 String 类型的值
headerValues	java.util.Map	如同 ServletRequest.getHeaders(String name)。回传 String[]类型的值
cookie	java.util.Map	如同 HttpServletRequest.getCookies()
initParam	java.util.Map	如同 ServletContext.getInitParameter(String name)。回传 String 类型的值

不过有一点要注意的是，如果你要用 EL 输出一个常量的话，字符串要加双引号，不然的话 EL 会默认把你认为的常量当做一个变量来处理，这时如果这个变量在 4 个声明范围不存在的话会输出空，如果存在则输出该变量的值。

12.5.2 属性(Attribute)与范围(Scope)

与范围有关的 EL 隐含对象包含以下四个：pageScope、requestScope、sessionScope 和 applicationScope，它们基本上就和 JSP 的 pageContext、request、session 和 application 一样，所以在这里只稍略说明。不过必须注意的是，这四个隐含对象只能用来取得范围属性值，即

JSP 中的 getAttribute(String name),却不能取得其他相关信息,例如:JSP 中的 request 对象除可以存取属性之外,还可以取得用户的请求参数或表头信息等。但是在 EL 中,它就只能单纯用来取得对应范围的属性值,例如:我们要在 session 中储存一个属性,它的名称为 username,在 JSP 中使用 session.getAttribute("username")来取得 username 的值,但是在 EL 中,则是使用 ${sessionScope.username}来取得其值的。

12.5.3 Cookie

所谓的 Cookie 是一个小小的文本文件,它是以 key、value 的方式将 Session Tracking 的内容记录在这个文本文件内,这个文本文件通常存在于浏览器的暂存区内。JSTL 并没有提供设定 Cookie 的动作,因为这个动作通常都是后端开发者必须去做的事情,而不是交给前端的开发者。假若我们在 cookie 中设定一个名称为 userCountry 的值,那么可以使用 ${cookie.userCountry}来取得它。

12.5.4 header 和 headerValues

header 储存用户浏览器和服务端用来沟通的数据,当用户要求服务端的网页时,会送出一个记载要求信息的标头文件,例如:用户浏览器的版本、用户计算机所设定的区域等其他相关数据。假若要取得用户浏览器的版本,即 ${header["User-Agent"]}。另外在鲜少机会下,有可能同一标头名称拥有不同的值,此时必须改为使用 headerValues 来取得这些值。

注意:因为 User-Agent 中包含"-"这个特殊字符,所以必须使用"[]",而不能写成 $(header.User-Agent)。

12.5.5 initParam

就像其他属性一样,我们可以自行设定 Web 站台的环境参数(Context),当我们想取得这些参数 initParam,就像其他属性一样,我们可以自行设定 web 站台的环境参数(Context)。

```
<? xml version="1.0" encoding="utf-8"? >
<web-app xmlns="http://java.sun.com/xml/ns/j2ee"
xmlns:xsi="http://www.w3.org/2001/XMLSchema-instance"
xsi:schemaLocation="http://java.sun.com/xml/ns/j2ee/web-app_2_4.xsd"
version="2.4">:
<context-param>
<param-name>userid</param-name>
<param-value>mike</param-value>
</context-param>:
</web-app>
```

当我们想取得这些参数。那么我们就可以直接使用 ${initParam.userid}来取得名称为 userid,其值为 mike 的参数。下面是之前的做法:String userid = (String)application.getInitParameter("userid");

12.5.6 param 和 paramValues

在取得用户参数时通常使用一下方法:

```
request.getParameter(String name)
request.getParameterValues(String name)
```

在 EL 中则可以使用 param 和 paramValues 两者来取得数据。

${param.name}

${paramValues.name}

这里 param 的功能和 request.getParameter(String name)相同，而 paramValues 和 request.getParameterValues(String name)相同。如果用户填了一个表格，表格名称为 username，则我们就可以使用${param.username}来取得用户填入的值。

看到这里，大家应该很明确 EL 表达式只能通过内置对象取值，也就是只读操作，如果想进行写操作的话就让后台代码去完成，毕竟 EL 表达式仅仅是视图上的输出标签罢了。

12.5.7 pageContext

我们可以使用 ${pageContext}来取得其他有关用户要求或页面的详细信息。表 12-4 列出了几个比较常用的部分。

表 12-4 取得常用的有关用户要求或页面的信息

Expression	说　明
${pageContext.request.queryString}	取得请求的参数字符串
${pageContext.request.requestURL}	取得请求的 URL，但不包括请求之参数字符串，即 servlet 的 HTTP 地址
${pageContext.request.contextPath}	服务的 web application 的名称
${pageContext.request.method}	取得 HTTP 的方法(GET、POST)
${pageContext.request.protocol}	取得使用的协议(HTTP/1.1、HTTP/1.0)
${pageContext.request.remoteUser}	取得用户名称
${pageContext.request.remoteAddr}	取得用户的 IP 地址
${pageContext.session.new}	判断 session 是否为新的，所谓新的 session，表示刚由 server 产生而 client 尚未使用
${pageContext.session.id}	取得 session 的 ID
${pageContext.servletContext.serverInfo}	取得主机端的服务信息

这个对象可有效地改善代码的硬编码问题，如页面中有一 A 标签链接访问一个 servlet，如果写死了该 servlet 的 http 地址，那么如果当该 servlet 的 servlet—mapping 改变的时候必须要修改源代码，这样维护性会大打折扣。

12.6 运算符及其应用

12.6.1 EL 算术运算

表达式语言支持的算术运算符和逻辑运算符非常多，所有在 Java 语言里支持的算术运算符，表达式语言都可以使用；甚至 Java 语言不支持的一些算术运算符和逻辑运算符，表达式语言也支持。

代码示例:**el.jsp**

```
<%@ page contentType="text/html; charset=utf-8"%>
<html>
<head>
<title>表达式语言 - 算术运算符</title>
</head>
<body>
<h2>表达式语言 - 算术运算符</h2>
<hr>
<table border="1" bgcolor="aaaadd">
<tr>
<td><b>表达式语言</b></td>
<td><b>计算结果</b></td>
</tr>
<! -- 直接输出常量 -->
<tr>
<td>\${1}</td>
<td>${1}</td>
</tr>
<! -- 计算加法 -->
<tr>
<td>\${1.2 + 2.3}</td>
<td>${1.2 + 2.3}</td>
</tr>
<! -- 计算加法 -->
<tr>
<td>\${1.2E4 + 1.4}</td>
<td>${1.2E4 + 1.4}</td>
</tr>
<! -- 计算减法 -->
<tr>
<td>\${-4 - 2}</td>
<td>${-4 - 2}</td>
</tr>
<! -- 计算乘法 -->
<tr>
<td>\${21 * 2}</td>
<td>${21 * 2}</td>
</tr>
```

```
<!-- 计算除法 -->
<tr>
<td>\${3/4}</td>
<td>${3/4}</td>
</tr>
<!-- 计算除法 -->
<tr>
<td>\${3 div 4}</td>
<td>${3 div 4}</td>
</tr>
<!-- 计算除法 -->
<tr>
<td>\${3/0}</td>
<td>${3/0}</td>
</tr>
<!-- 计算求余 -->
<tr>
<td>\${10%4}</td>
<td>${10%4}</td>
</tr>
<!-- 计算求余 -->
<tr>
<td>\${10 mod 4}</td>
<td>${10 mod 4}</td>
</tr>
<!-- 计算三目运算符 -->
<tr>
<td>\${(1==2) ? 3 : 4}</td>
<td>${(1==2) ? 3 : 4}</td>
</tr>
</table>
</body>
</html>
```

该页面运行结果如图 12-1 所示。

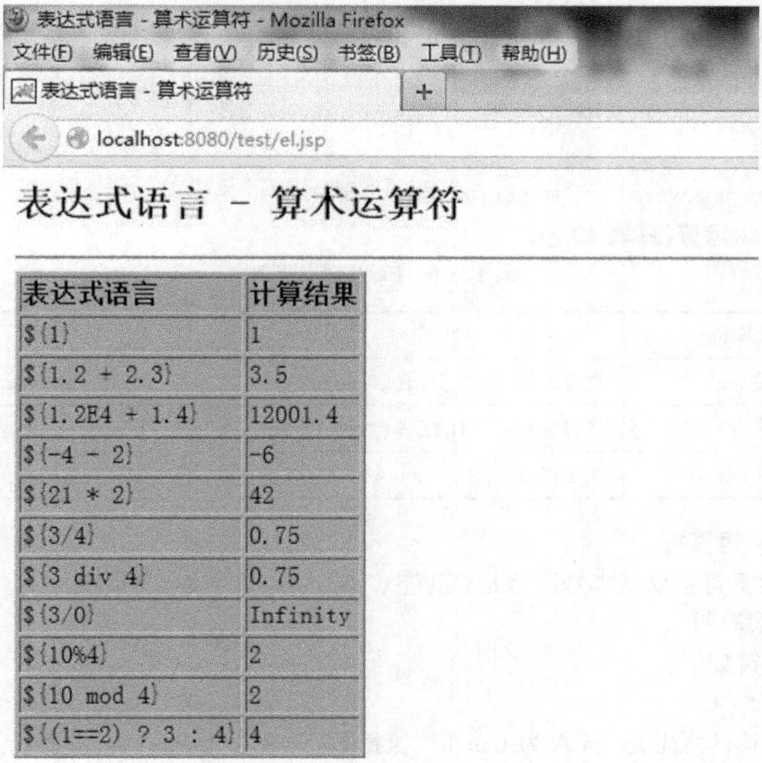

表达式语言 - 算术运算符 - Mozilla Firefox

文件(F)　编辑(E)　查看(V)　历史(S)　书签(B)　工具(T)　帮助(H)

表达式语言 - 算术运算符

localhost:8080/test/el.jsp

表达式语言 - 算术运算符

表达式语言	计算结果
${1}	1
${1.2 + 2.3}	3.5
${1.2E4 + 1.4}	12001.4
${-4 - 2}	-6
${21 * 2}	42
${3/4}	0.75
${3 div 4}	0.75
${3/0}	Infinity
${10%4}	2
${10 mod 4}	2
${(1==2) ? 3 : 4}	4

图 12 - 1　el.jsp 页面执行结果

上面页面中示范了表达式语言所支持的加、减、乘、除、求余等算术运算符的功能，读者可能也发现了表达式语言还支持 div、mod 等运算符。而且表达式语言把所有数值都当成浮点数处理，所以 3/0 的实质是 3.0/0.0，得到结果应该是 Infinity。

如果需要在支持表达式语言的页面中正常输出"＄"符号，则在"＄"符号前加转义字符"\"，否则系统以为"＄"是表达式语言的特殊标记。

12.6.2　EL 关系运算符(表 12 - 5)

表 12 - 5　EL 关系运算符

关系运算符	说　明	范　例	结　果
== 或 eq	等于	＄{5==5}或＄{5eq5}	true
! = 或 ne	不等于	＄{5! =5}或＄{5ne5}	false
< 或 lt	小于	＄{3<5}或＄{3lt5}	true
> 或 gt	大于	＄{3>5}或{3gt5}	false
<= 或 le	小于等于	＄{3<=5}或＄{3le5}	true
>= 或 ge	大于等于	5}或＄{3ge5}	false

表达式语言不仅可在数字与数字之间比较，还可在字符与字符之间比较，字符串的比较是根据其对应 Unicode 值来比较大小的。

注意：在使用 EL 关系运算符时，不能够写成：

${param.password1} = = ${param.password2}

或者

${ ${param.password1 } = = ${ param.password2 } }

而应写成

${ param.password1 = = param.password2 }

12.6.3 EL 逻辑运算符(表 12-6)

表 12-6 EL 逻辑运算符

逻辑运算符	范　例	结　果
&& 或 and	交集${A && B}或${A and B}	true/false
||或 or	并集${A \|\| B}或${A or B}	true/false
! 或 not	非${! A }或${not A}	true/false

12.6.4 Empty 运算符

Empty 运算符主要用来判断值是否为空(NULL，空字符串，空集合)。

12.6.5 条件运算符

条件运算符如下：

${ A ? B : C}

运算符表达的意思是，当 A 为 true 时，执行 B；而当 A 为 false 时，则执行 C。

第 13 章　JSTL 标签

13.1　JSTL 简单介绍

在 JSTL1.1.2 中有以下这些标签库是被支持的：Core 标签库、XML processing 标签库、I18N formatting 标签库、Database access 标签库、Functions 标签库。对应的标识符见表 13－1 所示。

表 13－1　标签库对应的标识符

标签库	URI	前　缀
Core	http://java.sun.com/jsp/jstl/core	c
XML processing	http://java.sun.com/jsp/jstl/xml	x
I18N formatting	http://java.sun.com/jsp/jstl/fmt	fmt
Database access	http://java.sun.com/jsp/jstl/sql	sql
Functions	http://java.sun.com/jsp/jstl/functions	fn

代码示例：

jstl_core1.jsp

```
<%@ page contentType="text/html; charset=UTF-8"%>
<%@ taglib prefix="c" uri="http://java.sun.com/jsp/jstl/core" %>
<html>
<body>
    <c:forEach var="i" begin="1" end="10" step="1">
      ${i}
      <br />
    </c:forEach>
</body>
</html>
```

该页面执行结果如图 13－1 所示。

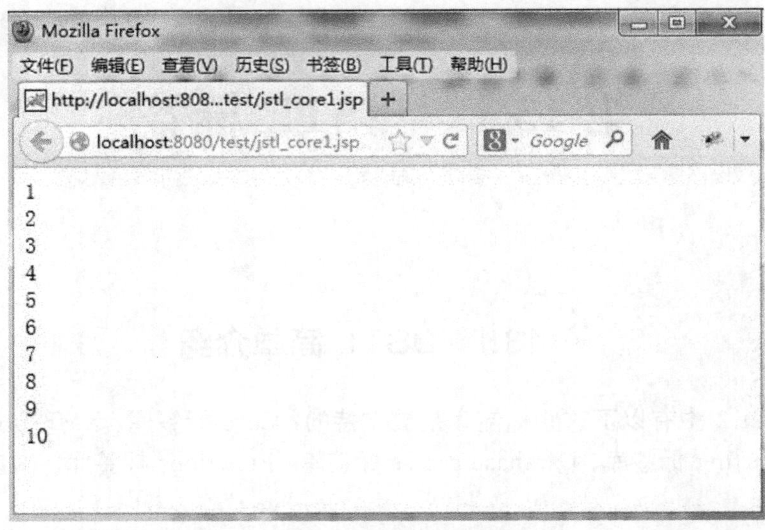

图 13－1　Jstl_core1.jsp 页面执行结果

在该示例的 JSP 页面中声明了将使用 Core 标签库，它的 URI 为 http://java.sun.com/jsp/jstl/core，前缀为"c"。之后，页面中 <c:forEach> 标签就是使用了 JSTL 的标签进行了工作。对于该标签的功能，这里暂时不作具体讲解，只是让学员能够有个简单的概念，了解怎样定义和使用标签库。

13.2　核心标签库

Core 标签库，又被称为核心标签库，该标签库的工作是对于 JSP 页面一般处理的封装。在该标签库中的标签一共有 14 个，被分为了四类，分别是：

运算式标签：<c:out>、<c:set>、<c:remove>、<c:catch>。

流程控制标签：<c:if>、<c:choose>、<c:when>、<c:otherwise>。

循环控制标签：<c:forEach>、<c:forTokens>。

URL 相关标签：<c:import>、<c:url>、<c:redirect>、<c:param>。

以下是各个标签的用途和属性以及简单示例。

13.2.1　<c:out>标签

<c:out> 标签是一个最常用的标签，用于在 JSP 中显示数据，就像是<%= scripting－language %>一样。例如：

Hello！<c:out value="${username}" />

语法 1：没有本体(body)内容

<c:out value="value" [escapeXml="{true|false}"][default="defaultValue"] />

语法 2：有本体内容

<c:out value="value" [escapeXml="{true|false}"]>

default value

</c:out>

<c:out> 标签属性和说明(表 13-2)

表 13-2　<c:out>标签属性

属　　性	描　　述
value	需要显示出来的值,可以是 EL 表达式或常量(必须)
default	当 value 为 null 时显示 default 的值(可选)
escapeXml	当设置为 true 时会主动更换特殊字符,比如"<,>,&"(可选,默认为 true)

null 和错误处理:

如果 value 为 null 时,会显示 default 的值,假设没有设定 default 值时,则显示一个空字符串。

范例代码:**jstl_core2.jsp**

```
1:<c:out value="Hello JSP 2.0 !! " /><br/>
2:<c:out value="${ 3 + 5 }" /><br/>
3:<c:out value="${ param.data }" default="No Data" /><br/>
4:<c:out value="<p>有特殊字符</p>" /><br/>
5:<c:out value="<p>有特殊字符</p>" escapeXml="false" /><br/>
```

1. 在网页上显示 Hello JSP 2.0 !!

2. 在网页上显示 8

3. 在网页上显示有表单传送过来的 data 参数值,假设没有 data 参数活着 data 参数为 null,则在网页上显示 No Data

4. 在网页上显示 <p>有特殊字符</p>

5. 在网页上显示 有特殊字符

图 13-2 为 jstl.core2.jsp 页面执行结果。

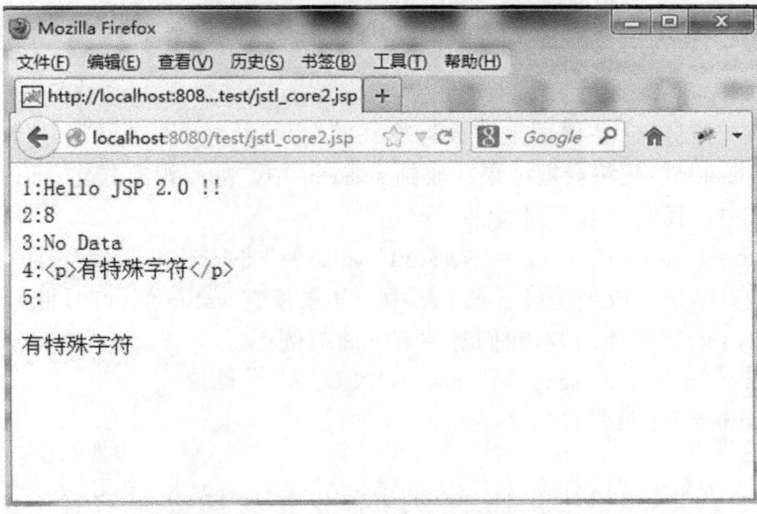

图 13-2　jstl_core2.jsp 页面执行结果

13.2.3 <c:set>标签

<c:set> 标签主要用来将变量存储到 jsp 范围中或 JavaBean 中的属性中。

语法 1:将 value 值存储到范围为 scoped 的 varName 变量中

<c:set value="value" var="varName" scope="{ page|request|session|application }"/>

语法 2:将本体内容存储到范围为 scoped 的 varName 变量中

<c:set var="varName"
scope="{ page|request|session|application }">
...本体内容
</c:set>

语法 3:将 value 值存储到 target 物件的属性中

<c:set value="value" target="target" property="propertyName" />

语法 4:将本体内容值存储到 target 物件的属性中

<c:set target="target" property="propertyName">
... 本体内容
</c:set>

<c:set> 标签属性和说明(表 13-3)

表 13-3 <c:set>标签属性和描述

属　性	描　述
value	要被存放的值,可以是 EL 表达式或常量
target	被赋值的 JavaBean 实例的名称,若存在该属性则必须存在 property 属性(可选)
property	JavaBean 实例的变量属性名称(可选)
var	被赋值的变量名(可选)
scope	变量的作用范围,若没有指定,默认为 page (可选)

说明:

使用<c:set>时,var 主要用来存放运算式的结果;scope 用来设定存储的范围,例如:假设 scope="session",则将会把结果存放到 session 中。如果没有指定 scope,则它会存储到默认的 page 中。我们考虑下列写法:

<c:set var="number" scope="session" value="${1 + 1}"/>

把 1+1 运算结果存放到变量 number 中。如果没有 value 属性时,此时的 value 值为<c:set>和</c:set>本体内容,我们看一下下面范例:

<c:set var="number" scope="session">
<c:out value="${1+1}" />
</c:set>

上面的<c:out value="${1+1}" />部分我们可以改写成 2 或是<%=1+1%>结果都会是一样。也就是说<c:set>把本体运算结果当作 value 值。

范例：

```
<c:set var="number" scope="request" value="${1 + 1}" />
<c:set var="number" scope="session" />
${3 + 5}
</c:set>
<c:set var="number" scope="request"
value="${ param.number }" />
<c:set target="User" property="name"
value="${ param.Username}" />
```

1. 将2存放到request范围的变量number中

2. 将8存放到request范围的变量number中

3. 假设${param.number}为null时，则移除request范围的number变量；若${param.number}不为null时，则将${param.number}的值存放到request范围的number变量中

4. 假设${ param.Username}为null时，则设定User的name属性为null，若${ param.Username}不为null时，则将${ param.Username}的值存入User的name属性中(setter机制)

13.2.3 <c:remove>标签

<c:remove> 标签用于删除存在于scope中的变量。

语法：

```
<c:remove var="varName"  scope="{ page|request|session|application }" />
```

<c:remove> 标签属性和说明(表13-4)

表13-4 <c:remove>标签属性和描述

属　　性	描　　述
var	需要被删除的变量名（必须）
scope	变量的作用范围，若没有指定，默认为全部查找(可选)

范例：

```
<c:remove var="sampleValue" scope="session"/>
${sessionScope.sampleValue}<br>
```

该示例将存在于Session中名为“sampleValue”的变量删除。下一句EL表达式显示该变量时，该变量已经不存在了。

13.2.4 <c:catch> 标签

<c:catch> 标签允许在JSP页面中捕捉异常。它包含一个var属性，是一个描述异常的变量，改变量可选。若没有var属性的定义，那么仅仅捕捉异常而不做任何事情，若定义了var属性，则可以利用var所定义的异常变量进行判断转发到其他页面或提示报错信息。

语法：

```
<c:catch var="varName" >
...将要抓取错误的地方
</c:catch>
```

<c:catch>标签属性和说明(表 13－5)

表 13－5 <c:catch>标签属性和描述

属　性	描　述
var	存储错误信息的变量(可选)

说明：

<c:catch>主要将可能发生错误的地方放在<c:catch>和</c:catch>之间。如果发生错误，将错误信息存放到变量 var 中。另外，当错误发生在<c:catch>和</c:catch>之间时，则只有<c:catch>和</c:catch>之间的代码会被终止忽略，整个网页不会被终止。

范例：

```
<c:catch var="err">
    ${param.sampleSingleValue[9] == 3}
</c:catch>
${err}
```

当“${param.sampleSingleValue[9] == 3}”表达式有异常时，可以从 var 属性“err”得到异常的内容，通常判断“err”是否为 null 来决定错误信息的提示。

13.2.5 <c:if> 标签

<c:if> 标签用于简单的条件语句，和我们一般在代码中的 if 一样。

语法 1：没有本体内容

```
<c:if test="testCondition" var="varName"
scope="{page|request|session|application}"/>
```

语法 2：有本体内容

```
<c:if test="testCondition" var="varName"
scope="{page|request|session|application}">
    本体内容
</c:if>
```

<c:if> 标签属性和说明(表 13－6)

表 13－6 <c:if>标签属性和描述

属　性	描　述
test	需要判断的条件(必须)
var	保存判断结果 true 或 false 的变量名，该变量可供之后的工作使用(可选)
scope	变量的作用范围，若没有指定，默认为保存于 page 范围中的变量(可选)

说明：

<c:if>标签必须有 test 属性，当 test 属性中的运算式为 true 时，会执行本体内容，若为 false，则不会执行。例如：${param.username = = 'admin'}，如果 param.username 等

于 admin 时结果为 true,否则为 false。

范例:

```
<c:if test="${param.username == 'admin'}">
ADMIN!! 你好
</c:if>
```

该示例将判断:如果为 true,则打印 ADMIN!! 你好。否则不执行本体内容。

13.2.6 <c:choose>、<c:when>、<c:otherwise>标签

这三个标签用于实现复杂条件判断语句,类似"if,else if"的条件语句。

<c:choose> 标签没有属性,可以被认为是父标签。

<c:when>、<c:otherwise> 将作为其子标签来使用。

<c:when> 标签等价于"if"语句,它包含一个 test 属性,该属性表示需要判断的条件。

<c:otherwise> 标签没有属性,它等价于"else"语句。

下面看一个复杂条件语句的示例。

```
<c:choose>
  <c:when test="${paramValues.sampleValue[2] == 11}">
          not 12 not 13,it is 11
  </c:when>
  <c:when test="${paramValues.sampleValue[2] == 12}">
         not 11 not 13,it is 12
  </c:when>
  <c:when test="${paramValues.sampleValue[2] == 13}">
        not 11 not 12,it is 13
  </c:when>
  <c:otherwise>
       not 11 、12 、13
  </c:otherwise>
</c:choose>
```

该示例将判断 request 请求提交的传入控件数组参数中,下标为"2"控件内容是否为"11"或"12"或"13",并根据判断结果显示各自的语句,若都不是则显示"not 11 、12 、13"。

13.2.7 <c:forEach>标签

<c:forEach> 为循环控制标签,可以将集合中的成员循序遍历一遍。运作方式为当条件符合时,就会重复执行<c:forEach>本体内容。

语法 1:迭代集合中说有成员

```
<c:forEach var="varName" items="collection"
varStatus="varStatusName" begin="begin"
end="end" step="step">
本体内容
</c:forEach>
```

语法 2:指定迭代次数

```
<c:forEach var="varName" items="collection"
varStatus="varStatusName" begin="begin"
end="end" step="step">
```

<c:forEach> 标签属性和说明(表 13-7)

表 13-7 <c:forEach> 标签属性和描述

属　性	描　述
items	进行循环的集合(可选)
begin	开始位置(可选)有时必须大于等于 0
end	结束位置(可选)有时必须大于 begin
step	循环的步长(可选)有时必须大于等于 0
var	做循环的对象变量名,若存在 items 属性,则表示循环集合中对象的变量名(可选)
varStatus	显示循环状态的变量(可选)

范例:**jstl_core3.jsp**

```
<%ArrayList arrayList = new ArrayList();
        arrayList.add("aa");
        arrayList.add("bb");
        arrayList.add("cc");
%>
<%request.getSession().setAttribute("arrayList",
arrayList);%>
<c:forEach items="${sessionScope.arrayList}"
var="arrayListI"> ${arrayListI}
</c:forEach>
```

页面执行结果如图 13-3 所示。

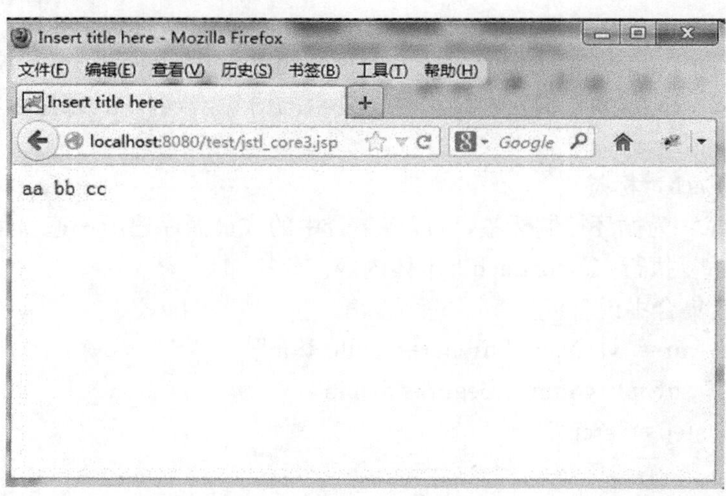

图 13-3 jstl_core3.jsp 页面执行结果

该示例将保存在 session 中的名为“ arrayList ”的 ArrayList 类型集合参数中的对象依次读取出来，items 属性指向了 ArrayList 类型集合参数，var 属性定义了一个新的变量来接收集合中的对象。最后直接通过 EL 表达式显示在页面上。

范例：

```
<c:forEach var="i" begin="1" end="10" step="1"> ${i}<br />
</c:forEach>
```

该示例从“ 1 ”循环到“ 10 ”，并将循环中变量“ i ”显示在页面上。

13.2.8 <c:forTokens>标签

<c:forTokens> 标签可以根据某个分隔符分隔指定字符串，遍历所有成员。相当于 java.util.StringTokenizer 类。

语法：

```
<c:forTokens items="stringOfTokens" delims="delimiters"
[var="varName"] [varStatus="varStatusName"] [begin="begin"]
[end="end"] [step="step"]>
</c:forTokens>
```

<c:forTokens> 标签属性和说明(表 13－8)

表 13－8 <c:forTokens>标签属性和描述

属　　性	描　　述
items	进行分隔的 EL 表达式或常量，被迭代的字串(必须)
delims	定义用来分割字串的分隔符
begin	开始位置(可选) 必须大于等于 0
end	结束位置(可选) 必须大于 begin
step	循环的步长，默认为 1 (可选)　　必须大于等于 0
var	做循环的对象变量名(可选)
varStatus	显示循环状态的变量(可选)

范例：

```
<c:forTokens items="aa,bb,cc,dd" begin="0" end="2" step="2"
delims="," var="aValue"> ${aValue}
</c:forTokens>
```

需要分隔的字符串为“ aa,bb,cc,dd ”，分隔符为“，”。begin 属性指定从第一个“，”开始分隔，end 属性指定分隔到第三个“，”，并将作为循环的变量名指定为“ aValue ”。由于步长为“ 2 ”，使用 EL 表达式 ${aValue} 只能显示“ aa”。

13.2.9 <c:import>标签

<c:import> 标签可以把其他静态或动态文件包含到本页面来。和<jsp:include>最大的区别是：<jsp:include>只能包含和自己同一个应用下的文件；<c:import>即可包含和自己同一个应用下的文件，也可以包含和自己不同的应用下的文件。

语法 1：

```
<c:import url="url" [context="context"] [var="varName"]
```

[scope="{page|request|session|application}"]
[charEncoding="charEncoding"]>
本体内容
</c:import>
语法 2:
<c:import url="url" [context="context"]
varReader="varReaderName" [charEncoding="charEncoding"]>
本体内容
</c:import>
<c:import> 标签属性和说明(表 13-9)

表 13-9　<c:import>标签属性和描述

属　性	描　述
url	需要导入页面的 URL
context	Web Context 该属性用于在不同的 Context 下导入页面,当出现 context 属性时,必须以"/"开头,此时也需要 url 属性以"/"开头(可选)
charEncoding	导入页面的字符集(可选)
var	可以定义导入文本的变量名(可选)
scope	导入文本的变量名作用范围(可选)
varReader	接受文本的 java.io.Reader 类变量名(可选)

范例:
<c:import url="/MyHtml.html" var="thisPage" />
<c:import url="/MyHtml.html" context="/sample2"
var="thisPage"/>
<c:import url="www.sample.com/MyHtml.html" var="thisPage"/>

该示例演示了三种不同的导入方法,第一种是在同一的 Context 下导入,第二种是在不同的 Context 下导入,第三种是导入任意一个 URL。如果 URL 为 null 或空时,会抛出 jspException。

13.2.10　<c:url>标签

<c:url> 标签用于得到一个 URL 地址。
语法 1:没有本体内容
<c:url value="value" [context="context"] [var="varName"]
[scope="{page|request|session|application}"] />
语法 2:本体内容代表参数
<c:url value="value" [context="context"] [var="varName"]
[scope="{page|request|session|application}"] >
<c:param>
</c:url>

<c:url> 标签属性和说明(表 13-10)

表 13-10 <c:url>标签属性和描述

属 性	描 述
value	要格式化的 URL
context	Web Context 该属性用于得到不同 Context 下的 URL 地址,当出现 context 属性时,必须以"/"开头,此时也需要 url 属性以"/"开头(可选)
charEncoding	URL 的字符集(可选)
var	存储 URL 的变量名(可选)
scope	变量名作用范围(可选)

范例:

```
<a href="
<c:url value="http:// www.itany.com" >
<c:param name="username" value="mike"/>
</c:url>"> Java </a>
```

点击"java"链接时产生的 url="http:// www.itany.com? username=' mike '"。

13.2.11 <c:redirect>标签

<c:redirect> 可以将客户端请求从一个页面重定向到其他文件。该标签的作用相当于 response.setRedirect 方法的工作。它包含 url 和 context 两个属性,属性含义和 <c:url> 标签相同。

语法 1:没有本体内容

```
<c:redirect url="url" [context="context"] />
```

语法 2:本体内容代表参数

```
<c:redirect url="url" [context="context"] >
<c:param>
</c:redirect >
```

<c:redirect> 标签属性和说明(表 13-11)

表 13-11 <c:redirect> 标签属性和描述

属 性	描 述
url	重定向的目标地址(必须)
context	Web Context 该属性用于得到不同 Context 下的 URL 地址,当出现 context 属性时,必须以"/"开头,此时也需要 url 属性以"/"开头(可选)

范例:

```
<c:redirect url="/myHtml.html">
  <c:param name="param" value="value"/>
</c:redirect>
<c:redirect url="http:www.baidu.com"/>
```

13.2.12 <c:param> 标签

<c:param> 用来为包含或重定向的页面传递参数。它的属性和描述如表 13 - 12 所示。

<c:param> 标签属性和说明(表 13 - 12)

表 13 - 12 <c:param> 标签属性和描述

属 性	描 述
name	传递的参数名
value	传递的参数值(可选)

范例：

```
<c:redirect url="/myHtml.jsp">
<c:param name="userName" value="john" />
</c:redirect>
```

该示例将为重定向的"myHtml.jsp "传递指定参数"username='john'"。

13.3 国际化标签

13.3.1 setLocale 标签

JSTL 提供一组 JSP 配置变量,您可以设置这些变量以指定缺省的语言环境。如果尚未设置这些配置变量,那么就使用 JVM 的缺省语言环境,该缺省语言环境是从 JSP 容器所运行的操作系统中获取的。fmt 库提供了其自身的定制标记,以覆盖这个确定用户语言环境的过程。下面是它的语法：

```
<fmt:setLocalevalue="expression" scope="scope"
variant="expression"/>
```

<fmt:formatNumber>标签的属性介绍：

其中只有一个属性是必需的：value 属性。该属性的值应当是命名该语言环境的一个字符串或者是 java.util.Locale 类的一个实例。语言环境名称是这样组成的:小写的两字母 ISO 语言代码(可选的),后面可以跟下划线或连字符以及大写的两字母 ISO 国家或地区代码。例如，en 是英语的语言代码，US 是美国的国家或地区代码,因此 en_US (或 en－US) 将是美式英语的语言环境名称。类似的，fr 是法语的语言代码，CA 是加拿大的国家或地区代码,因此 fr_CA(或 fr－CA)是加拿大法语的语言环境名称(请参阅参考资料以获取所有有效的 ISO 语言和国家或地区代码的链接)。当然,由于国家或地区代码是可选的,因此 en 和 fr 本身就是有效的语言环境名称,适用于不区别这些相应语言特定方言的应用程序。

<fmt:setLocale> 的可选属性 scope 用来指定语言环境的作用域。page 作用域指出这项设置只适用于当前页,而 request 作用域将它应用于请求期间访问的所有 JSP 页面。如果将 scope 属性设置成 session,那么指定的语言环境被用于用户会话期间访问的所有 JSP 页面。值 application 指出该语言环境适用于该 Web 应用程序所有 JSP 页面的全部请求和

该应用程序所有用户的全部请求。variant 属性(也是可选的)允许您进一步针对特定的 Web 浏览器平台或供应商定制语言环境。例如，MAC 和 WIN 分别是 AppleMacintosh 和 Microsoft Windows 平台的变体名。下面的代码片段说明了如何使用 <fmt:setLocale> 标记来显式指定用户会话的语言环境设置：

<fmt:setLocale value="en" scope="session"/>

JSP 容器处理完该 JSP 代码段之后,将忽略用户浏览器设置中所指定的语言首选项。

13.3.2 <fmt:message>标签

在 JSTL 中用 <fmt:message> 标记实现文本的本地化。该标记允许您从特定语言环境的资源中检索文本消息并显示在 JSP 页面上。而且,由于该操作利用 java.text.MessageFormat 类所提供的功能,所以可以将参数化的值替换进这样的文本消息,以便动态地定制本地化内容。用于存储特定于语言环境消息的资源束采用类或特性文件的形式,这些类或特性文件符合标准命名约定,在这种命名约定中基名和语言环境名组合在一起。例如,请研究名为 labels.properties 的属性文件,它驻留在我们的 web 应用程序的 src 根路径下。您可以通过在同一目录下指定四个新的特性文件,从而将该特性文件所描述的资源束本地化为英语、中文、德文和瑞典文,通过追加相应的语言代码来命名。具体而言,这四个文件应当分别命名为 labels_en.properties、labels_zh.properties、labels_de.properties 和 labels_sv.properties。

详细类容见图 13－4～图 13－7 所示。

name	value
title	Industry Trends
select_language	Select your preferred language
new_language	New Language
chinese	Chinese
english	English
swedish	Swedish
german	German
submit	Submit

图 13－4　labels_en.properties

name	value
title	行业趋势
select_language	请选择您的首选语言
new_language	新语言
english	英语
swedish	瑞典语
chinese	汉语
german	德语
submit	提交

图 13－5　labels_zh.properties

name	value
title	Industrietendenzen
select_language	Wählen Sie die gewnschte Sprache
new_language	Neue Sprache
english	Englisch
chinese	Chinesch
swedish	Schwedisch
german	Deutsche
submit	SUBMMIT

图 13－6 labels_de.properties

name	value
title	Industri Trender
select_language	Välj språk
new_language	Nytt Språk
english	Engelska
swedish	Svenska
chinese	Chineska
german	Tyska
submit	Rösta

图 13－7 labels_sv.properties

用 JSTL 显示这样的本地化内容，第一步就是指定资源束。fmt 库为完成这一任务提供了两个定制标记：<fmt:setBundle> 和<fmt:bundle>。<fmt:setBundle> 操作设置了一个缺省资源束，供 <fmt:message> 标记在特定作用域内使用，而<fmt:bundle> 指定了为嵌套在其标记体内容中的全部和任意<fmt:message>操作所用的资源束。下面的代码片段显示了<fmt:setBundle> 标记的语法。basename 属性是必需的，它标识了设为缺省值的资源束。请注意，basename 属性的值不应当包含任何本地化后缀或文件扩展名。

<fmt:setBundle basename="labels" var="src" scope="scope"/>

可选的 scope 属性指明缺省资源束设置所应用的 JSP 作用域。如果没有显式地指定该属性，就假定为 page 作用域。如果指定了可选的 var 属性，那么将把由 basename 属性所标识的资源束赋给该属性值所命名的变量。在这种情况下，scope 属性指定变量的作用域；没有将缺省资源束赋给相应的 JSP 作用域。您使用 <fmt:bundle> 标记（其语法如下所示）在其标记体内容的作用域内设置缺省资源束。和 <fmt:setBundle> 一样，只有 basename 属性才是必需的。

对于 <fmt:message>，只有 key 属性才是必需的。key 属性的值用来确定要显示在资源束中定义的哪些消息。您可以使用 bundle 属性来指定一个显式的资源束，用来查找由 key 属性标识的消息。请注意，该属性的值必须是实际的资源束，比如当指定<fmt:setBundle>操作的 var 属性时由该操作所赋予的资源束。<fmt:message> 的 bundle 属性不支持字符串值（比如 <fmt:bundle> <fmt:setBundle>的 basename 属性）。如果指定了 <fmt:message> 的 var 属性，那么将由该标记所生成的文本消息赋给指定的变量，而不是写到 JSP 页面。通常，可选的 scope 属性用来指定由 var 属性指定的变量的作用域。

代码示例:jstl_i18n.jsp

```
<body>
<! -- 设置当前字符 -->
<fmt:setLocale value="${param.rdo}"/>
<! -- 找到当前文件头 -->
<fmt:setBundle basename="labels" var="src"/>
<! -- 设置表单 -->
<form action="" method="get" name="form1">
  <input type="radio" name="rdo" value="zh"/>
  <fmt:message key="chinese" bundle="${src}"/><br/>
  <input type="radio" name="rdo" value="en"/>
    <fmt:message key="english" bundle="${src}"/><br/>
  <input type="radio" name="rdo" value="sv"/>
    <fmt:message key="swedish" bundle="${src}"/><br/>
  <input type="radio" name="rdo" value="de"/>
   <fmt:message key="german" bundle="${src}"/><br/>
  <input type="submit"
  value="<fmt:message key='submit' bundle='${src }'/>"/>
</form>
</body>
```

注意:由于使用到格式化标签库,必须在该 jsp 页面的开头加入相关 taglib 引用。如下所示:

```
<%@ taglib uri="WEB-INF/fmt.tld" prefix="fmt"%>
```

该页面的运行结果如图 13-8 所示。

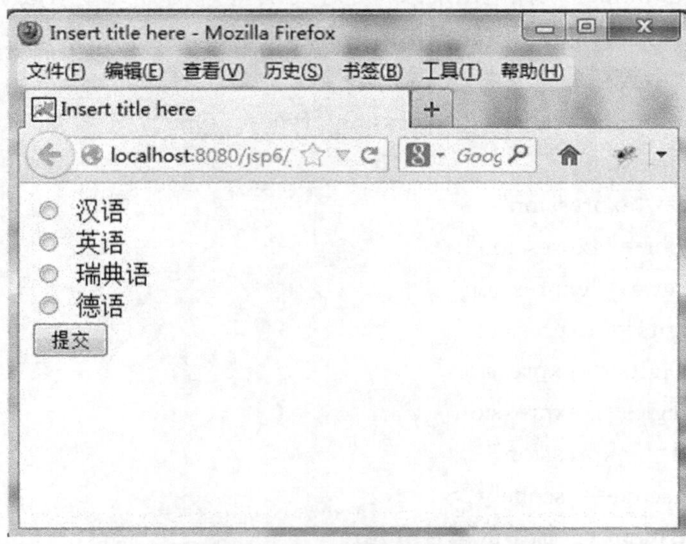

图 13-8　jstl_i18N.jsp 页面执行结果(默认)

默认显示中文，当选择不同的语言单选按钮后，单击“提交”按钮后，页面显示不同的语言风格，从而实现页面的国际化操作。如单击了“德语”单选按钮，再单击“提交”按钮后，页面显示结果如图 13－9 所示。

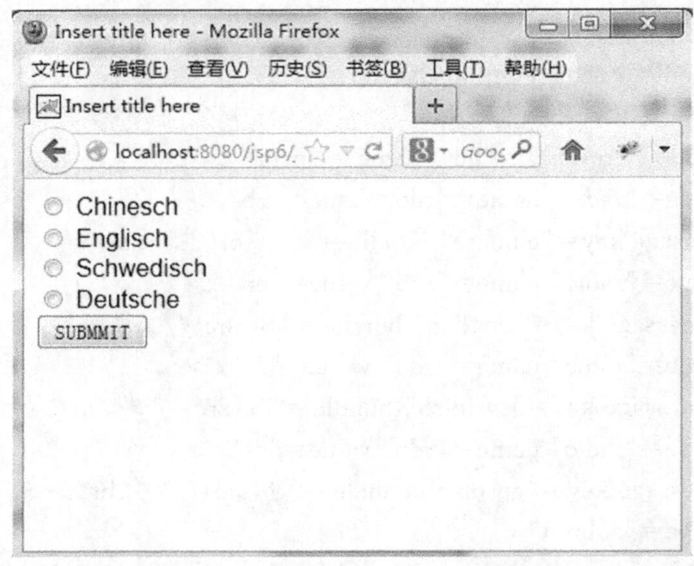

图 13－9 jstl_i18N.jsp 页面执行结果(德语)

13.4 fmt 标签库

13.4.1 <fmt:formatNumber>标签

<fmt:formatNumber> 标记用来以特定于语言环境的方式显示数字数据，包括货币和百分数。<fmt:formatNumber> 操作由语言环境确定，例如，使用句点还是使用逗号来定界数字的整数和小数部分。下面是它的语法：

```
<fmt:formatNumber value="expression" type="type"
pattern="expression"
currencyCode="expression"
currencySymbol="expression"
maxIntegerDigits="expression"
minIntegerDigits="expression"
maxFractionDigits="expression"
minFractionDigits="expression"
groupingUsed="expression"
var="name" scope="scope"/>
```

<fmt:formatNumber>标签的属性介绍：

value：欲格式化的数字；

type：指定类型（number|currency|percent）；

currencySymbol：货币符号；

groupingUsed：是否用分隔数字，默认 true；

var：存储格式化后的数字；

scope：var 变量的作用域。

<fmt:formatNumber>标签中，只有 value 属性才是必需的。它用来指定将被格式化的数值。如果指定了 var 属性，那就把包含格式化数字的 String 值指派给指定的变量。否则，<fmt:formatNumber> 标记将写出格式化结果。当指定了 var 属性后，scope 属性指定所生成变量的作用域。type 属性的值应当是 number 、currency 或 percentage，并指明要对哪种类型的数值进行格式化。该属性的缺省值是 number。pattern 属性优先于 type 属性，允许对遵循 java.text.DecimalFormat 类模式约定的数值进行更精确的格式化。当 type 属性的值为 currency 时，currencyCode 属性可以用来显式地指定所显示的数值的货币单位。与语言和国家或地区代码一样，货币代码也是由 ISO 标准管理的（请参阅参考资料以获取所有有效的 ISO 货币符号代码的链接）。该代码用来确定作为已格式化值的一部分显示的货币符号。另外，您可以使用 currencySymbol 属性来显式地指定货币符号。

maxIntegerDigits 、minIntegerDigits 、maxFractionDigits 和 minFractionDigits 属性用来控制小数点前后所显示的有效数字的个数。这些属性要求是整数值。groupingUsed 属性带有布尔值并控制是否要对小数点前面的数字分组。例如，在英语语言环境中，将较大数的每三个数字分为一组，每组用逗号定界。其他语言环境用句点或空格来定界这样的分组。该属性的缺省值为 true。

范例代码：**jstl_fmt.jsp**

```
<body>
<h2>formatNumber 格式化标签示例</h2>
<h2>number 类型(默认四舍五入:大于 0.5 才进位)</h2>
<fmt:formatNumber value="${5/6}" type="number"
maxFractionDigits="0"/>
<h2>number 类型截取小数位,不四舍五入</h2>
<fmt:formatNumber value="${5/6-0.49}" type="number"
maxFractionDigits="0"/>
<h2>number 类型截取小数位,不四舍五入</h2>
<!-- 原理:先得到余数,将余数减去,再整除-->
<fmt:formatNumber value="${(5-(5%6))/6}" type="number"
maxFractionDigits="0"/>
<h2>currency 类型</h2>
<fmt:formatNumber value="123.45" type="currency" currencySymbol="$"
maxFractionDigits="3"/>
<h2>percent 类型</h2>
<fmt:formatNumber value="123.45678" type="percent" groupingUsed="false"
    minFractionDigits="2" var="a" scope="page"
```

```
/>
${a }
</body>
```

该页面执行结果如图 13－10 所示。

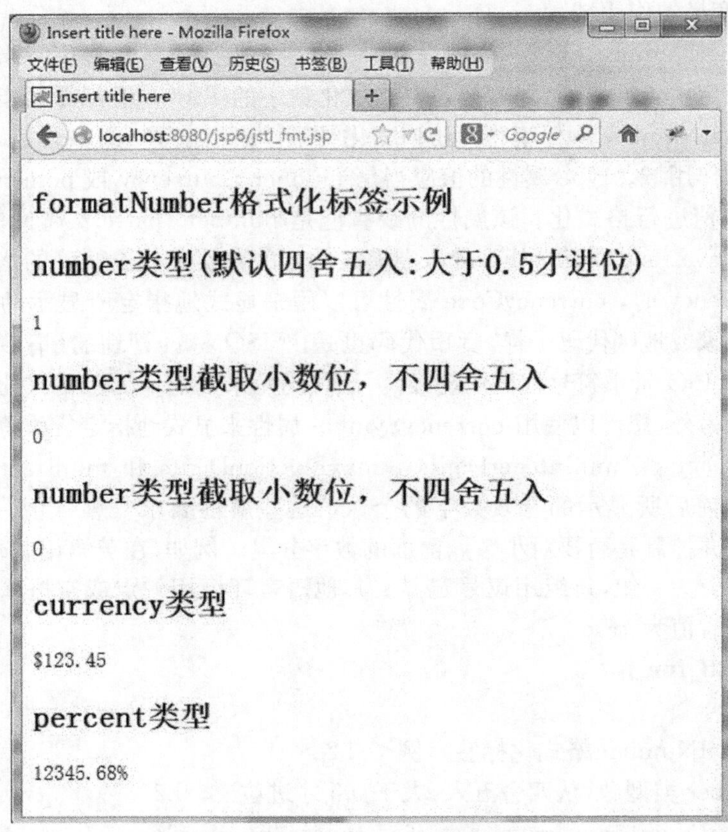

图 13－10　jstl_fmt.jsp 页面执行结果

13.4.2　<fmt:parseNumber>标签

<fmt:parseNumber> 操作解析了一个数值，该数值是通过 value 属性或该操作的标记体内容以特定于语言环境的方式提供的，将结果作为 java.lang.Number 类的实例返回。它的语法如下所示：

```
<fmt:parseNumber value="expression" type="type"
pattern="expression"
parseLocale="expression"
integerOnly="expression"
var="name" scope="scope"/>
```

<fmt:parseNumber>标签的属性介绍

value：欲格式化的数字；

type：指定类型(number|currency|percent)；

pattern：指定格式化的样式；

parseLocale：指定转换的地区格式；
integerOnly：是否只显示整数部分，默认 false；
var：存储格式化后的数字；
scope：var 变量的作用域。

范例代码：**jstl_fmt1.jsp**

```
<body>
<h2>parseNumber 标签</h2>
<h2>number 类型</h2>
<fmt:parseNumber value="123.456" type="number"/>
<h2>currency 类型</h2>
<fmt:parseNumber value="￥123.456" type="currency"
parseLocale="zh_CN"
/><p/>
<fmt:parseNumber value="$123.456" type="currency"
parseLocale="en_US" integerOnly="true"
/>
<h2>percent 类型</h2>
<fmt:parseNumber value="15%" type="percent" var="a"/>
${a}
</body>
```

该页面执行结果如图 13－11 所示。

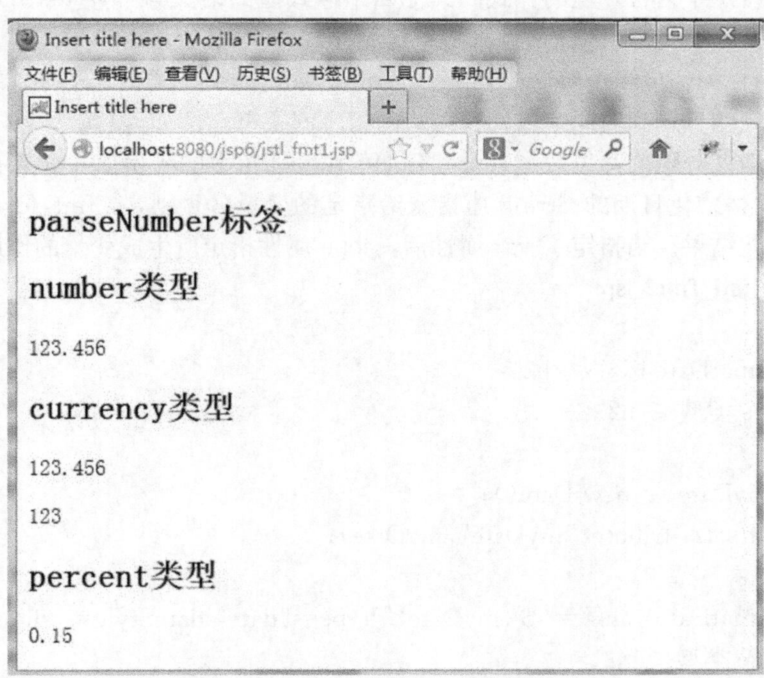

图 13－11　jstl_fmt1.jsp 页面执行结果

13.4.3 formatDate 标签

语法格式如下：

<fmt:formatDatevalue="expression" timeZone="expression"
type="field"dateStyle="style"
timeStyle="style"var="name"
pattern=" expression"scope="scope"/>

formatDate 标签的属性介绍

value:欲格式化的日期时间；
type:指定类型(date|time|both)；
pattern:指定格式化的样式,参考 java.text.SimpleDateFormat；
dateStyle|timeStyle:日期|时间格式(default|short|medium|long|full)；
timeZone:指定时区；
var:存储格式化后的数字；
scope:var 变量的作用域。

只有 value 属性才是必需的。其值应当是 java.util.Date 类的实例,指定要进行格式化和显示的日期和/或时间数据。可选的 timeZone 属性指出将要显示哪个时区的日期和/或时间。如果没有显式地指定 timeZone 属性。type 属性指出要显示指定的 Date 实例的哪些字段,应当是 time 、date 或 both。该属性的缺省值是 date,因此如果没有给出 type 属性,那么 <fmt:formatDate> 标记(名副其实)将只显示与 Date 实例相关的日期信息,这个信息用该标记的 value 属性指定 dateStyle 和 timeStyle 属性分别指出应当如何格式化日期和时间信息。有效的样式有 default 、short 、medium 、long 和 full。缺省值自然是 default,指出应当使用特定于语言环境的样式。其他四个样式值的语义与 java.text.DateFormat 类定义的一样。可以使用 pattern 属性来指定定制样式,而不必依赖于内置样式。给出定制样式后,该模式属性的值应当是符合 java.text.SimpleDateFormat 类约定的模式字符串。这些模式基于用对应的日期和时间字段代替模式内指定的字符。例如,模式 MM/dd/yyyy 表明应当显示用正斜杠分隔的两位数的月份和日期值以及四位数的年份值。如果指定了 var 属性,那就把包含格式化日期的 String 值指派给指定的变量。否则,<fmt:formatDate> 标记将写出格式化结果。当指定了 var 属性后,scope 属性指定所生成变量的作用域。

范例代码:**jstl_fmt2.jsp**

```
<body>
<h2>formatDate 标签</h2>
<h2>date 类型</h2>
<%
    Date myDate = new Date();
    request.setAttribute("myDate",myDate);
%>
<fmt:formatDate value="${myDate}" type="date" dateStyle="short"/>
<h2>time 类型</h2>
<fmt:formatDate value="${myDate}" type="time" timeStyle="short"/>
```

```
<h2>both 类型</h2>
<fmt:formatDate value="${myDate}" type="both" var="a"/>
${a}
</body>
```

该页面执行结果如图 13-12 所示。

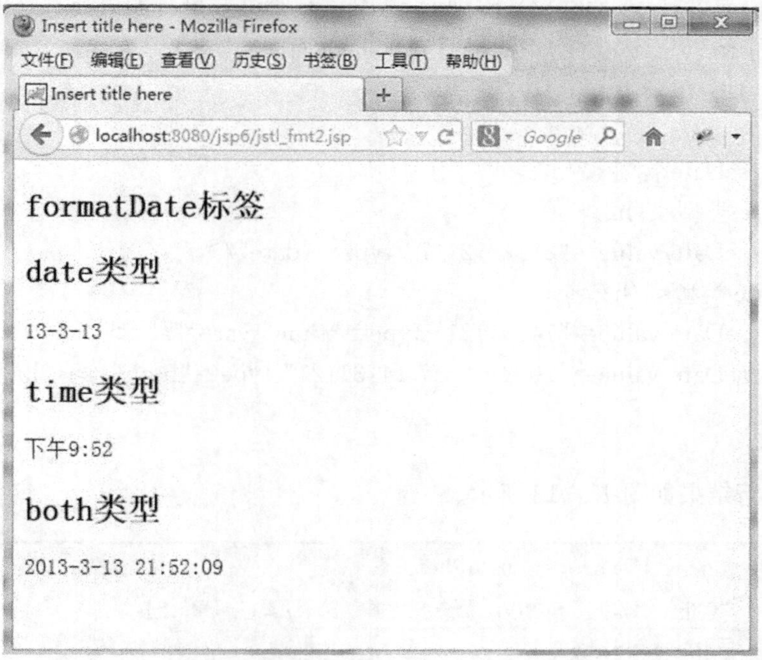

图 13-12 jstl_fmt2.jsp 页面执行结果

13.4.4 <fmt:parseDate>标签

语法如下所示：

```
<fmt:parseDatevalue="expression" type="field"
dateStyle="style" timeStyle="style"
pattern="expression" var="name"
timeZone=" expression"
parseLocale="expression" scope="scope"/>
```

<fmt:parseDate>标签的属性介绍

value:欲格式化的日期时间；

type:指定类型(date|time|both)；

pattern:指定格式化的样式；

dateStyle|timeStyle:日期|时间格式(default|short|medium)；

timeZone:指定时区；

parseLocale:指定转换的地区格式；

var:存储格式化后的数字；

scope:var 变量的作用域。

只有 value 属性才是必需的，它的值应当是指定日期、时间或这两者组合的字符串。type 、dateStyle 、timeStyle 、pattern 和 timeZone 属性对 <fmt:parseDate> 和对<fmt:formatDate> 起一样的作用，不同之处仅在于对于前者，它们控制日期值的解析而非显示。parseLocale 属性用来指定一种语言环境，将根据这种语言环境来解析该标记的值，它应当是语言环境的名称或 Locale 类的实例。var 和 scope 属性用来指定限定了作用域的变量(作为 <fmt:parseDate> 的结果)，将把 Date 对象赋给该变量。如果没有给出 var 属性，则使用 Date 类的 toString() 方法将结果写到 JSP 页面中。

范例代码:**jstl_fmt3.jsp**

```
<body>
<h2>parseDate 标签</h2>
<h2>date 类型</h2>
<fmt:parseDate value="2012-2-7" type="date"/>
<h2>time 类型</h2>
<fmt:parseDate value="14:31:21" type="time" var="a"/>
<fmt:parseDate value="2012-2-7 14:31:21" type="both"/><br/>
${a }
</body>
```

该页面执行结果如图 13 - 13 所示。

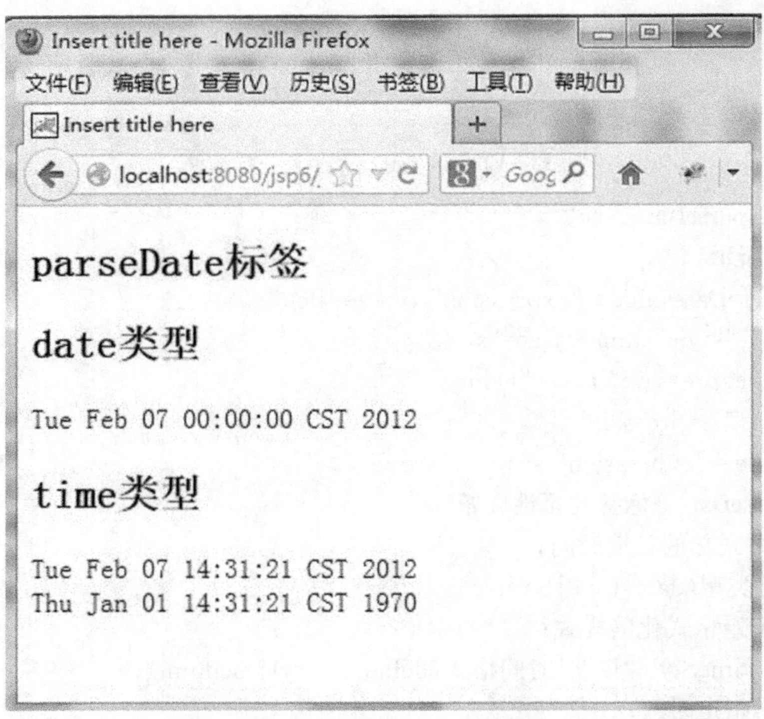

图 13 - 13　jstl_fmt3.jsp 页面执行结果

13.5 SQL 标签库

13.5.1 建立数据源

正如其名字代表的一样，该库提供与关系数据库交互的标记。尤其是 SQL 库定义规定数据源、发布查询和更新以及将查询和更新编组到事务处理中的标记。DataSource 是获得数据库连接的工厂。它们经常实施某些格式的连接库来最大限度地降低与创建和初始化连接相关的开销。Java 2 Enterprise Edition (J2EE)应用程序服务器通常内置了 DataSource 支持，通过 Java 命名和目录接口(JavaNaming and Directory Interface，JNDI)它可用于 J2EE 应用程序。JSTL 的 SQL 标记依赖于 Datasource 来获得连接。实际上包括可选的 dataSource 属性以明确规定它们的连接工厂作为 javax.sql.DataSource 接口实例，或作为 JNDI 名。您可以使用<sql:setDataSource> 标记来获得 javax.sql.DataSource 实例，它采用以下两种格式：

```
<sql:setDataSource dataSource="expression" var="name"
scope="scope"/>
<sql:setDataSource url="expression" driver="expression"
user="expression" password="expression"
var="name"scope="scope"/>
```

第一种格式只需要 dataSource 属性，而第二种格式只需要 url 属性。通过提供 JNDI 名作为 dataSource 属性值，您可以使用第一种格式来接入与 JNDI 名相关的 DataSource。第二种格式将创建新的 DataSource，使用作为 url 属性值提供的 JDBC URL。可选的 driver 属性规定实施数据库 driver 的类的名称，同时需要 user 和 password 属性提供接入数据库的登录证书。对<sql:setDataSource>的任何一种格式而言，可选的 var 和 scope 属性向 scoped 变分配特定的 DataSource。如果 var 属性不存在，那么 <sql:setDataSource> 操作设置供 sql 标记使用的缺省 DataSource，它们没有规定明确的 DataSource。您还可以使用 javax.servlet.jsp.jstl.sql.dataSource 参数来配置 sql 库的缺省 DataSource。在实践中，在应用程序的 Web.xml 文件中添加与下面代码显示的类似的程序代码是规定缺省 DataSource 最方便的方式。使用<sql:setDataSource> 来完成这一操作要求，使用 JSP 页面来初始化该应用程序，因此可以以某种方式自动运行这一页面。

代码示例：使用 JNDI 名来设置 JSTL 在 web.xml 部署描述符中的缺省 DataSource

```
<context-param>
<param-name>
javax.servlet.jsp.jstl.sql.dataSource
</param-name>
<param-value>jdbc/blog</param-value>
</context-param>
```

13.5.2 提交查询和更新

在建立了 DataSource 接入之后，您可以使用<sql:query> 操作来执行查询，同时使用

<sql:update> 操作来执行数据库更新。查询和更新使用 SQL 语句来规定，它可以使用基于 JDBC 的 java.sql.PreparedStatement 接口的方法来实现参数化。参数值使用嵌套的 <sql:param> 和 <sql:dateParam> 标记来规定。支持以下三种<sql:query> 操作：

```
<sql:query sql="expression" dataSource="expression"
var="name" scope="scope" maxRows="expression"
startRow="expression"/>
<sql:query sql="expression" dataSource="expression"
var="name" scope="scope" maxRows="expression"
startRow="expression">
<sql:param value="expression"/>
...
</sql:query>
<sql:query dataSource="expression" var="name" scope="scope"
maxRows="expression" startRow="expression">
SQL statement
<sql:param value="expression"/>
...
</sql:query>
```

前两种格式只要求 sql 和 var 属性，第三种格式只要求 var 属性。var 和 scope 属性规定存储查询结果的 scoped 变量。maxRows 属性可以用于限制查询返回的行数，startRow 属性允许忽略一些最开始的行数（如当结果集（Result set）由数据库来构建时忽略）。在执行了查询之后，结果集被分配给 scoped 变量，作为 javax.servlet.jsp.jstl.sql.Result 接口的一个实例。这一对象提供接入行、列名称和查询的结果集大小的属性，如表 13－13 所示。

表 13－13　javax.servlet.jsp.jstl.sql.Result 接口定义的属性

属　性	描　述
rows	一排 SortedMap 对象，每个对象对应列名和结果集中的单行
rowsByIndex	一排数组，每个对应于结果集中的单行
columnNames	一排对结果集中的列命名的字符串，采用与 rowsByIndex 属性相同的顺序
rowCount	查询结果中总行数
limitedByMaxRows	如果查询受限于 maxRows 属性值为真

在这些属性中，rows 尤其方便，因为您可以使用它来在整个结果集中进行迭代和根据名字访问列数据。我们在下面代码中阐述了这一操作，查询的结果被分配到名为 queryResults 的 scoped 变量中，然后使用 Core 库中的<c:forEach>标记来迭代那些行。嵌套的<c:out> 标记利用 EL 内置的 Map 收集支持来查找与列名称相对应的行数据。在第 1 部分，${row.title}和${row["title"]} 是相等的表达式。代码还展示了使用<sql:setDataSource> 来关联 DataSource 和 scoped 变量，它由<sql:query> 操作通过其 dataSource 属性随后接入。

代码示例:jstl_sql1.jsp 使用<sql:query>来查询数据库,使用<c:forEach>来迭代整个结果集

```
<%@ page language="java" contentType="text/html; charset=UTF-8"
    pageEncoding="UTF-8"%>
<%@ taglib uri="http://java.sun.com/jsp/jstl/sql" prefix="sql"%>
<%@ taglib uri="http://java.sun.com/jsp/jstl/core" prefix="c"%>
<html>
<head>
<meta http-equiv="Content-Type" content="text/html; charset=UTF-8">
<title>Insert title here</title>
</head>
<body>
<sql:setDataSource   var="dataSrc" url="jdbc:mysql://127.0.0.1:3306
/demotest? useUnicode=true&amp;characterEncoding=utf8"
driver="com.mysql.jdbc.Driver"
user="root"      password="root"/>
<sql:query var="queryResults" dataSource="${dataSrc}">
select * from province limit ?
<sql:param value="${6}"/>
</sql:query>
<table border="1">
<tr>
<th>ID</th>
<th>provinceId</th>
<th>provinceName</th>
</tr>
<c:forEach var="row" items="${queryResults.rows}">
<tr>
<td><c:out value="${row.id}"/></td>
<td><c:out value="${row.provinceId}"/></td>
<td><c:out value="${row.provinceName}"/></td>
</tr>
</c:forEach>
</table>

</body>
</html>
```

图 13-14 显示了上述程序代码的实例页面输出结果。注意:上面代码中<sql:query>操作主体中出现的 SQL 语句为参数化语句。

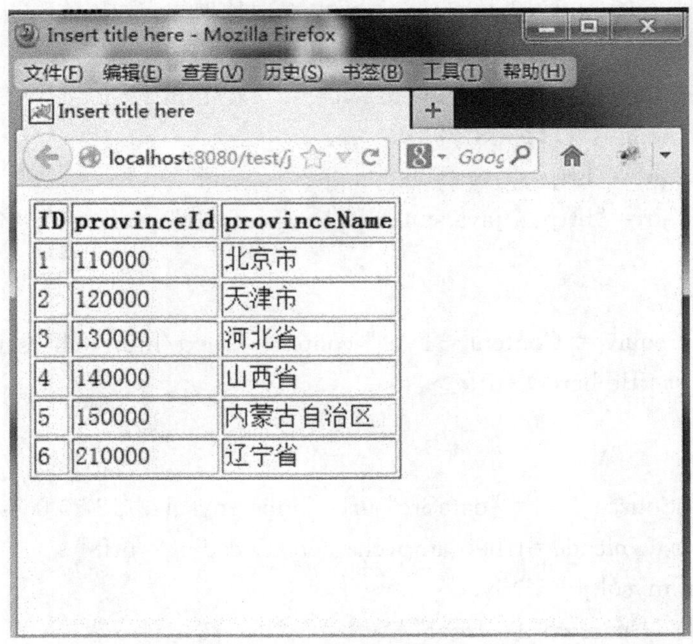

ID	provinceId	provinceName
1	110000	北京市
2	120000	天津市
3	130000	河北省
4	140000	山西省
5	150000	内蒙古自治区
6	210000	辽宁省

图 13-14　jstl_sql1.jsp 页面执行结果

在<sql:query> 操作中，SQL 语句根据主体内容来规定，或者使用？字符，通过 sql 属性实现参数化。对于 SQL 语句中每个这样的参数来说，应有相应的<sql:param> 或<sql:dateParam> 操作嵌套到<sql:query> 标记的主体中。<sql:param> 标记只采用一种属性"value"来规定参数值。此外，当参数值为字符串时，您可以忽略 value 属性并根据<sql:param> 标记的主体内容来提供参数值。表示日期、时间或时间戳的参数值使用<sql:dateParam> 标记来规定，使用以下语法：

```
<sql:dateParam  value="expression"type="type"/>
```

对于<sql:dateParam>来说，value 属性的表达式必须求 java.util. Date 类实例的值，同时 type 属性值必须是 date、time 或 timestamp，由 SQL 语句需要那类与时间相关的值来决定。与<sql:query> 一样，<sql:update> 操作支持三种格式：

```
<sql:updatesql="expression"dataSource="expression"
var="name"scope="scope"/>
<sql:updatesql="expression"dataSource="expression"

var="name"scope="scope">
<sql:paramvalue="expression"/>
...
</sql:update>
<sql:updatedataSource="expression"var="name"
scope="scope">
SQL statement
<sql:paramvalue="expression"/>
```

```
...
</sql:update>
```

SQL 和 DataSource 属性有与<sql:query>相同的<sql:update> 语义。同样,var 和 scope 属性可以用于规定 scoped 变量,但在这种情况下,分配给 scoped 变量的值将是 java.lang.Integer 的一个实例,显示作为数据库更新结果而更改的行数。

13.5.3 事务处理

事务处理用于保护作为一个组必须成功或失败的一系列数据库操作。事务处理支持已经嵌入到 JSTL 的 SQL 库中,通过将相应的<sql:query>和<sql:update>操作嵌套到<sql:transaction>标记的主体内容中,从而将一系列查询和更新操作打包到一个事务处理中也就显得微不足道了。<sql:transaction> 语法如下:

```
<sql:transactiondataSource="
expression"isolation="
isolationLevel">
<sql:query.../>
or<sql:update.../>
...
```

<sql:transaction> 操作没有必需的属性。如果您忽略了 dataSource 属性,那么使用 JSTL 的缺省 DataSource。isolation 属性用于规定事务处理的隔离级别,它可以是 read_committed、read_uncommitted、repeatable_read 或 serializable。如果您未规定这一属性,事务处理将使用 DataSource 的缺省隔离级别。您可能希望所有嵌套的查询和更新必须使用与事务处理相同的 DataSource。实际上,嵌套到<sql:transaction>操作中的<sql:query>或 <sql:update> 不能用于规定 dataSource 属性。它将自动使用与周围<sql:transaction>标记相关的 DataSource(显性或隐性)。下面代码显示了如何使用<sql:transaction> 的一个实例:

代码示例:jstl_sql2.jsp 使用<sql:transaction>来将数据库更新联合到事务处理中

```
<sql:transaction>
<sql:updatesql="update province set provinceName = ? where id = ?">
<sql:paramvalue="江苏"/>
<sql:paramvalue="${23}"/>
</sql:update>
</sql:transaction>
```

13.6 XML 标签库

根据设计,XML 提供灵活的方式来表示结构化数据,这些数据同时准备进行验证,因此它尤其适应于在松散联合的系统之间交换数据。这反过来使其成为 Web 应用程序极具吸引力的集成技术。与使用 XML 表示的数据进行交互的第一步是把数据作为一个 XML 文件,对其进行检索并进行分解,以创建数据结构来接入该文件中的内容。在分解文件后,您可以有选择的对其进行转换以创建新的XML文件,您可以对新的XML文件进行相同的操作。最终,文件中的数据可以被提取,然后显示或使用作为输入数据来运行其他操作。这些步骤都在用于控制XML的JSTL标记中反映出。根据我们之前探讨核心中所讨论的,我们使用Core库中的<c:import>标记来检索XML文件。然后使用<x:parse>标记来分解该文件,支持标准的XML分解技术,如文件对象模式(Document Object Model,DOM)和简单XML API(Simple API for XML,SAX)。<x:transform>标记可用于转换XML文件并依赖标准技术来转换XML数据:扩展样式表语言(Extensible Stylesheet Language,XSL)。最后,我们提供多个标记来接入和控制分解后的XML数据,但是所有这一切都依赖于另一种标准——XML路径语言(XML Path Language,XPath),以引用分解后的XML文件中的内容。

13.6.1 分解XML

<x:parse>标记有多种格式,取决于用户希望的分解类型。这一项操作最基本的格式使用以下语法:

```
<x:parse xml="expression" var="name" scope="scope"
filter="expression" systemId="expression"/>
```

在这五种属性中,只有xml属性是需要的,其值应该是包含要分解的XML文件的字符串,或者是java.io.Reader实例,通过它可以读取要被分解的文件。此外,您可以使用以下语法,根据<x:parse>标记的主体内容来规定要被分解的文件:

```
<x:parse var="name" scope="scope" filter="expression"
systemId="expression">
body content
</x:parse>
```

var和scope属性规定存储分解后的文件的scoped变量。然后XML库中的其他标记可以使用这一变量来运行其他操作。注意,当var和scope属性存在时,JSTL用于表示分解后的文件的数据结构类型以实施为导向,从而厂商可以对其进行优化。如果应用程序需要对JSTL提供的分解后的文件进行处理,它可以使用另一种格式的<x:parse>,它要求分解后的文件坚持使用一个标准接口。在这种情况下,该标记的语法如下:

```
<x:parse xml="expression" varDom="name"scopeDom="scope"
filter="expression" systemId="expression"/>
```

当您使用<x:parse>的这一版本时,表示分解后的XML文件的对象必须使用org.w3c.dom.Document接口。当根据<x:parse>中的主体内容来规定XML文件时,您还可以使用varDom和scopeDom属性来代替var和scope属性,语法如下:

```
<x:parse varDom="name" scopeDom="scope" filter="expression"
systemId="expression">
body content
</x:parse>
```

其他两个属性filter和systemId可以实现对分解流程的精确控制。filter属性规定org.xml.sax.XMLFilter类的一个实例,以在分解之前对文件进行过滤。如果要被分解的文件非常大,但目前的工作只需要处理一小部分内容时,这一属性尤其有用。systemId属性表示要被分解的文件的 URI 并解析文件中出现的任何相关的路径。当被分解的 XML 文件使用相关的 URL 来引用分解流程中需要接入的其他文件或资源时，需要这种属性。下面代码展示了<x:parse> 标记的使用，包括与 <c:import>的交互。

```
<c:import var="rssFeed"
url="http://www.itany.com/slashdot.rdf"/>
<x:parse var="rss" xml="${rssFeed}"/>
```

此处<c:import> 标记用于检索众所周知的网博教育的 Web 网站的 RDF Site Summary (RSS)反馈，然后使用<x:parse>分解表示 RSS 反馈的 XML 文件，表示分解后的文件得以实施为导向的数据结构被保存到名为 rss 的变量(带有 page 范围)中。

13.6.2　转换 XML

XML 通过 XSL 样式表来转换。JSTL 使用<x:transform>标记来支持这一操作。与<x:parse>的情况一样，<x:transform> 标记支持多种不同的格式。<x:transform> 最基本的格式的语法是：

```
<x:transform xml="expression" xslt="expression"var="name"
scope="scope" xmlSystemId="expression"
xsltSystemId="expression">
<x:param name="expression" value="expression"/>
...
</x:transform>
```

此处，xml 属性规定要被转换的文件，xslt 属性规定定义这次转换的样式表。这两种属性是必要的，其他属性为可选。与<x:parse>的 xml 属性一样，<x:transform>的 xml 属性值可以是包含 XML 文件的字符串，或者是接入这类文件的 Reader。此外，它还可以是 org.w3c.dom.Document 类或 javax.xml.transform.Source 类的实例格式。最后，它还可以是使用<x:parse> 操作的 var 或 varDom 属性分配的变量值。而且，您可以根据<x:transform> 操作的主体内容来包含要被转换的 XML 文件。在这种情况下，<x:transform> 的语法是：

```
<x:transform xslt="expression" var="name" scope="scope"
xmlSystemId="expression"
xsltSystemId="expression">
body content
<x:param name="expression" value="expression"/>
...
</x:transform>
```

在这两种情况下，规定 XSL 样式表的 xslt 属性应是字符串、Reader 或 javax.xml.transform.Source 实例。如果 var 属性存在，转换后的 XML 文件将分配给相应的 scoped 变量，作为 org.w3c.dom.Document 类的一个实例。通常，scope 属性规定这类变量分配的范围。<x:transform> 标记还支持将转换结果存储 javax.xml.transform.Result 类的一个实例中，而不是作为 org.w3c.dom.Document 的一个实例。如果 var 和 scope 属性被省略，result 对象规定作为 result 属性的值，<x:transform>标记将使用该对象来保存应用该样式表的

结果。下面代码介绍了使用<x:transform> 的 result 属性的这两种语法的变化:

```
<x:transform xml="expression" xslt="expression"
result="expression" xmlSystemId="expression"
xsltSystemId="expression">
<x:param name="expression" value="expression"/>
...
</x:transform>
<x:transform   xslt="expression"result="expression"
xmlSystemId="expression"
xsltSystemId="expression">
body content
<x:param name="expression" value="expression"/>
....
</x:transform>
```

无论您采用这两种<x:transform>格式中的哪一种,您都必须重定制标记单独创建 javax.xml.transform.Result 对象。该对象自身作为 result 属性的值提供。如果既不存在 var 属性,也不存在 result 属性,转换的结果将简单地插入到 JSP 页面,作为处理<x:transform>操作的结果。当样式表用于将数据从 XML 转换成 HTML 时尤其有用,如下代码所示:

```
<c:import var="rssFeed"
url="http://www.itany.com/slashdot.rdf"/>
<c:import var="rssToHtml"
url="/WEB-INF/xslt/rss2html.xsl"/>
<x:transform xml="${rssFeed}" xslt="${rssToHtml}"/>
```

在本例中,使用 <c:import> 标记来读取 RSS 反馈和适当的样式表。样式表的输出结果是 HTML,通过忽略<x:transform>的 var 和 result 属性来直接显示。

与< x: parse > 的 systemId 属性一样,< x: transform > 的 xmlSystemId 和 xsltSystemId 属性用于解析 XML 文件中相关的路径。在这种情况下,xmlSystemId 属性应用于根据标记的 xml 属性值提供的文件,而 xsltSystemId 属性用于解析根据标记的 xslt 属性规定的样式表中的相关路径。如果正在推动文件转换的样式表使用了参数,我们使用<x:param> 标记来规定这些参数。如果参数存在,那么这些标记必须在<x:transform> 标记主体内显示。如果根据主体内容规定了要被转换的 XML 文件,那么它必须先于任何 <x:param> 标记。<x:param>标记有两种必要的属性"name"和"value"就像前面讨论的<c:param> 和 <fmt:param> 标记一样。

13.6.3 处理 XML 内容

XML 文件的分解和转换操作都是基于整个文件来进行。但是,在您将文件转换成一种可用的格式之后,一项应用程序通常只对文件中包含的一部分数据感兴趣。鉴于这一原因,XML 库包括多个标记来接入和控制 XML 文件内容的各个部分。它们都基于 JSTLcore 库相应的标记但是,这些 Core 库标记使用 EL 表达式,通过它们的 value 属性来接入 JSP 容器中的数据,而它们在 XML 库中的副本使用 XPath 表达式,通过 select 属性接入 XML 文件中的数据。XPath 是引用 XML 文件中元素及它们的属性值和主体内容的标准化符号。正如其名字代表的一样，这种符号与文件系统路径的表示方法类似，使用短斜线来分开 XPath 语句的组分这些组分对映于 XML 文件的节点，连续的组分匹配嵌套的 Element。此外，星号可以用于作为通配符来匹配多个节点，括号内的表达式可以用于匹配属性值和规定索引。有多种在线参考资料介绍 XPath 和它的使用(见参考资料)。要显示 XML 文件的数据的一个 Element，使用<x:out> 操作，它与 core 库的<c:out> 标记类似。但是，<c:out> 使用名为 value 和 escapeXml 的属性，<x:out> 的属性为 select 和 escapeXml：

```
<x:out select="XPathExpression" escapeXml="boolean"/>
```

当然，两者的区别在于<x:out> 的 select 属性值必须是 XPath 表达式，而<c:out> 的 value 属性必须是 EL 表达式。两种标记 escapeXml 属性的意义是相同的。注意，规定用于 select 属性的 XPath 表达式由一个 EL 表达式规定 scoped 变量，尤其是 $rss。这一 EL 表达式根据将被求值的 XPath 语句来识别分解后的 XML 文件。该语句在此处查找名为 title 且父节点名为 channel 的 Element，从而选择它找到的第一个 Element。这一<x:out> 操作的结果是显示这一 Element 的主体内容，关闭正在转义(Escaping)的 XML 字符。

代码示例：使用<x:out>操作来显示 XML Element 的主体内容

```
<c:import var="rssFeed"
url="http://slashdot.org/slashdot.rdf"/>
<x:parse var="rss" xml="${rssFeed}"/>
<x:out
select="$rss//*[name()='channel']/*[name()='title'][1]"
escapeXml="false"/>
```

除了<x:out>之外，JSTL XML 库包括以下控制 XML 数据的标记：

- <x:set>，向 JSTL scoped 变量分配 XPath 表达式的值。
- <x:if>，根据 XPath 表达式的布尔值来条件化内容。
- <x:choose>、<x:when>和<x:otherwise>，根据 XPath 表达式来实施互斥的条件化。
- <x:forEach>，迭代根据 XPath 表达式匹配的多个 Elements。

每个这些标记的操作与 Core 库中相应的标记类似。例如，下面代码中显示的<x:forEach>的使用，<x:forEach> 操作用于迭代 XML 文件中表示 RSS 反馈的所有名为 item 的 Element。注意，<x:forEach>主体内容中嵌套的两个<x:out> 操作中的 XPath 表达式与<x:forEach>标记正在迭代的节点相关。它们用于检索每个 item element 的子节点 link 和 title。

代码示例：使用<x:out>和<x:forEach>操作来选择和显示 XML 数据

```
<c:import var="rssFeed"
url="http://www.itany.com/slashdot.rdf"/>
<x:parse var="rss" xml="${rssFeed}"/>
<a href="<x:out select="$rss//*[name()='channel']/*[name()='link']
[1]
"/>"><x:out select="$rss//*[name()='channel']/*[name()='title'][1]"
```

```
escapeXml="false"/></a>
<x:forEach select="$rss//*[name()='item']">
<li><a href="<x:outselect="./*[name()='link']"/>">
<x:outselect="./*[name()='title']"escapeXml="false"/>
</a>
</x:forEach>
```

上面代码中 JSP 程序代码的输出结果与前面代码类似。XML 库以 XPath 为导向的标记提供备选的样式表来转换 XML 内容，尤其是当最后的输出结果是 HTML 的情况。

13.7 函数标签库

与其称呼 Functions 标签库为标签库，倒不如称呼其为函数库来得更容易理解些。因为 Functions 标签库并没有提供传统的标签来为 JSP 页面的工作服务，而是被用于 EL 表达式语句中。在 JSP2.0 规范下出现的 Functions 标签库为 EL 表达式语句提供了许多更为有用的功能。Functions 标签库分为两大类，共 16 个函数。长度函数：fn:length；字符串处理函数：fn:contains、fn:containsIgnoreCase、fn:endsWith、fn:escapeXml、fn:indexOf、fn:join、fn:replace、fn:split、fn:startsWith 、fn:substring、fn:substringAfter 、fn:substringBefore 、fn:toLowerCase 、fn:toUpperCase 、fn:trim。以下是各个函数的用途和属性以及简单示例。

13.7.1 长度函数 fn:length 函数

长度函数 fn:length 的出现有重要的意义。在 JSTL1.0 中，有一个功能被忽略了，那就是对集合的长度取值。虽然 java.util.Collection 接口定义了 size 方法，但是该方法不是一个标准的 JavaBean 属性方法（没有 get，set 方法），因此，无法通过 EL 表达式“${collection.size}”来轻松取得。fn:length 函数正是为了解决这个问题而被设计出来的。它的参数为 input，将计算通过该属性传入的对象长度。该对象应该为集合类型或 String 类型。其返回结果是一个 int 类型的值。代码示例：

```
<%ArrayList arrayList1 = new ArrayList();
                    arrayList1.add("aa");
                    arrayList1.add("bb");
                    arrayList1.add("cc");
request.getSession().setAttribute("arrayList1",arrayList1)
%>
${fn:length(sessionScope.arrayList1)}
```

假设一个 ArrayList 类型的实例“arrayList1”，并为其添加三个字符串对象，使用 fn:length 函数后就可以取得返回结果为“3”。

13.7.2 判断函数 fn:contains 函数

fn:contains 函数用来判断源字符串是否包含子字符串。它包括 string 和 substring 两个参数，它们都是 String 类型，分布表示源字符串和子字符串。其返回结果为一个 boolean

类型的值。代码示例：

```
${fn:contains("ABC", "a")}<br>
${fn:contains("ABC", "A")}<br>
```

前者返回“ false ”,后者返回“ true ”。

13.7.3 判断函数 fn:containsIgnoreCase 函数

fn:containsIgnoreCase 函数与 fn:contains 函数的功能差不多,唯一的区别是 fn:containsIgnoreCase 函数对于子字符串的包含比较将忽略大小写。它与 fn:contains 函数相同,包括 string 和 substring 两个参数,并返回一个 boolean 类型的值。代码示例：

```
${fn:containsIgnoreCase("ABC", "a")}<br>
${fn:containsIgnoreCase("ABC", "A")}<br>
```

前者和后者都会返回“true”。

13.7.4 词头判断函数 fn:startsWith 函数

fn:startsWith 函数用来判断源字符串是否符合一连串的特定词头。它除了包含一个 string 参数外,还包含一个 subffx 参数,表示词头字符串,同样是 String 类型。该函数返回一个 boolean 类型的值。代码示例：

```
${fn:startsWith ("ABC", "ab")}<br>
${fn:startsWith ("ABC", "AB")}<br>
```

前者返回“false”,后者返回“true”。

13.7.5 词尾判断函数 fn:endsWith 函数

fn:endsWith 函数用来判断源字符串是否符合一连串的特定词尾。它与 fn:startsWith 函数相同,包括 string 和 subffx 两个参数,并返回一个 boolean 类型的值。代码示例：

```
${fn:endsWith("ABC", "bc")}<br>
${fn:endsWith("ABC", "BC")}<br>
```

前者返回“false”,后者返回“true”。

13.7.6 字符实体转换函数 fn:escapeXml 函数

fn:escapeXml 函数用于将所有特殊字符转化为字符实体码。它只包含一个 string 参数,返回一个 String 类型的值。

13.7.7 字符匹配函数 fn:indexOf 函数

fn:indexOf 函数用于取得子字符串与源字符串匹配的开始位置,若子字符串与源字符串中的内容没有匹配成功将返回“ −1”它包括 string 和 substring 两个参数,返回结果为 int 类型。代码示例：

```
${fn:indexOf("ABCD","aBC")}<br>
${fn:indexOf("ABCD","BC")}<br>
```

前者由于没有匹配成功,所以返回−1,后者匹配成功将返回位置的下标,为1。

13.7.8 分隔符函数 fn:join 函数

fn:join 函数允许为一个字符串数组中的每一个字符串加上分隔符,并连接起来。它的参数、返回结果和描述如表13-14所示。

表 13－14 fn:join 函数

参　　数	描　　述
array	字符串数组。其类型必须为 String[] 类型
separator	分隔符。其类型必须为 String 类型
返回结果	返回一个 String 类型的值

代码示例：

```
<% String[] stringArray = {"a","b","c"}; %>
<%request.getSession().setAttribute("stringArray",stringAr
ray);%>
${fn:join(sessionScope.stringArray,";")}<br>
```

定义数组并放置到 Session 中，然后通过 Session 得到该字符串数组，使用 fn:join 函数并传入分隔符“；”，得到的结果为“ a;b;c ”。

13.7.9 替换函数 fn:replace 函数

fn:replace 函数允许为源字符串做替换的工作。它的参数、返回结果和描述如表 13－15 所示。

表 13－15 fn:replace 函数

参　　数	描　　述
inputString	源字符串。其类型必须为 String 类型
beforeSubstring	指定被替换字符串。其类型必须为 String 类型
afterSubstring	指定替换字符串。其类型必须为 String 类型
返回结果	返回一个 String 类型的值

代码示例：

```
${fn:replace("ABC","A","B")}<br>
```

将“ ABC ”字符串替换为“ BBC ”，在“ ABC ”字符串中用“ B ”替换了“ A ”。

13.7.10 分隔符转换数组函数 fn:split 函数

fn:split 函数用于将一组由分隔符分隔的字符串转换成字符串数组。它的参数、返回结果和描述如表 13－16 所示。

表 13－16 fn:split 函数

参　　数	描　　述
string	源字符串。其类型必须为 String 类型
delimiters	指定分隔符。其类型必须为 String 类型
返回结果	返回一个 String[] 类型的值

代码示例：

```
${fn:split("A,B,C",",")}<br>
```

将“ A,B,C ”字符串转换为数组 {A,B,C}。

13.7.11　字符串截取函数 fn:substring 函数

fn:substring 函数用于截取字符串。它的参数、返回结果和描述如表 13－17 所示。

表 13－17　fn:substring 函数

参　　数	描　　述
string	源字符串。其类型必须为 String 类型
beginIndex	指定起始下标(值从 0 开始)。其类型必须为 int 类型
endIndex	指定结束下标(值从 0 开始)。其类型必须为 int 类型
返回结果	返回一个 String 类型的值

代码示例：

```
${fn:substring("ABC","1","2")}<br>
```

截取结果为“ B ”。

13.7.12　起始到定位截取字符串函数 fn:substringBefore 函数

fn:substringBefore 函数允许截取源字符从开始到某个字符串它的参数和 fn:substringAfter 函数相同,不同的是 substring 表示的是结束字符串。

代码示例：

```
${fn:substringBefore("ABCD","BC")}<br>
```

截取的结果为“ A ”。

13.7.13　小写转换函数 fn:toLowerCase 函数

fn:toLowerCase 函数允许将源字符串中的字符全部转换成小写字符。它只有一个表示源字符串的参数 string,函数返回一个 String 类型的值。

代码示例：

```
${fn:toLowerCase("ABCD")}<br>
```

转换的结果为“ abcd ”。

13.7.14　大写转换函数 fn:toUpperCase 函数

fn:toUpperCase 函数允许将源字符串中的字符全部转换成大写字符。它与 fn:toLowerCase 函数相同,也只有个 参数,并返回一个 String 类型的值。

代码示例：

```
${fn:toUpperCase("abcd")}<br>
```

转换的结果为“ ABCD ”。

13.7.15　空格删除函数 fn:trim 函数

fn:trim 函数将删除源字符串中结尾部分的“空格”以产生一个新的字符串。它与 fn:toLowerCase 函数相同,只有个 String 参数,并返回一个 String 类型的值。

代码示例：

```
${fn:trim("AB C ")}D<br>
```

转换的结果为“AB CD”,注意,它将只删除词尾的空格而不是全部。

注意事项：

JSTL 的 XML 和 SQL 库使用定制标记,从而能够在 JSP 页面上实施复杂的功能,但是在您的表示层实施这类功能可能不是最好的方法。

对于多位开发人员长期编写的大型应用程序来说，实践证明，用户接口、基本的业务逻辑和数据仓库之间的严格分离能够长期简化软件维护。广泛流行的模式/视图/控制器(Model—View—Controller，MVC)设计模板是这一"最佳实践"的公式化。在 J2EE Web 应用程序领域中，模式是应用程序的业务逻辑，视图是包含表示层的 JSP 页面。控制器是 form handlers 和其他服务器端机制，使浏览器操作能够开始更改模式并随后更新视图。MVC 规定应用程序的三个主要 elements——模式、视图和控制器，相互之间有最小的相关性，从而限制相互之间的交互到统一、精心定义的接口。

应用程序依赖 XML 文件来进行数据交换以及关系数据库来提供数据永久性都是应用程序业务逻辑(也就是其模式)的特征。因此，使用 MVC 设计模板建议无需在应用程序的表示层(也就是其视图)反映这些实施细节。如果 JSP 用于实施表示层，那么使用 XML 和 SQL 库将违反 MVC，因为它们的使用将意味着在表示层内暴露基本业务逻辑的 elements。鉴于这一原因，XML 和 SQL 库最适用于小型项目和原型工作。应用程序服务器对 JSP 页面的动态编译也使得这些库中的定制标记可以用于作为调试工具。

第 14 章　文件上传和验证码

14.1　文件上传

JSP 的文件上传有很多实现方式，在这里，我们主要是通过第三方组件：jspSmartUpload 实现文件上传功能。

jspSmartUpload 是一个免费的文件上传组件。使用这种组件上传文件有如下优点：

1. 使用简单：仅三五行代码就可以搞定文件的上传下载。

2. 方便存取：利用组件提供的对象，可以获得全部上传文件的信息（包括文件名、大小、类型、扩展名、文件数据等）。

3. 能对上传的文件在大小、类型等方面做出限制。如此可以滤掉不符合要求的文件。

如图 14－1 所示，使用 jspSmartUpload 组件。

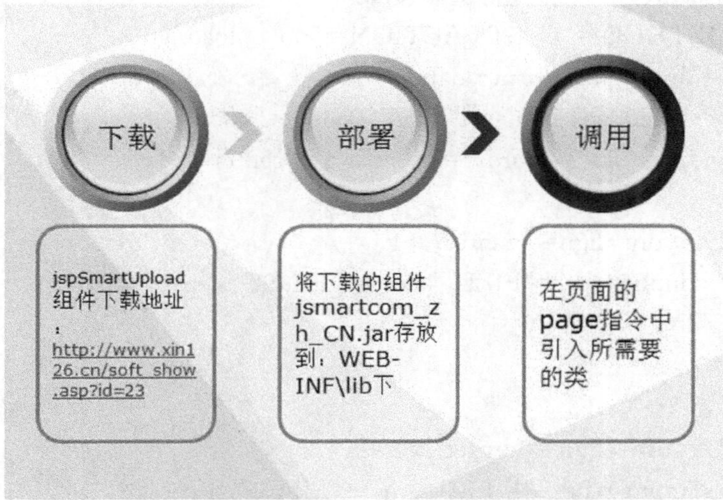

图 14－1　使用 jspSmartUpload 组件步骤

表单要求：

对于上传文件的 FORM 表单，有两个要求：

(1) METHOD 应用 POST，即 METHOD＝"POST"。

(2) 增加属性：ENCTYPE＝"multipart/form－data"

下面是一个用于上传文件的 FORM 表单的例子：

<FORM METHOD＝"POST" ENCTYPE＝"multipart/form－data"
ACTION＝"/fileUpandDownload/upload.jsp">

```
<INPUT TYPE="FILE" NAME="MYFILE">
<INPUT TYPE="SUBMIT">
</FORM>
```

将该上传组件的 jar 包放入该 Web 工程的 lib 文件夹下，需要使用到的 jar 包名称为 jspSmartUpload.jar，可以到相关网站去下载得到。

案例：利用 jspSmartUpload 组件实现文件上传

1. 上传页面 upload.jsp

本页面提供表单，让用户选择要上传的文件，点击"上传"按钮执行上传操作。

代码如下：

upload.jsp

```
<%@ page language="java" contentType="text/html; charset=UTF-8"
    pageEncoding="UTF-8"%>
<html>
<head>
<meta http-equiv="Content-Type" content="text/html; charset=UTF-8">
<title>文件上传</title>
</head>
<body>
<p align="center">上传文件选择</p>
<FORM METHOD="POST" ACTION="do_upload.jsp"
ENCTYPE="multipart/form-data">
<input type="hidden" name="TEST" value="good">
  <table width="30%" border="1" align="center">
    <tr>
      <td><div align="center">1、
          <input type="FILE" name="FILE1" size="30">
        </div></td>
    </tr>
    <tr>
      <td><div align="center">2、
          <input type="FILE" name="FILE2" size="30">
        </div></td>
    </tr>
    <tr>
      <td><div align="center">3、
          <input type="FILE" name="FILE3" size="30">
        </div></td>
    </tr>
    <tr>
```

```
    <td><div align="center">4、
        <input type="FILE" name="FILE4" size="30">
      </div></td>
   </tr>
   <tr>
    <td><div align="center">
        <input type="submit" name="Submit" value="上传">
      </div></td>
   </tr>
  </table>
</FORM>
</body>
</html>
```

2. 上传处理页面 do_upload.jsp

代码如下：

do_upload.jsp

```
do_upload.jsp
<%@ page language="java" contentType="text/html; charset=UTF-8"
    pageEncoding="UTF-8"%>
<%@page import="com.jspsmart.upload.SmartUpload"%>
<html>
<head>
<meta http-equiv="Content-Type" content="text/html; charset=UTF-8">
<title>文件上传处理页面</title>
</head>
<body>
<%
// 新建一个 SmartUpload 对象
SmartUpload su = new SmartUpload();
// 上传初始化
su.initialize(pageContext);
// 设定上传限制
// 1. 限制每个上传文件的最大长度。
// su.setMaxFileSize(10000);
// 2. 限制总上传数据的长度。
// su.setTotalMaxFileSize(20000);
// 3. 设定允许上传的文件(通过扩展名限制),仅允许 doc、txt 文件。
// su.setAllowedFilesList("doc,txt");
// 4. 设定禁止上传的文件(通过扩展名限制),禁止上传带有 exe、bat、
```

```
//jsp、htm、html扩展名的文件和没有扩展名的文件。
// su.setDeniedFilesList("exe,bat,jsp,htm,html");
// 上传文件
su.upload();
// 将上传文件全部保存到指定目录
int count = su.save("/upload");
out.println(count+"个文件上传成功! <br>");
// 利用 Request 对象获取参数之值
out.println("TEST="+su.getRequest().getParameter("TEST")+"<BR><BR>");

// 逐一提取上传文件信息,同时可保存文件
for (int i=0;i<su.getFiles().getCount();i++){
com.jspsmart.upload.File file = su.getFiles().getFile(i);
// 若文件不存在则继续
if (file.isMissing()) continue;
// 显示当前文件信息
out.println("<TABLE BORDER=1>");
out.println("<TR><TD>表单项名(FieldName)</TD><TD>"
+ file.getFieldName() + "</TD></TR>");
out.println("<TR><TD>文件长度(Size)</TD><TD>" +
file.getSize() + "</TD></TR>");
out.println("<TR><TD>文件名(FileName)</TD><TD>"
+ file.getFileName() + "</TD></TR>");
out.println("<TR><TD>文件扩展名(FileExt)</TD><TD>"
+ file.getFileExt() + "</TD></TR>");
out.println("<TR><TD>文件全名(FilePathName)</TD><TD>"
+ file.getFilePathName() + "</TD></TR>");
out.println("</TABLE><BR>");
// 将文件另存
file.saveAs("/upload/" + file.getFileName());
// 另存到以 WEB 应用程序的根目录为文件根目录的目录下
// file.saveAs("/upload/" + file.getFileName(), su.SAVE_VIRTUAL);
// 另存到操作系统的根目录为文件根目录的目录下
// file.saveAs("c:\\temp\\" + file.getFileName(), su.SAVE_PHYSICAL);
}
%>
</body>
</html>
```

相关页面如图 14-2 所示。

1. 运行 upload.jsp，得到图 14－2 所示界面。

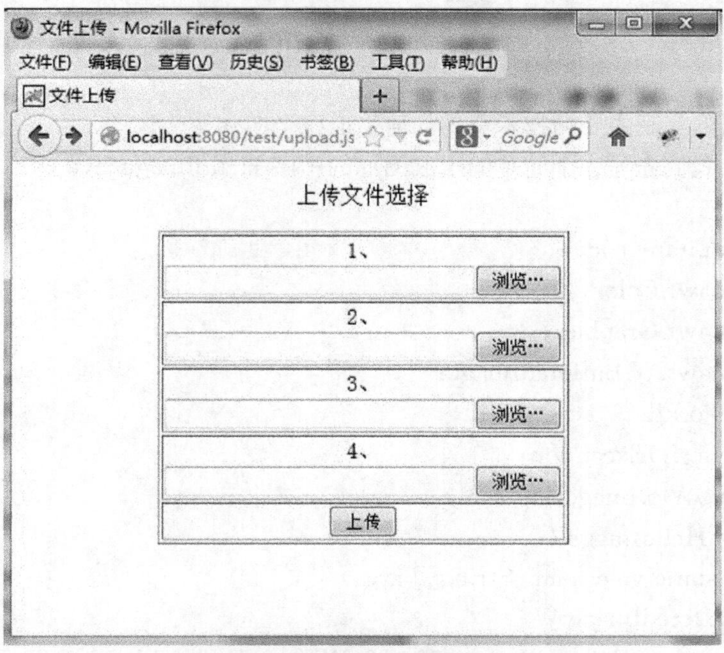

图 14－2　upload.jsp 页面执行结果

2. 选择相关附件后，单击"上传"按钮，附件上传成功后，返回页面如图 14－3 所示。

图 14－3　文件上传成功后返回的页面

14.2 验证码

图片验证码的实现主要的技术点是如何生成一个图片。生成图片可以使用 java.awt 包下的类来实现。我们先写一个简单的生成图片的程序 HelloImage.java。

代码示例：

```
package com.itany.code;
import java.awt.Color;
import java.awt.Graphics;
import java.awt.W.BufferedImage;
import java.io.File;
import java.io.IOException;
import javax.Wio.ImageIO;
public class HelloImage {
    public static void main(String[] args) {
        BufferedImage W =
            new BufferedImage(80, 25,BufferedImage.TYPE_INT_RGB);
        Graphics g = W.getGraphics();
        g.setColor(new Color(255,255,255));
        g.fillRect(0, 0, 80, 25);
        g.setColor(new Color(0,0,0));
        g.drawString("HelloImage",6,16);
        g.dispose();
        try{
            ImageIO.write(W, "jpeg", new File("d:\\helloImage.TIF"));
        }catch(IOException e){
            e.printStackTrace();
        }
    }
}
```

编译后，正常情况下，会在 d 盘根目录下生成一张名字为 helloImage.TIF 的图片。图片上有文字 HelloImage。

下面简单介绍一下生成图片的流程：

1. 建立 BufferedImage 对象。指定图片的长度、宽度和色彩。

BufferedImage W = new BufferedImage(80,25,BufferedImage.TYPE_INT_RGB);

2. 取得 Graphics 对象，用来绘制图片。

Graphics g = W.getGraphics();

3. 绘制图片背景和文字。

4. 释放 Graphics 对象所占用的资源。

g.dispose()；

5. 通过 ImageIO 对象的 write 静态方法将图片输出。

ImageIO.write(W，"jpeg"，new File("d:\\helloImage.TIF"))；

知道了图片的生成方法，剩下的问题就是如何将随机数生成到页面上了。要显示图片，我们只要将生成的图片流返回给 response 对象，这样用户请求的时候就可以得到图片。而一个 JSP 页面的 page 参数的 contentType 属性可以指定返回的 response 对象的形式，我们平时的 JSP 页面中设定的 contentType 是 text/html，所以会被以 HTML 文件的形式读取分析。如果设定为 W/jpeg，就会被以图片的形式读取分析。确定了这点后就可以着手实现。

A：修改生成图片的类，添加生成随机字符串的方法，并取得用户传过来的 response 对象将图片流输出到 response 对象中。同时为了更友好和可订制，添加了一个构造函数，可以修改图片验证码的长度，以及验证码的码字范围。并且可以设定验证码的背景色。（用户使用时可以设定验证图片的背景色与页面的背景色相同）

B：写一个 jsp 文件，用来调用生成验证码图片的类。并得到生成的验证码，存入 session。

以下是代码编写步骤：

1. 编写生成验证码图片的类 RandImgCreater.java。

```
package com.itany.code;
import java.awt.Color;
import java.awt.Font;
import java.awt.Graphics;
import java.awt.W.BufferedImage;
import java.io.IOException;
import java.util.Random;
import javax.Wio.ImageIO;
import javax.servlet.http.HttpServletResponse;
public class RandImgCreater {
    private static final String CODE_LIST =
"ABCDEFGHIJKLMNOPQRSTUVWXYZabcdefghijklmnopqrstuvwxyz1234567890";
    private HttpServletResponse response = null;
    private static final int HEIGHT = 20;
    private static final int FONT_NUM = 4;
    private int width = 0;
    private int iNum = 0;
    private String codeList = "";
    private boolean drawBgFlag = false;
    private int rBg = 0;
    private int gBg = 0;
    private int bBg = 0;
```

```
public RandImgCreater(HttpServletResponse response) {
    this.response = response;
    this.width = 13 * FONT_NUM + 12;
    this.iNum = FONT_NUM;
    this.codeList = CODE_LIST;
}
public RandImgCreater(HttpServletResponse response, int iNum,
        String codeList) {
    this.response = response;
    this.width = 13 * iNum + 12;
    this.iNum = iNum;
    this.codeList = codeList;
}
public String createRandImage() {
    BufferedImage W = new BufferedImage(width, HEIGHT,
            BufferedImage.TYPE_INT_RGB);
    Graphics g = W.getGraphics();
    Random random = new Random();
    if (drawBgFlag) {
        g.setColor(new Color(rBg, gBg, bBg));
        g.fillRect(0, 0, width, HEIGHT);
    } else {
        g.setColor(getRandColor(200, 250));
        g.fillRect(0, 0, width, HEIGHT);
        for (int i = 0; i < 155; i++) {
            g.setColor(getRandColor(140, 200));
            int x = random.nextInt(width);
            int y = random.nextInt(HEIGHT);
            int xl = random.nextInt(12);
            int yl = random.nextInt(12);
            g.drawLine(x, y, x + xl, y + yl);
        }
    }
    g.setFont(new Font("Times New Roman", Font.PLAIN, 18));
    String sRand = "";
    for (int i = 0; i < iNum; i++) {
        int rand = random.nextInt(codeList.length());
        String strRand = codeList.substring(rand, rand + 1);
        sRand += strRand;
```

```
            g.setColor(new Color(20 + random.nextInt(110), 20 + random
                    .nextInt(110), 20 + random.nextInt(110)));
            g.drawString(strRand, 13 * i + 6, 16);
        }
        g.dispose();
        try {
            ImageIO.write(W, "JPEG", response.getOutputStream());
        } catch (IOException e) {
        }
        return sRand;
    }
    public void setBgColor(int r, int g, int b) {
        drawBgFlag = true;
        this.rBg = r;
        this.gBg = g;
        this.bBg = b;
    }
    private Color getRandColor(int fc, int bc) {
        Random random = new Random();
        if (fc > 255)
            fc = 255;
        if (bc > 255)
            bc = 255;
        int r = fc + random.nextInt(bc - fc);
        int g = fc + random.nextInt(bc - fc);
        int b = fc + random.nextInt(bc - fc);
        return new Color(r, g, b);
    }
}
```

2. 编写调用生成验证码图片的类的 jsp 文件 code.jsp。

code.jsp

```
<%@ page contentType="W/jpeg"%>
<%@page import="com.itany.code.RandImgCreater"%>
<%
response.setHeader("Pragma","No-cache");
response.setHeader("Cache-Control","no-cache");
response.setDateHeader("Expires", 0);
RandImgCreater rc = new RandImgCreater(response);
//RandImgCreater rc = new RandImgCreater(response,8,"abcdef");
```

```
//rc.setBgColor(100,100,100);
String rand = rc.createRandImage();
session.setAttribute("rand",rand);
%>
```

3. 编写请求的页面:img.jsp。

img.jsp

```
<%@ page language="java" contentType="text/html; charset=UTF-8"
    pageEncoding="UTF-8"%>
<html>
<head>
<meta http-equiv="Content-Type" content="text/html; charset=UTF-8">
<title>Insert title here</title>
</head>
<body>
<form name="frm" method="post" action="chkImg.jsp">
Hello Image 测试<br/>
验证码:<img src="code.jsp"><br/>
请输入验证码:<input type="text" name="code" value=""><br/>
<input type="submit" name="btn1" value="提交">
</form>
</body>
</html>
```

4. 编写验证页面:chkImg.jsp。

chkImg.jsp

```
<%@ page language="java" contentType="text/html; charset=UTF-8"
    pageEncoding="UTF-8"%>
<html>
<head>
<meta http-equiv="Content-Type" content="text/html; charset=UTF-8">
<title>Insert title here</title>
</head>
<body>
<%
String inputCode = request.getParameter("code");
String code = (String)session.getAttribute("rand");
if(inputCode.equalsIgnoreCase(code) ){
%>
验证成功!!!!!
<%}else{%>
```

```
验证失败!!!!!
<%}%>
</body>
</html>
```

我们可以在部署后访问 img.jsp，如图 14－4 所示。

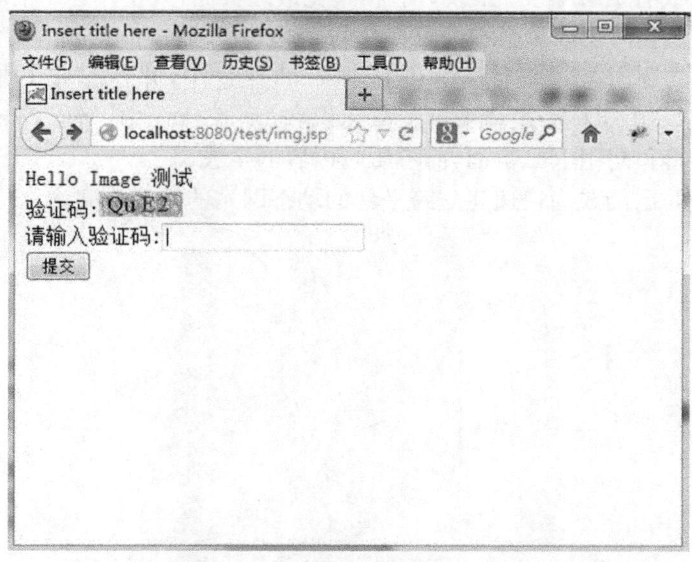

图 14－4　img.jsp 页面执行结果

填入图片上显示的验证码，点击“提交”按钮，可以看到如图 14－5 所示的页面。

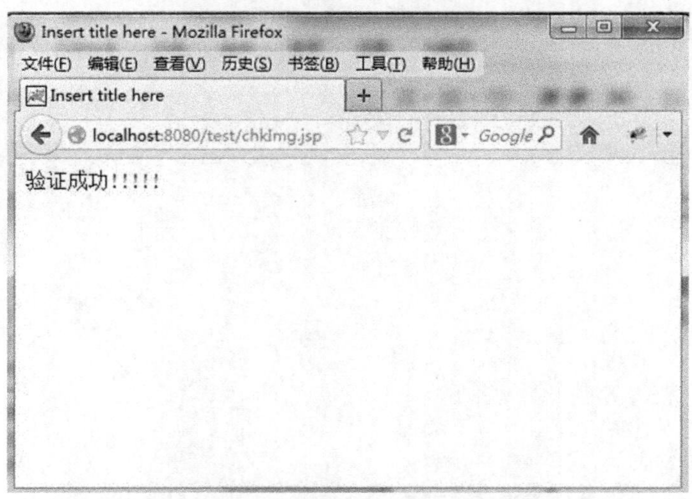

图 14－5　验证结果页面

本篇小结

本篇我们讨论了JSP的基本原理，讲解了JSP的重要内置对象：request，response，pageContext，session，application，page，config。JSP的会话跟踪机制为两种，一种是使用session，一种是使用cookie。

目前的JSP技术，已经将内容的生成和显示进行分离，用JSP技术，Web页面开发人员可以使用HTML或者XML标识来设计和格式化最终页面，并使用JSP标识或者小脚本来生成页面上的动态内容（内容是根据请求变化的，例如请求账户信息或者特定的一瓶酒的价格等）。生成内容的逻辑被封装在标识和JavaBeans组件中，并且捆绑在脚本中，所有的脚本在服务器端运行。由于核心逻辑被封装在标识和JavaBeans中，所以Web管理人员和页面设计者，能够编辑和使用JSP页面，而不影响内容的生成。

因此JSP技术，已经成为快速建立跨平台的动态网站的首选方案。

第五篇　Servlet 篇

Servlet 是一种服务器端的 Java 应用程序，具有独立于平台和协议的特性，可以生成动态的 Web 页面。它担当客户请求与服务器响应的中间层。Servlet 是位于 Web 服务器内部的服务器端的 Java 应用程序，与传统的从命令行启动的 Java 应用程序不同，Servlet 由 Web 服务器进行加载，该 Web 服务器必须包含支持 Servlet 的 Java 虚拟机。

本篇我们来讨论 Servlet 技术。

第 15 章 Servlet 简介

15.1 Servlet 是什么

Servlet 是一种运行在服务器端的 Java 应用程序，具有独立于平台和协议的特性，可以生成动态的 Web 页面。它担当客户请求（Web 浏览器或其他 HTTP 客户程序）与服务器响应（HTTP 服务器上的数据库或应用程序）的中间层。Servlet 是位于 Web 服务器内部的服务器端的 Java 应用程序，与传统的从命令行启动的 Java 应用程序不同，Servlet 由 Web 服务器进行加载，该 Web 服务器必须包含支持 Servlet 的 Java 虚拟机。

15.2 Servlet 的生命周期

在 Servlet 的 API 中定义了两类方法，一是获取 Servlet 相关配置和启动项的方法，二是和生命周期相关的方法，Servlet 生命周期就是指创建 Servlet。Servlet 生命周期可以结合以下两个图（图 15－1、图 15－2）来表示。

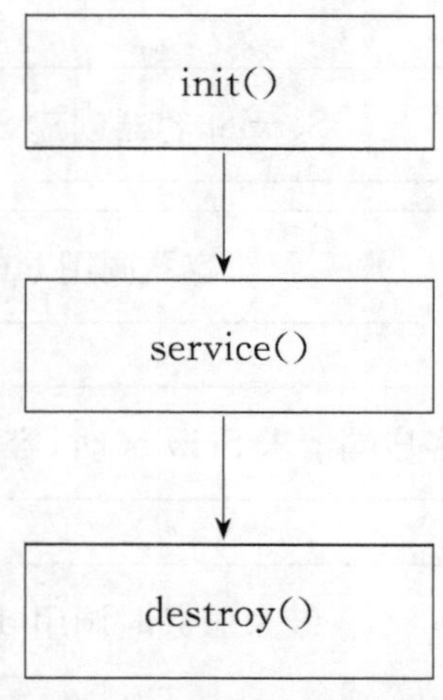

图 15－1 Servlet 生命周期

Servlet 时序图(图 15－2)：

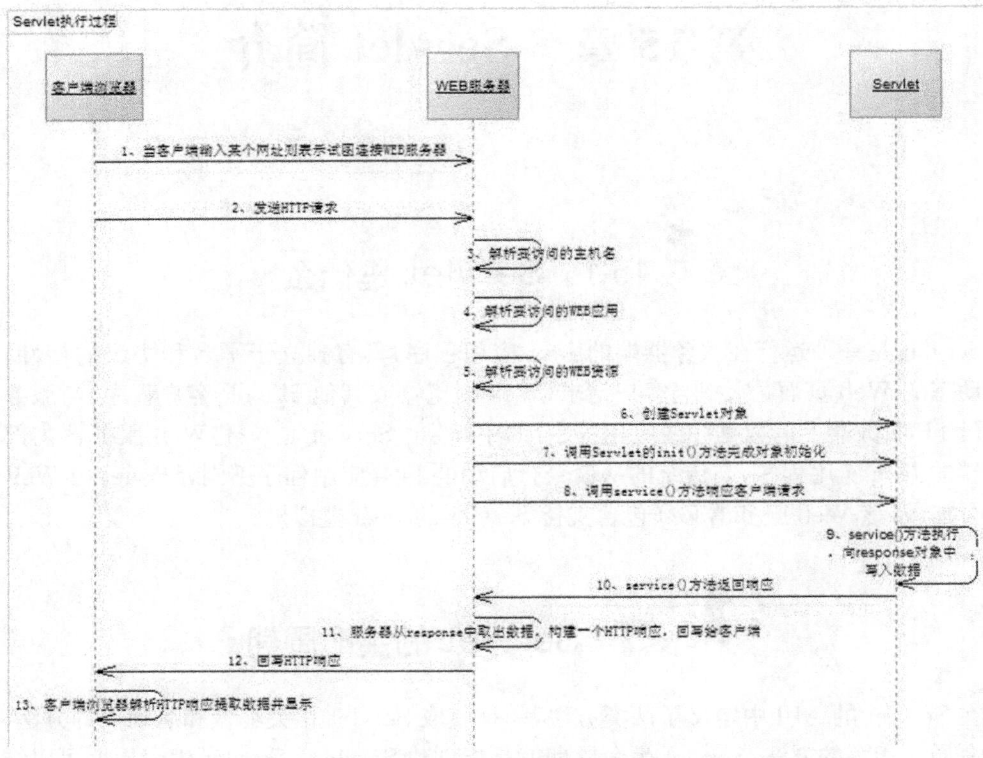

图 15－2　Servlet 时序图

Servlet 生命周期各个阶段的方法调用和作用如图 15－3 所示。

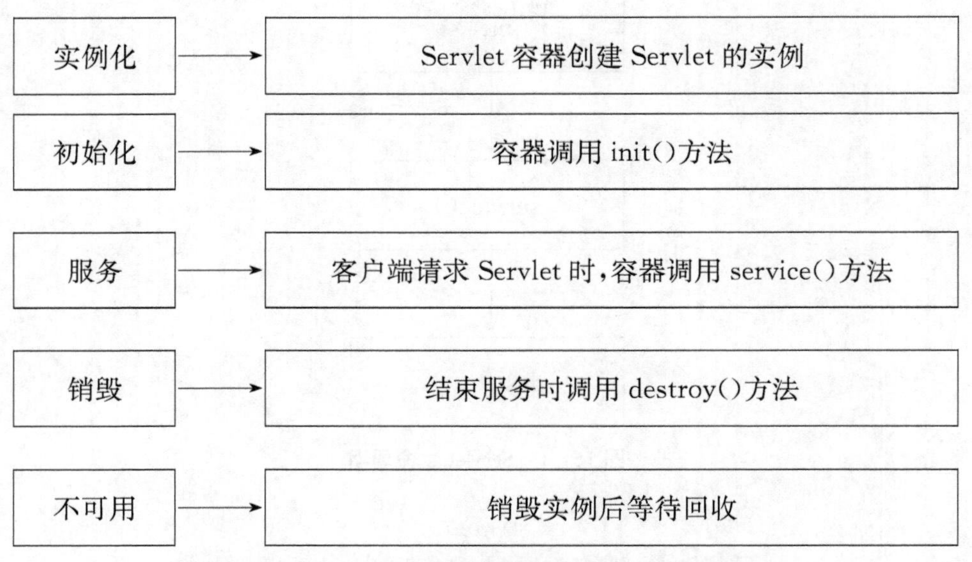

图 15－3　Servlet 生命周期各阶段方法调用和作用

15.3 认识 Servlet

15.3.1 认识 servlet 继承结构(图 15－4)

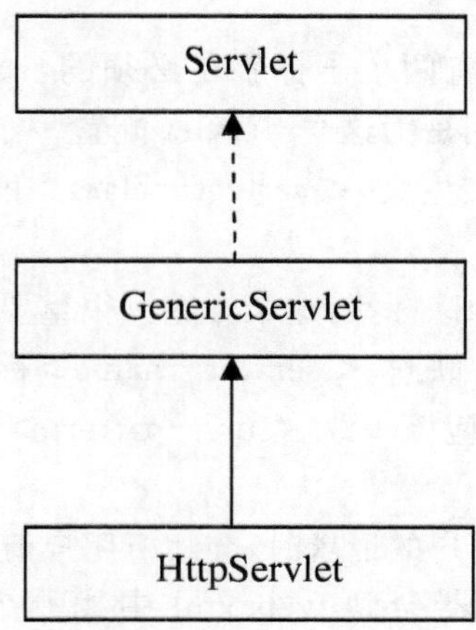

图 15－4 Servlet 继承结构

Servlet 接口中定义每一个 Servlet 都必须是有的行为、规范，每一个 Servlet 都应该是直接或者间接实现的方法，GenericServlet 是一个抽象类，实现了 Servlet 接口，提供了 Servlet 接口的基本实现，实际上 GenericServlet 类中的所有方法的实现都很简单，因为通常我们在写 Servlet 时都是通过继承 HttpServlet 类来实现，HttpServlet 是基于 HTTP 服务的类，重要的是它实现了 GenericServlet 类的 service()方法。

15.3.2 认识 web.xml 文件

服务器接收到客户端的请求，应该映射到哪个 Servlet 去处理，是由 web.xml 来告诉服务器的。通常一个最简单的 web.xml 应该至少具备以下内容：

```
<? xml version="1.0" encoding="UTF-8"? >
<web-app version="2.5"    xmlns="http://java.sun.com/xml/ns/javaee" xmlns:xsi="http://www.w3.org/2001/XMLSchema-instance" xsi:schemaLocation="http://java.sun.com/xml/ns/javaee http://java.sun.com/xml/ns/javaee/web-app_2_5.xsd">
    <servlet>
      <servlet-name></servlet-name>
      <servlet-class> </servlet-class>
    </servlet>

    <servlet-mapping>
      <servlet-name> </servlet-name>
      <url-pattern> </url-pattern>
```

```
    </servlet－mapping>
</web－app>
```

对于已经了解过 XML 相关技术的你来说，这段 XML 代码不算陌生，这里我们简单介绍以下 servlet 相关标签和服务器之间是如何协同工作的。

首先是<web－app>：这个标签是所有 web.xml 文件的根标签，所有的 Servlet 配置信息都在这个标签里面，这点从标签名称上也能看出。

其次是<servlet>标签：

Servlet 源码如下：该标签中有两个子标签是必须的，<servlet－name>、<servlet－class>，<servlet－name>的作用是为这个 Servlet 配置一个有好名称，这个名称开发人员可以自拟，但是通常希望能够望文生义，<serlvet－class>的作用是配置这个 servlet 相关的类。

另外还有<servlet－mapping>标签：这个标签页很重要，同时也是必须的，<servlet－mapping>，顾名思义就是 servlet 映射，<servlet－name>标签的文本和<servlet>标签中的子标签<servlet－name>配置应该一致，<url－pattern>标签中文本规定了这个 servlet 的 url 是什么形式。

对于服务器来说，当接收到用户的请求时，会解析用户请求的相关资源，比如 http://localhost:8080/myweb/hello，服务器会到 web.xml 中找哪个 Servlet 配置中存在<url－pattern>hello</url－pattern>，如果存在则根据对应<serlvet－mapping>中配置的<servlet－name>，找到相关的<servlet>配置中的<servlet－class>，从而映射到相关的字节码文件，创建 Servlet 实例。

比如以下配置：

```
<? xml version="1.0" encoding="UTF－8"? >
<web－app version="2.5"
    xmlns="http://java.sun.com/xml/ns/javaee"
    xmlns:xsi="http://www.w3.org/2001/XMLSchema－instance"
    xsi:schemaLocation="http://java.sun.com/xml/ns/javaee
    http://java.sun.com/xml/ns/javaee/web－app_2_5.xsd">
  <servlet>
    <servlet－name>test</servlet－name>
    <servlet－class>com.servlet.ServletTest</servlet－class>
  </servlet>

  <servlet－mapping>
<servlet－name>test</servlet－name>
<url－pattern>/ServletTest</url－pattern>
  </servlet－mapping>
</web－app>
```

当服务器接收到 ServletTest 请求会找到名为 test 的 Servlet 以及这个 Servlet 对应的类，web.xml 的作用就在于此，让 Web 服务器能够定位到相关的 Servlet 类，并对这个

Servlet 类进行实例化、初始化、提供服务等。

15.3.3 手动部署 Web 应用，输出 Hello Servlet!

打开 Tomcat 安装目录，你会看到如图 15-5 的内容。

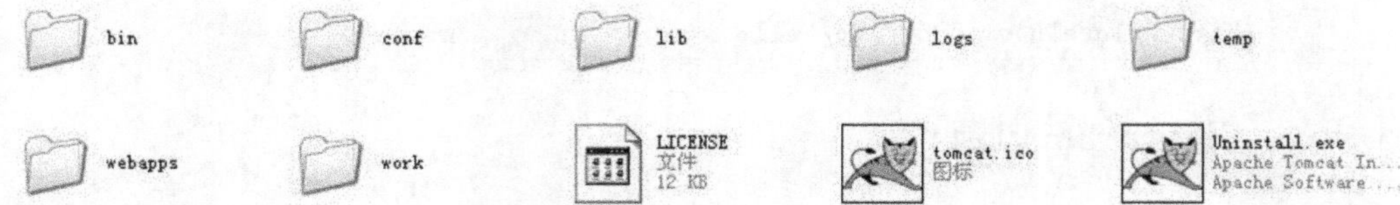

图 15-5 Tomcat 安装目录下内容

打开 webapps 目录，新建文件夹 myweb，在 myweb 目录中，新建 WEB—INF 目录，在 WEB—INF 目录中新建如图 15-6 所示结构。

图 15-6 WEB—INF 目录中新建内容

在 classes 目录中新建一个 Java 类，FirstServlet.java，代码如下：

```
package com.myweb.web.servlet;
import java.io.*;
import javax.servlet.*;
public class HelloServlet extends GenericServlet {
    public void service(ServletRequest req, ServletResponse resp)
            throws ServletException, IOException {
        OutputStream out = resp.getOutputStream();
        out.write("Hello Servlet!!".getBytes());
    }
}
```

注意：Servlet 类最好要有包名。

通过 javac 命令编译该 Servlet 类，并且带包名编译，通常编译会报错，这时我们需要设置一下环境变量，在环境变量中设置这个 Servlet 对象运行需要支持的包，你可以下一个 servlet—api.jar 包，也可以直接在你的 tomcat 安装目录下面找到 lib 文件夹，在里面找到 Servlet 对应的 jar 包。

编译通过，接下来我们来配置 web.xml 文件：

```
<servlet>
    <servlet-name>hello</servlet-name>
    <servlet-class>com.myweb.web.servlet.HelloServlet</servlet-class>
</servlet>
<servlet-mapping>
    <servlet-name>hello</servlet-name>
    <url-pattern>/hello</url-pattern>
```

</servlet－mapping>

在浏览器的地址栏中访问地址：http://localhost:8080/jsp/hello 就能看到输出结果(图15-7)

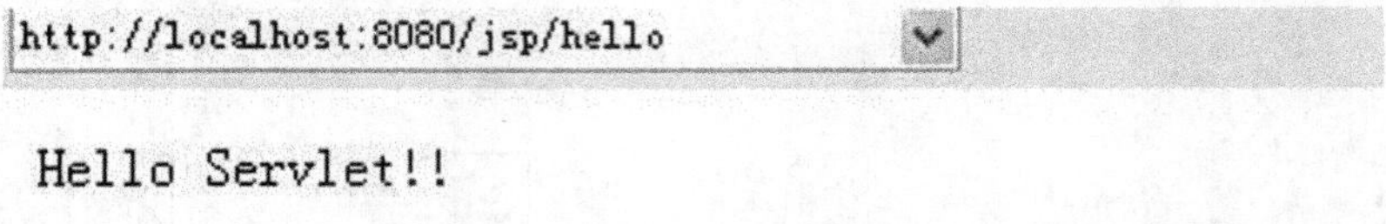

图 15-7　输出结果

虽然，现在我有其他方式实现在浏览器中输出 Hello XXX! 的技术，但是，现在我们在浏览器看到的"Hello Servlet!!"，是由一个 Web 阶段非常重要的技术——Servlet 来实现，掌握了 Servlet 就掌握了开发 Web 项目的钥匙。

从源码中认识 Servlet。

让我们先来看看 Servlet 的源码：

```
package javax.servlet;
import java.io.IOException;
public interface Servlet {
public void init(ServletConfig config) throws ServletException;
public ServletConfig getServletConfig();
public void service (ServletRequest req, ServletResponse res) throws ServletException, IOException;
public String getServletInfo();
public void destroy();
}
```

当 Servlet 被调用，容器会创建该 Servlet 实例，根据 Servlet 设定的参数创建 ServletConfig 实例，调用 init()方法并将 ServletConfig 实例作为参数完成 Servlet 初始化。当 Web 服务器获取该 Servlet 的请求，则调用 service()方法，传入 ServletRequest、ServletResponse 的实例，最初设计 Servlet 时并没有限定只能用于 HTTP 请求上，所以此处的 ServletRequest 和 ServletResponse 是 javax.servlet 包中的，而不是以 HTTP 开始请求和响应对象。

让我们在来看看 GenericServlet 的源码：

```
package javax.servlet;
import java.io.IOException;
import java.util.Enumeration;
public abstract class GenericServlet implements Servlet, ServletConfig, java.io.Serializable {
```

```
        private transient ServletConfig config;
        public GenericServlet() {}
        public void destroy() {}
        public String getInitParameter(String name) {
            return getServletConfig().getInitParameter(name);
        }
        public Enumeration<String> getInitParameterNames() {
            return getServletConfig().getInitParameterNames();
        }
        public ServletConfig getServletConfig() {
            return config;
        }
        public ServletContext getServletContext() {
            return getServletConfig().getServletContext();
        }
        public String getServletInfo() {
            return "";
        }
    public void init(ServletConfig config) throws ServletException {
            this.config = config;
        this.init();
        }
        public void init() throws ServletException {}
        public void log(String msg) {
            getServletContext().log(getServletName() + ": "+ msg);
        }
        public void log(String message, Throwable t) {
            getServletContext().log(getServletName() + ": " + message, t);
        }
        public abstract void service(ServletRequest req, ServletResponse res) throws
ServletException, IOException;
        public String getServletName() {
            return config.getServletName();
        }
    }
```

GenericServlet 是一个抽象类,实现了 Servlet 的接口,从上面的代码可以看出,GenericServlet 并未对 Servlet 做完整的实现,其中一个标注为红色的源码为 init()方法,当容器创建该 Servlet 实例时,会将接受到的 ServletConfig 实例赋值给成员变量 config,之后再调用无参的 init()方法。另外 service()方法定义为 abstract()方法,表示具体由子类来实现,GenericServlet 的直接子类有 HttpServlet,表示专门处理 Http 请求的 Servlet,也是我们平时开发涉及的较多的 Servlet 类。

```
package javax.servlet.http;
public abstract class HttpServlet extends GenericServlet {
public HttpServlet() {}
    略...
public void service(ServletRequest req, ServletResponse res)  throws ServletException, IOException {
        HttpServletRequest  request;
        HttpServletResponse response;
        try {
            request = (HttpServletRequest) req;
            response = (HttpServletResponse) res;
        } catch (ClassCastException e) {
            throw new ServletException("non-HTTP request or response");
        }
        service(request, response);
    }
    protected void service(HttpServletRequest req, HttpServletResponse resp) throws ServletException, IOException {
        String method = req.getMethod();

        if (method.equals(METHOD_GET)) {
            long lastModified = getLastModified(req);
            if (lastModified == -1) {
                doGet(req, resp);
            } else {
        略...
    }
}
```

HttpServlet 是一个基于 HTTP 服务的类,他实现了 GenericServlet 没有实现的 service()方法,第二个 service()方法是对第一个 service()方法的补充,对于 Web 容器而言,接受到的请求和响应都是 HttpServeltRequest 和 HttpServletResponse 类的对象,他们分别是 ServletRequest 和 ServletResponse 子接口。

HttpServlet 实现了 GenericServlet 类的 service()方法,并将传入的 ServletRequest 和 ServletResponse 转换为 HttpServletRequest 和 HttpServletResponse,同时调用自己定义的 service(HttpServletRequest req, HttpServletResponse resp)方法,在这个方法中,先获取 HTTP 请求方式,根据得出的结果调用对应的 doXX()方法,比如,如果现在 HTTP 请求时 POST 方式,则调用 doPost()方法,在 HttpServlet 类中定义了 doXX()一系列方法。由此可

见，我们通常写的 Servlet 都是基于 HTTP 请求的，所以只要让我们定义的 Servlet 继承 HttpServlet，而我们的程序中所提交的请求方法大多数是 post()和 get()，所以在我们自定义的 HttpServlet 类中只要重写 doGet()或者 doPost()方法即可达到要求。

15.3.4 用 MyEclipse 开发 Servlet 项目

新建 Web 项目：

点击 File New Web Project，打开如图 15－8 所示的对话框。

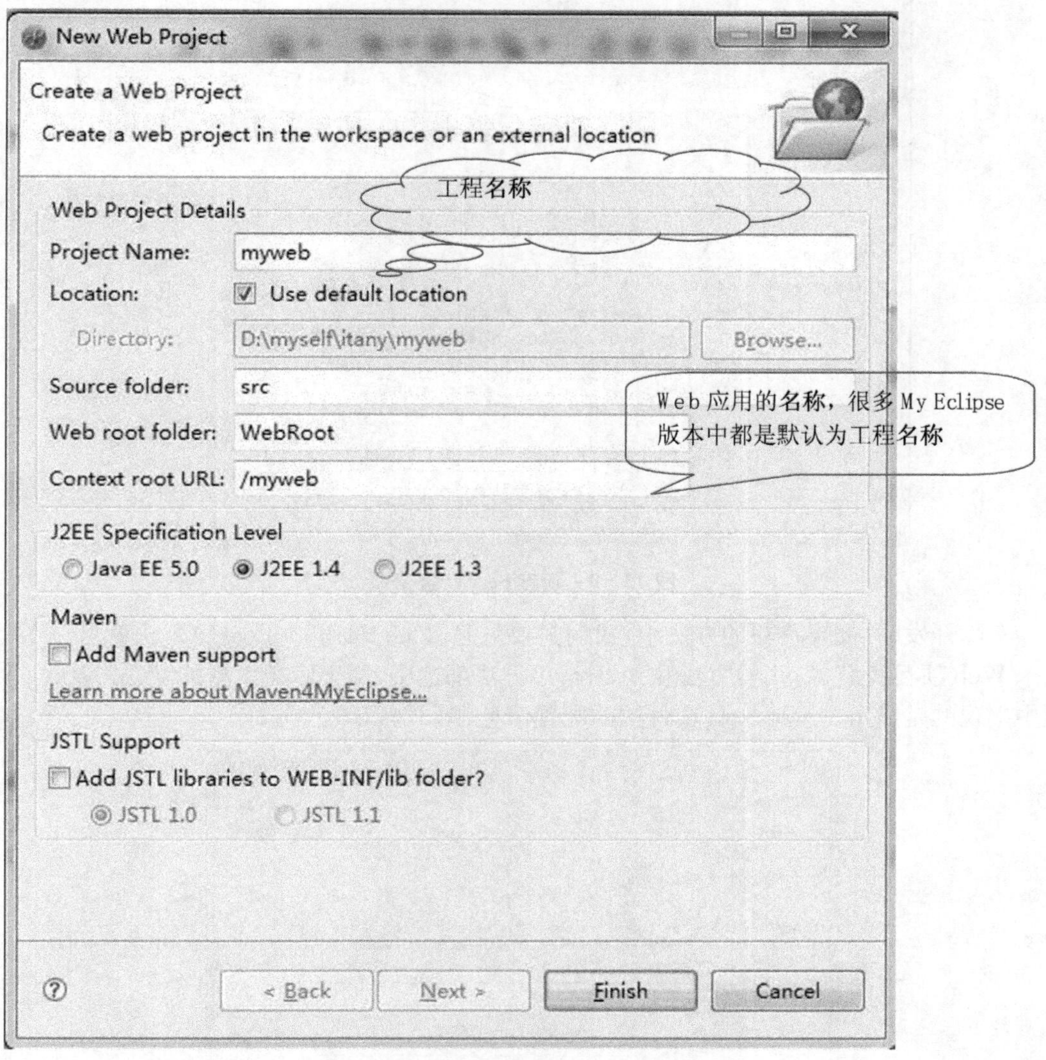

图 15－8 New Web Project 对话框

注意：Context root URL 表示的是 Web 应用的名称，Web 应用的名称并不等于工程名称，Web 应用的名称是部署在 Web 服务器中的应用名称，在 MyEclipse 新建 Web 项目的时候是可以修改的，但是大部分的 MyEclipse 版本都默认为工程名称。

创建 Servlet 类：

项目 src 上右键选择 New Servlet，打开如图 15－9 所示的对话框，输入包名和类名。

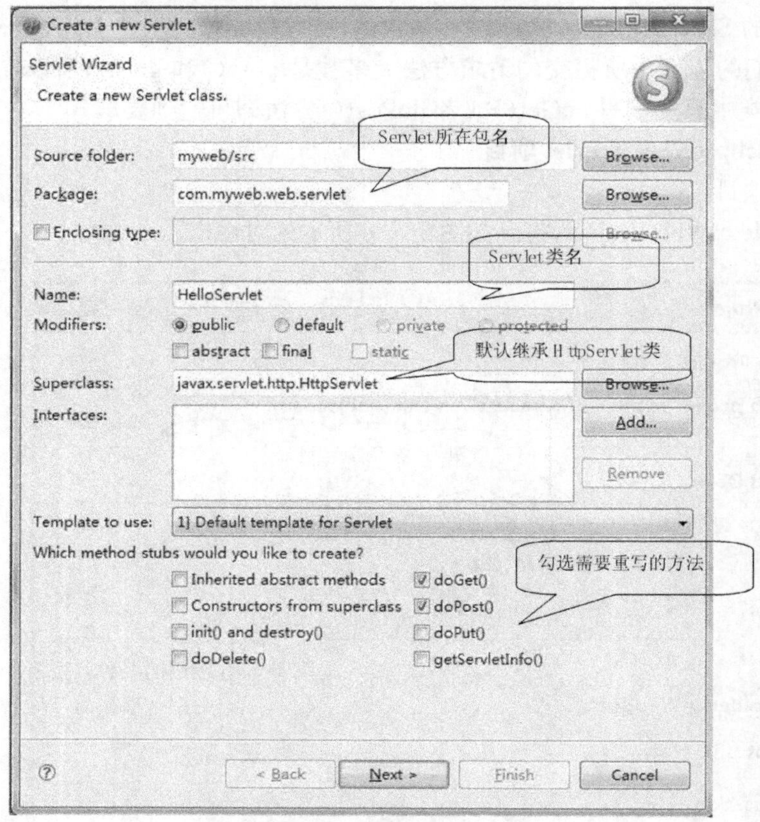

图 15-9　新建 Servlet 类窗口

实际开发时，需要重写的方法中，我们只要处理 doGet()和 doPost()方法就可以了，第一个 Web 项目我们将 init()方法和 destroy()方法都选中，用于后期做测试，点击 Next，对话框中出现的是显示在 web.xml 文件中的配置信息（图 15-10）。

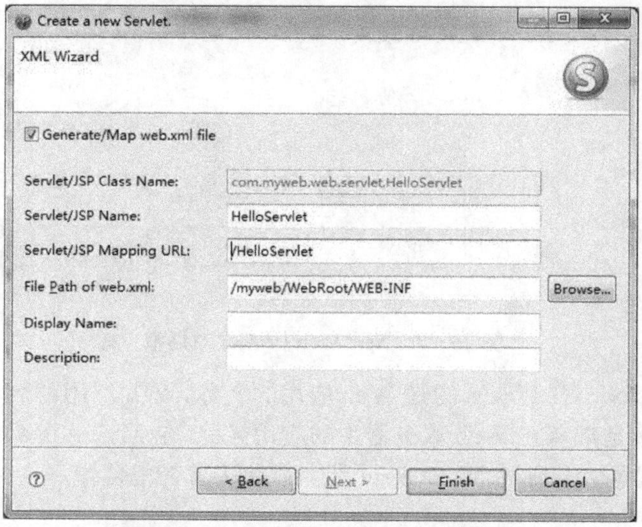

Create a new Servlet.
XML Wizard
Generate/Map web.xml file
Servlet/JSP Class Name: com.myweb.web.servlet.HelloServlet
Servlet/JSP Name: HelloServlet
Servlet/JSP Mapping URL: /HelloServlet
File Path of web.xml: /myweb/WebRoot/WEB-INF　Browse...
Display Name:
Description:
< Back　Next >　Finish　Cancel

图 15-10　显示在 web.xml 文件中的配置信息

其中 Display Name 和 Description 是可选项，是 Servlet 的一些描述信息，Servlet/JSP Class Name 表示该 Servlet 对应的全限定类名（包名＋类名），MyEclipse 自动获取，不能修改，Servlet/JSP Name 表示在 WEB 服务器中注册的 Servlet/JSP 的名称，或者说为这个 JSP/Servlet 取一个友好名称，Servlet/JSP Mapping URL 表示该 Servelt/JSP 资源对应的映射地址，也就是用户访问哪个 URL 时服务器会调用这个 Servlet/JSP 资源来处理，File path of web.xml 表示 web.xml 文件对应的路径，以上信息都配置好后点击 Finish，Servlet 类创建完成，接下来可以在 doGet()或者 doPost()方法中完成代码。基本代码如下：

```
package com.myweb.web.servlet;

import java.io.IOException;
import java.io.PrintWriter;

import javax.servlet.ServletException;
import javax.servlet.http.HttpServlet;
import javax.servlet.http.HttpServletRequest;
import javax.servlet.http.HttpServletResponse;

public class HelloServlet extends HttpServlet {

    /**
     * Destruction of the servlet. <br>
     */
    public void destroy() {
        System.out.println("HelloServlet destroy()方法被执行");
    }

    /**
     * The doGet method of the servlet. <br>
     *
     * This method is called when a form has its tag value method equals to get.
     *
     * @param request the request send by the client to the server
     * @param response the response send by the server to the client
     * @throws ServletException if an error occurred
     * @throws IOException if an error occurred
     */
    public void doGet(HttpServletRequest request, HttpServletResponse response)
            throws ServletException, IOException {
```

```
        response.setContentType("text/html");
        PrintWriter out = response.getWriter();
        out
                .println("<! DOCTYPE HTML PUBLIC \"-//W3C//DTD
HTML 4.01 Transitional//EN\">");
        out.println("<HTML>");
        out.println("  <HEAD><TITLE>A Servlet</TITLE></HEAD>");
        out.println("  <BODY>");
        out.print("    This is ");
        out.print(this.getClass());
        out.println(", using the GET method");
        out.println("  </BODY>");
        out.println("</HTML>");
        out.flush();
        out.close();
    }

    /**
     * The doPost method of the servlet. <br>
     *
     * This method is called when a form has its tag value method equals to post.
     *
     * @param request the request send by the client to the server
     * @param response the response send by the server to the client
     * @throws ServletException if an error occurred
     * @throws IOException if an error occurred
     */
    public void doPost(HttpServletRequest request, HttpServletResponse response)
            throws ServletException, IOException {

        response.setContentType("text/html");
        PrintWriter out = response.getWriter();
        out
                .println("<! DOCTYPE HTML PUBLIC \"-//W3C//DTD
HTML 4.01 Transitional//EN\">");
        out.println("<HTML>");
        out.println("  <HEAD><TITLE>A Servlet</TITLE></HEAD>");
        out.println("  <BODY>");
        out.print("    This is ");
```

```
        out.print(this.getClass());
        out.println(", using the POST method");
        out.println("  </BODY>");
        out.println("</HTML>");
        out.flush();
        out.close();
    }

    /**
     * Initialization of the servlet. <br>
     *
     * @throws ServletException if an error occurs
     */
    public void init() throws ServletException {
        System.out.println("HelloServlet init()方法被执行");
    }

}
```

web.xml 文件如下：

```
<?xml version="1.0" encoding="UTF-8"?>
<web-app version="2.4"
    xmlns="http://java.sun.com/xml/ns/j2ee"
    xmlns:xsi="http://www.w3.org/2001/XMLSchema-instance"
    xsi:schemaLocation="http://java.sun.com/xml/ns/j2ee
    http://java.sun.com/xml/ns/j2ee/web-app_2_4.xsd">

  <servlet>
    <servlet-name>HelloServlet</servlet-name>
    <servlet-class>com.myweb.web.servlet.HelloServlet</servlet-class>
  </servlet>

  <servlet-mapping>
    <servlet-name>HelloServlet</servlet-name>
    <url-pattern>/HelloServlet</url-pattern>
  </servlet-mapping>
  <welcome-file-list>
    <welcome-file>index.jsp</welcome-file>
  </welcome-file-list>
```

</web－app>

你看到的 MyEclipse 生成的 Servlet 类里面可能有很多描述信息，如果你想让这些信息变成你自己的内容，或者你的 doGet()方法是这样的：

public void doGet(HttpServletRequest arg0，HttpServletResponse arg1)

arg0 和 arg1 没有实际意义，这时我们可以改 Servlet 的模板文件，具体方法如下：

首先找到 MyEclipse 的安装路径，搜索到 Servlet.java 文件的所在位置，打开该文件，你会发现写法和普通的 Java 文件不一样，这个文件定义了 Servlet 类的形式，包括注释和参数写法，我们可以修改这个文件变成我们想要的形式。

部署并启动项目：

在 MyEclipse 中找到如下图标(图 15－11)。

图 15－11　启动项目图标

点击，打开以下对话框(图 15－12)。

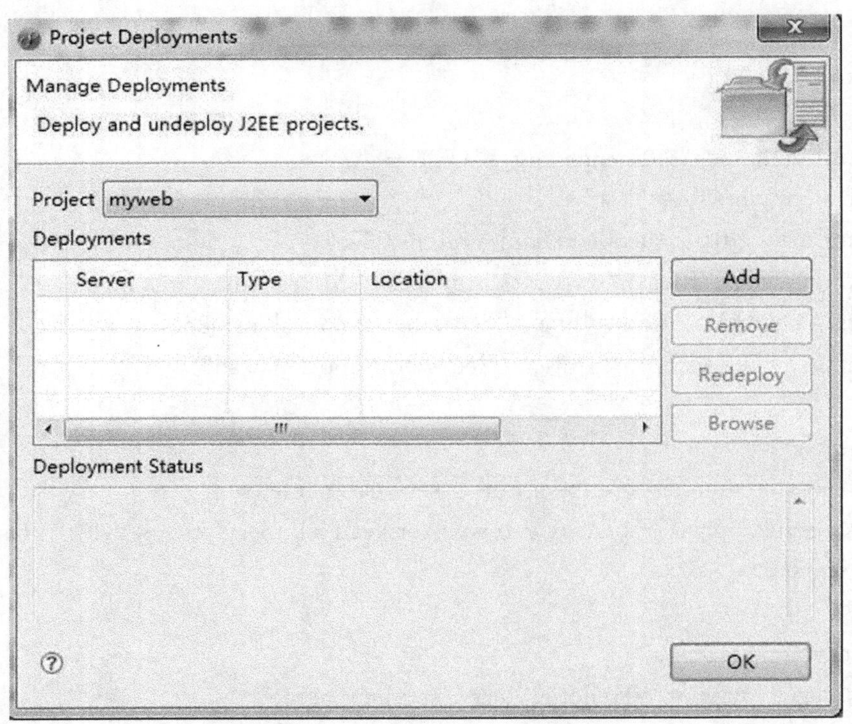

图 15－12　Project Deployments 对话框

在 Project 选项框中选择需要部署到服务器上的 Web 项目，点击 Add，在对话框中选择 Server，选择你安装的 Tomcat，点击 Finish(图 15－13)。

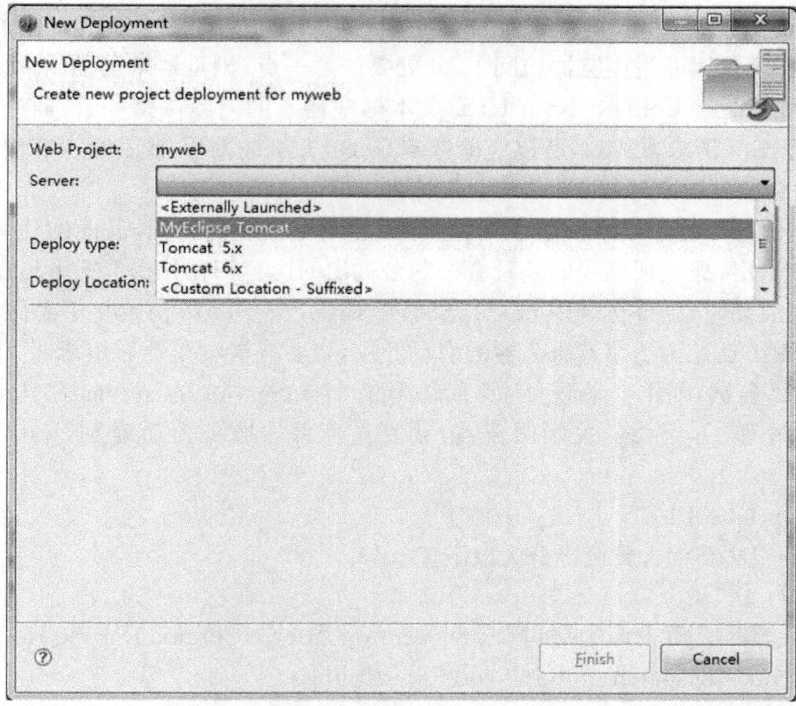

图 15－13　选择你安装的 Tomcat

在 Project Deployment 对话框中，如果在 Deployment status 中看到了 Successfully deployed.表示部署成功，点击 OK(图 15－14)。

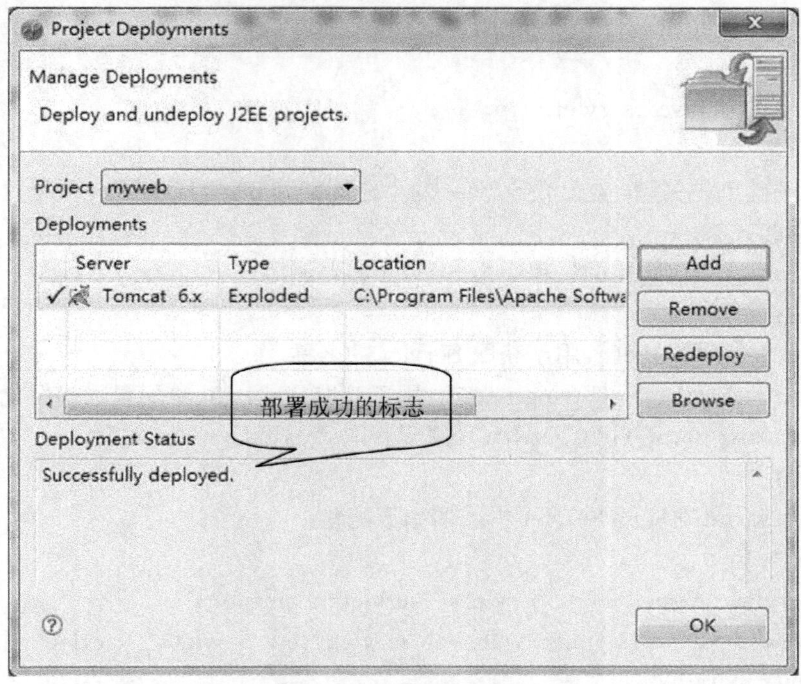

图 15－14　部署成功的标志

在MyEclipse中找到图标 ：点击你的工程所部署的Server，点击Start，如果服务器启动没有问题，就可以通过浏览器访问了，此处要注意一点，浏览器中访问的Web应用应该和新建Web项目时在Context Root URL文本框中输入的内容保持一致，通过浏览器访问Servlet是基于Get请求方式的，所以应确保doGet()方法被重写，或者至少有内容。

- 通过后台输出再次理解Servlet生命周期

现在我们的应用程序已经部署成功，并能通过浏览器正确访问，前面的代码中，我们的程序有控制台输出，那么现在我们来看看控制台输出的内容都在什么情况下出现。

当服务器启动时，并没有调用init()方法，即是说，Servlet的初始化不是跟随服务器启动的，这样的做法也是为了节省服务器的启动开销，当客户端浏览器有请求时，init()方法和doGet()方法都会被调用，实际上是因为调用了HttpServlet的service()方法自动转为doGet()方法处理了，当我们关闭服务器，或者重新部署服务器后看到destroy()方法被执行。

- 认识Servlet API

Servlet的层次结构大致可以分为以下三部分：

12个接口：

7个Web容器必须实现的接口(ServletConfig、ServletContext、ServletResponse、ServletRequest、RequestDispatch、FilterChain、FilterConfig)。

5个由开发者选择实现(Servlet、ServletContextAttributeListener 、Filter 、SingleThreadModel、ServletContextListener)。

7个类：

GenericServlet、ServletContextEvent、ServletContextAttributeEvent、ServletInputStream、ServletOutputStream、ServletResponseWrapper、ServletRequestWrapper。

2个包：

javax.servlet和javax.servlet.http。

主要接口包括：

Servlet：基础也是关键，定义了Servlet的生命周期，同时也提供了获取配置信息和启动项的相关数据的方法。

ServletConfig：在初始化的过程中由Servlet容器调用。

常用方法：

String getServletName()：用于获取Servlet的名称。

String getInitParameter(String name)：用于获取web.xml中配置的初始化信息。

ServletContext getServletContext()：用于获取ServletContext对象。

示例代码：

首先在web.xml对应的Servlet中增加如下配置：

```
<servlet>
    <servlet-name>HelloServlet</servlet-name>
    <servlet-class>com.myweb.web.servlet.HelloServlet</servlet-class>
    <init-param>
        <param-name>username</param-name>
```

```
    <param-value>tom</param-value>
  </init-param>
</servlet>
```

在 Servlet 中获取配置信息的代码如下：

```
package com.myweb.web.servlet;

import java.io.IOException;
import java.io.PrintWriter;
import javax.servlet.ServletException;
import javax.servlet.http.HttpServlet;
import javax.servlet.http.HttpServletRequest;
import javax.servlet.http.HttpServletResponse;
public class HelloServlet extends HttpServlet {
    /**
     * The doGet method of the servlet. <br>
     *
     * This method is called when a form has its tag value method equals to get.
     *
     * @param request the request send by the client to the server
     * @param response the response send by the server to the client
     * @throws ServletException if an error occurred
     * @throws IOException if an error occurred
     */
    public void doGet(HttpServletRequest request, HttpServletResponse response)
            throws ServletException, IOException {
        response.setContentType("text/html;charset=utf-8");
        PrintWriter out = response.getWriter();
        //获取 Servlet 的 Name
        String servletName = this.getServletName();
        //获取 Servlet 的初始配置中的 username 的值
        String initUserName = this.getServletConfig().getInitParameter("username");
        //向客户端浏览器中写入数据
        out.println("访问的 ServletName 是:" + servletName + "<Br>");
        out.println("配置的参数是值是:" + initUserName);
        out.flush();
        out.close();
    }
    public void doPost(HttpServletRequest request, HttpServletResponse response)
throws ServletException, IOException {
```

```
        doGet(request, response);
    }
}
```

通过浏览器访问 http://localhost:8080/myweb/HelloServlet 地址，能在页面中看到输出的信息。

<init-param>在 web.xml 文件中可以配置多个，可以通过 getInitParameterNames() 方法来获取所有的<param-name>的文本，结合 getInitParameter(String name)来获取初始化信息。

示例代码：

```
public void doGet(HttpServletRequest request, HttpServletResponse response)
        throws ServletException, IOException {

    response.setContentType("text/html;charset=utf-8");
    PrintWriter out = response.getWriter();

    //获取 Servlet 所有的初始化配置信息
    Enumeration<String> infos =  this.getServletConfig().getInitParame-
        terNames();
    //如果有配置信息
    if(null != infos)
    {
        //遍历集合
        while(infos.hasMoreElements())
        {
            //获取 paran-name 标签的文本
            String paramName = infos.nextElement();
            //获取对应的配置数据
            String paramValue = this.getServletConfig().getInitParameter(pa-
              ramName);
            //输出信息
            out.println("<param-name>" + paramName + "</param-
              name>");
            out.println("<br><param-value>" + paramValue + "</
              param-value>");
            out.println("<br>");
        }
    }
    out.flush();
    out.close();
```

```
}
```

通常，如果某个 Servlet 有一些数据不适合写死在程序中，比如数据库信息等，此时，可以通过<init－pama>的配置来实现。

ServletContext：定义 Servlet 用于获取来自其容器的信息的方法。

常用方法：

ServletContext getContext(String uri)：获取 ServletContext 对象。

String getRealPath(String file)：返回与一个符合格式的虚拟路径相对应的真实路径的字符串。

URL getResource(String path)：返回一个 URL 对象，该对象反映位于给定的 URL 地址。

String getInitParameter(String name)：用于获取 web.xml 中配置的初始化信息。

Object getAttribute(String name)：返回 Servlet 环境对象中指定的属性对象，如果该属性不存在，则返回 null 值。

void setAttribute(String name, Object obj)：设定 Servlet 环境中指定名称的值。

在 Servlet 中配置的初始信息，只能为这个 Servlet 所用，如果想让整个 WEB 应用都能共享这个初始化数据，就需要配置<context－param>

```
<context-param>
    <param-name>school</param-name>
    <param-value>网博 IT 教育</param-value>
</context-param>
```

获取数据的方式和 ServletConfig 类似。

示例代码：

```
public void doGet(HttpServletRequest request, HttpServletResponse response)
            throws ServletException, IOException {

        response.setContentType("text/html;charset");
        PrintWriter out = response.getWriter();
//获取 web.xml 中配置的<context-param>数据
        String data = (String) this.getServletContext().getAttribute("school");
        out.println("school ===>" + data);
        out.flush();
        out.close();
    }
```

ServletRequest：向服务器发送请求信息。

常用方法：

ServletInputStream getInputStream()：获取输入流对象。

String getParameter(String name)：获取 request 范围内容的指定名称的值。

int getContentLength()：返回请求体的长度，以字节为单位。

ServletResponse：响应客户端请求。

常用方法：

ServletOutputStream getOutputStream()：获取输出流对象。

PrintWriter getWriter()：获取字符输出流对象。

以上两个接口基本上不单独使用，开发过程中主要是用其子接口，HttpServletRequest 和 HttpServletResponse 接口作为 service()方法中的参数。

常用的类包括：

ServletInputStream：用于从客户端读取二进制数据。

主要方法：

int readLine(byte[ ]b,int offset,int length)

ServletOutputStream：用于将二进制数据发送到客户端。

主要方法：

void print(char ch);

void print(String str);

javax.servlet.http.*包

HttpServletRequest：提供 HTTP 请求信息。

常用的方法：

String getMethod()：获取 Request 的请求方式：POST/GET/PUT/……

String getPathInfo()：包含与客户端发送请求的 URL 相关的额外信息。

String getAuthType()：返回请求的身份验证模式。

String getHeader(String name)：返回指定名称的特定请求的值。

Out.println("cookie==" + request.getHeader("cookie"));

Enumeration getHeaders(String name)：返回一个请求头域的值。

Cookie[] getCookies()：返回一个 Cookie 数组，该数组包含这个请求中当前的所有 Cookie，如果没有则返回一个空数组。

Enumeration getHeaderNames()：返回请求包含的所有头名称的一个 Enumeration。

```
Enumeration en = request.getHeaderNames();
While(en.hasMoreElements())
{
    out.println(en.nextElement() + "<br>");
}
```

HttpServletResponse：提供 HTTP 响应。

常用方法：

void addCookie(Cookie cookie)：在 WEB 服务器响应中加入 Cookie 对象，这个对象将被浏览器所保存。

void sendRedirect(String location)：向客户发出临时的重新导向的响应，它生产的响应状态码是 302。

void setContentType(String contentType)：在相应中可以表明内容格式和长短。

15.4 Servlet 对象和 JSP 内置对象对应关系

JSP 内置对象在 Servlet 中的描述可以用下面的表格来表示(表 15－1)。

表 15－1 JSP 内置对象在 Servlet 中的描述

序 号	JSP 内置对象	servlet	备 注
1	request	service 等方法中的参数	
2	response	同上	
3	out	通过 response 的 getWrite()方法获取	JSP 中 out 的类型是 JspWriter，而 Servlet 中用到的 out 则是 PrintWriter 类型的，两者类型不一样
4	pageContext	service 方法	
5	session	通过 request.getSession()方法获取	
6	Application	通过 servlet 对象的 getServletContext()方法获取	
7	Config	通过 Servlet 对象的 getServletConfig()方法获取	
8	Page	无	
9	Exception	无	

一些说明：

HttpServletRequest 对象获取 session 对象有两种方法：

- HttpSession getSession()
- HttpSession getSession(boolean create)

如果没有与当前请求关联的会话，则 getSession() 方法用于创建会话；如果布尔值为 true 且当前没有与请求关联的会话，则使用 getSession(boolean value) 创建会话。如果布尔值为 false，如果没有与当前请求关联的会话，返回 null。

JSP 内置对象 application 在 Servlet 中通过 getServletContext()方法获取，config 通过 getServletConfig()方法获取，都有 getInitParameter(String name)方法获取初始化参数，application 获取的是 web.xml 中<context－param>标签中的参数值，config 获取的是 web.xml 中<servlet>标签的子标签<init－param>中的参数，分别对应 ServletContext 和 ServletConfig 的方法。

15.5 JSP 的两种模型

早期 JSP 规格书曾列举两种 JSP 应用程序的体系结构模型：

Model Ⅰ：以 JSP 为核心的体系结构，其中包含两种形式：

- 纯粹使用JSP。
- 以JSP为核心,JavaBean为辅。

Model II:以MVC为基础的体系结构。

(1) Model Ⅰ

Model I 第一种形式:以纯JSP来实现,JSP既需要做显示,又需要做控制,同时还要做数据处理,JSP页面中势必会存在大量的小脚本,我们以一个常见的登录案例理解。

我们先通过过程图(图15-15)来看看JSP在Model Ⅰ中承担的角色。

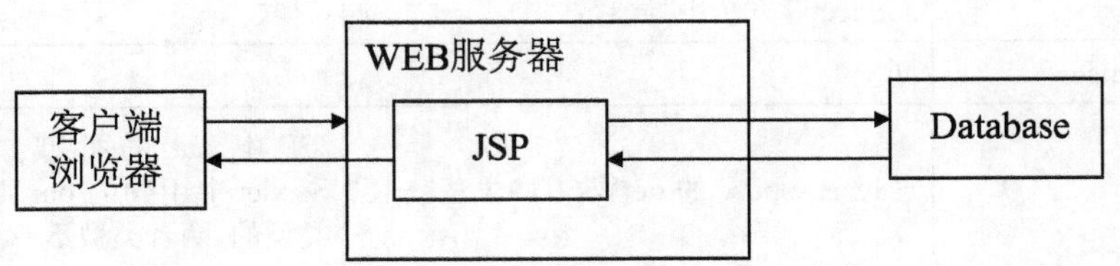

图15-15　客户端浏览器与数据库信息交换确认过程图

需求:用户访问登录页面login.html,填写登录信息,提交,服务器将数据提交给数据库检索,判断用户是否为合法用户,如果是合法用户,转到登录成功页面,如果不是合法用户则转到登录页面重新进行登录。

Login.html页面内容如下:

```
<! DOCTYPE HTML PUBLIC "-//W3C//DTD HTML 4.01 Transitional//EN">
<html>
  <head>
    <title>登录页面</title>

    <meta http-equiv="keywords" content="keyword1,keyword2,keyword3">
    <meta http-equiv="description" content="this is my page">
    <meta http-equiv="content-type" content="text/html; charset=UTF-8">

    <! --<link rel="stylesheet" type="text/css" href="./styles.css">-->
    <script type="text/javascript">
    //验证表单提交是否正确
    function checkForm()
    {
        //获取用户提交的用户名
        var username = document.getElementById("username").value;
        //获取用户提交的密码
        var userpass = document.getElementById("userpass").value;
        //简单判断用户名和密码是否合理
        if (null == username || null == userpass || "" == username || "" ==
          userpass)
```

```
        {
            //不符合则返回 false,表示不提交
            return false;
        }
        else
        {
            //如果符合要求则提交表单
            document.all.login.submit();
        }
    }
    </script>
  </head>

  <body>
      <form action="doLogin.jsp" method="post" name="login" onSubmit="re-
        turn checkForm()">
        用户名:<input type="text" name="username" id="username" /><br>
        密  码:<input type="password" name="userpass" id="
          userpass" /><br>
        <input type="submit" value="登录" />  
        <input type="reset" value="重置" />
    </form>
  </body>
</html>
```

doLogin.jsp 页面内容如下:

```
<%@ page language="java" import="java.sql.*" pageEncoding="UTF-8"%>
<html>
    <head>
        <title>登录处理页面</title>
        <meta http-equiv="Content-type" content="text/html;charset=UTF
            -8">
    </head>
    <%
    //设置 request 对象的字符集
    request.setCharacterEncoding("UTF-8");

    //获取用户提交的用户名和密码
    String username = request.getParameter("username");
    String userpass = request.getParameter("userpass");
```

```
if (null == username || null == userpass || "".equals(username) || "".equals
  (userpass))
{
    request.getRequestDispatcher("/login.html").forward(request, response);
}
else
{
    //连接数据库查询用户名和密码是否能对应到某个用户
    //数据库连接信息
    //数据库驱动类名
    String className = "com.mysql.jdbc.Driver";
    //数据库 URL
    String url = "jdbc:mysql://localhost:3306/empmamagersys";
    //登录数据库的用户名
    String userName = "webstudy";
    //登录数据库的用户密码
    String userPass = "123456";

    //加载数据库驱动
    Class.forName(className);

    //创建数据库连接对象
    Connection conn = null;

    conn = DriverManager.getConnection(
                url, userName, userPass);

    //sql 语句执行对象
    Statement stmt = conn.createStatement();

    //定义查询用到的 sql 语句
    String sql = "select * from userinfo where username = '" + username
        + "' and userpass = '" + userpass + "'";

    //数据库执行的结果集
    ResultSet rs = null;
    rs = stmt.executeQuery(sql);
    if(null == rs)
    {
```

```
            //如果操作有误则跳转到登录页面
            request. getRequestDispatcher ( "/login. html "). forward ( request,
              response);
        }
        else
        {
            if(rs.next())
            {
                request.setAttribute("username", username);
                //如果数据验证通过则跳转到成功页面
                request.getRequestDispatcher("/success.jsp").forward(request, re-
                  sponse);
            }
            else
            {
                //跳转到登录页面
                request.getRequestDispatcher("/login.html").forward(request, re-
                  sponse);
            }
        }
    }
    out.clear();
    out = pageContext.pushBody();
    %>
    <body>

    </body>
</html>
```

Success.jsp 页面内容如下：

```
<%@ page language="java" import="java.util.*" pageEncoding="UTF-8"%>
<%
String path = request.getContextPath();
String basePath = request.getScheme()+"://"+request.getServerName()+":"+
  request.getServerPort()+path+"/";
%>
<! DOCTYPE HTML PUBLIC "-//W3C//DTD HTML 4.01 Transitional//EN">
<html>
  <head>
    <base href="<%=basePath%>">
```

```
    <title>My JSP ' success.jsp ' starting page</title>
    <meta http-equiv="pragma" content="no-cache">
    <meta http-equiv="cache-control" content="no-cache">
    <meta http-equiv="expires" content="0">
    <meta http-equiv="keywords" content="keyword1,keyword2,keyword3">
    <meta http-equiv="description" content="This is my page">
    <!--
    <link rel="stylesheet" type="text/css" href="styles.css">
    -->
  </head>
  <body>
    <%
        String username = (String)request.getAttribute("username");
        out.println(username + ",欢迎您登录本网站");
     %>
  </body>
</html>
```

通过浏览器访问,可以看到在输入信息正确和不正确的情况下程序的跳转结果。从上面的代码中可以看出,如果由JSP来承担程序跳转、页面显示、逻辑处理,那这个JSP内容会比较多,如果逻辑再复杂点,那么JSP会更加繁杂,所以这种方式虽然开发比较简单,程序员只要关注JSP的实现就行,但是特别不利于做一些复杂的业务逻辑。

ModelⅠ第二种形式:JSP做显示和控制,JavaBean处理业务逻辑,我们先通过过程图来看看JSP和JavaBean之间是如何合作的(图15-16)。

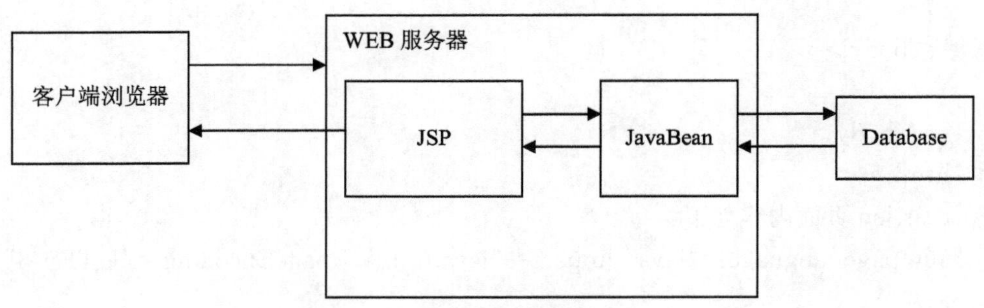

图15-16 JSP做显示和控制,JavaBean处理业务逻辑

将上面的代码稍微做点修改即可用这种形式来实现:

Login.html页面内容不变

新增UserInfoBean.java类,处理程序逻辑,代码如下:

```
package com.myweb.domain;

import java.sql.*;
```

```
public class UserInfoBean {

    private int id;

    private String username;

    private String userpass;

    private String usersex;

    private String userage;

    public UserInfoBean() {
        super();
        // TODO Auto-generated constructor stub
    }

    public UserInfoBean(int id, String username, String userpass,
            String usersex, String userage) {
        super();
        this.id = id;
        this.username = username;
        this.userpass = userpass;
        this.usersex = usersex;
        this.userage = userage;
    }

    public int getId() {
        return id;
    }

    public void setId(int id) {
        this.id = id;
    }

    public String getUsername() {
        return username;
    }
```

```
public void setUsername(String username) {
    this.username = username;
}

public String getUserpass() {
    return userpass;
}

public void setUserpass(String userpass) {
    this.userpass = userpass;
}

public String getUsersex() {
    return usersex;
}

public void setUsersex(String usersex) {
    this.usersex = usersex;
}

public String getUserage() {
    return userage;
}

public void setUserage(String userage) {
    this.userage = userage;
}

public boolean isExist(String username, String userpass)
{
    boolean isExist = false;
    //连接数据库查询用户名和密码是否能对应到某个用户
    //数据库连接信息
    //数据库驱动类名
    String className = "com.mysql.jdbc.Driver";
    //数据库 URL
    String url = "jdbc:mysql://localhost:3306/empmamagersys";
    //登录数据库的用户名
    String userName = " webstudy";
```

```
//登录数据库的用户密码
String userPass = "123456";

//加载数据库驱动
try {
    Class.forName(className);
    //创建数据库连接对象
    Connection conn = null;

    conn = DriverManager.getConnection(
                url, userName, userPass);

    //sql 语句执行对象
    Statement stmt = conn.createStatement();

    //定义查询用到的 sql 语句
    String sql = "select * from userinfo where username = '" + username
        + "' and userpass = '" + userpass + "'";

    //数据库执行的结果集
    ResultSet rs = null;
    rs = stmt.executeQuery(sql);

    if(null == rs)
    {
        System.out.println("处理出现异常");
    }
    else
    {
        //如果能查询到结果
        if(rs.next())
        {
            //表示该用户存在
            isExist = true;
        }
        else
        {
            //否则表示用户不存在
            isExist = false;
```

```
                }
            }
        } catch (ClassNotFoundException e) {
            // TODO Auto-generated catch block
            e.printStackTrace();
        } catch (SQLException e) {
            // TODO Auto-generated catch block
            e.printStackTrace();
        }
        return isExist;
    }
}
```

这段代码其实还可以再优化，大家可以写写看，怎么提高这段代码的重用性和可维护性。

doLogin.jsp 页面内容如下：

```
<%@ page language="java" pageEncoding="UTF-8"%>
<html>
    <head>
        <title>登录处理页面</title>
        <meta http-equiv="Content-type" content="text/html;charset=UTF
          -8">
    </head>
    <%request.setCharacterEncoding("UTF-8"); %>
    <jsp:useBean id="userBean"          class="com.myweb.domain.
      UserInfoBean"></jsp:useBean>
    <jsp:setProperty name="userBean" property="username"     value="
      ${param.username}"/>
    <jsp:setProperty name="userBean" property="userpass"     value="
      ${param.userpass}"/>

    <%
    boolean isExist = userBean.isExist(userBean.getUsername(),
      userBean.getUserpass());
    if(isExist)
    {
        request.setAttribute("username", userBean.getUsername());
        request.getRequestDispatcher("/success.jsp").forward(request,      re-
          sponse);
    }
    else
```

```
    {
        request. getRequestDispatcher ( "/login. html "). forward ( request,
          response);
    }
    out.clear();
    out = pageContext.pushBody();
    %>
    <body>

    </body>
</html>
```

Success.jsp 页面的内容不变,通过浏览器访问页面,通常能够看到和 Model I 第一种模式的结果一样的效果,但是不一样的是,从上面的代码上我们可以看出,JavaBean 承担了业务逻辑的处理,使得 JSP 页面中的内容很明显已经相当少了,这至少越来越像 JSP 规范接近——JSP 中尽量不要出现脚本代码,但是我们仍然有些不可避免地会用到,在后面的 Model II 中我们还会再优化这段代码,让整个 JSP 只做显示。

(2) Model II

① 首先来理解 MVC。

Model II 采用了 MVC 设计模式,MVC 将交互式应用程序组织成三个独立的模块:

- 应用程序模块:用于表示数据和业务逻辑。
- 数据表示:用于输入输出等用户交互。
- 控制器:用于发送请求和控制应用程序的流程。

MVC 是 模型(Model),视图(View)和控制(Controller)的缩写,其目的是实现 Web 系统的职能分工。其中 Model(模型):Web 应用程序的核心,用于表示数据元素和实现业务逻辑,又称为业务逻辑层,通常可以用 JavaBean 或 EJB 来实现;View(视图):用户交互组件,作为用户操作接口,专注于数据接收、显示,又称为显示层,通常用 JSP 来实现;Controller 层的主要工作是控制整个网站的处理流程,是 Model 与 View 之间沟通的桥梁,它可以分派用户的请求并选择恰当的视图以用于显示,同时它也可以解释用户的输入并将它们映射为模型层可执行的操作,又称为控制层,通常以 Servlet 技术来实现。

② Servlet 与 MVC

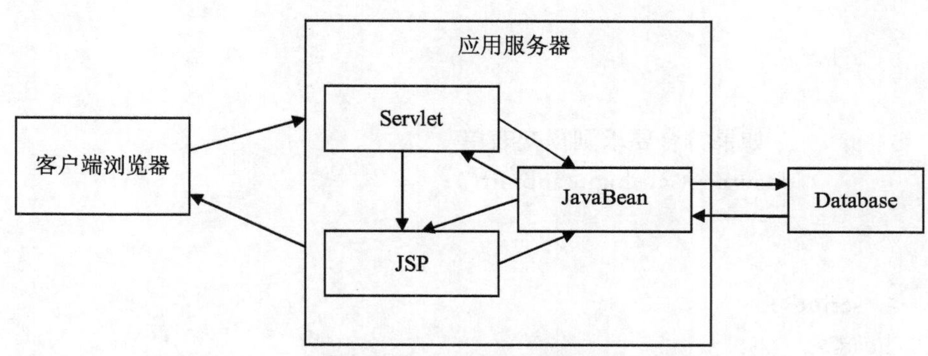

图 15-17　Servlet 在 MVC 的设计模式中的作用

Servlet 在 MVC 的设计模式中承担着流程处理的作用(图 15－17)。

③ 示例代码

改写前面的案例,使用 MVC 的模式来实现。

Login.html 页面内容如下:

```
<! DOCTYPE HTML PUBLIC "-//W3C//DTD HTML 4.01 Transitional//EN">
<html>
  <head>
    <title>登录页面</title>

    <meta http-equiv="keywords" content="keyword1,keyword2,keyword3">
    <meta http-equiv="description" content="this is my page">
    <meta http-equiv="content-type" content="text/html; charset=UTF-
    8">

    <!--<link rel="stylesheet" type="text/css" href="./styles.css">-->
    <script type="text/javascript">
    //验证表单提交是否正确
    function checkForm()
    {
        //获取用户提交的用户名
        var username = document.getElementById("username").value;
        //获取用户提交的密码
        var userpass = document.getElementById("userpass").value;
        //简单判断用户名和密码是否合理
        if (null == username || null == userpass || "" == username || "" ==
          userpass)
        {
            //不符合则返回 false,表示不提交
            return false;
        }
        else
        {
            //如果符合要求则提交表单
            document.all.login.submit();
        }
    }
    </script>
  </head>
```

```
  <body>
    <form action="/myweb/DoLoginServlet" method="post" name="login"
      onSubmit="return checkForm()">
      用户名:<input type="text" name="username" id="username" /><br>
      密  码:<input type="password" name="userpass" id="
        userpass" /><br>
      <input type="submit" value="登录" />  
      <input type="reset" value="重置" />
    </form>
  </body>
</html>
```

增加 DoLoginServlet.java 类,处理请求并做流程跳转,内容如下:

```
package com.myweb.web.servlet;

import java.io.IOException;
import java.io.PrintWriter;

import javax.servlet.ServletException;
import javax.servlet.http.HttpServlet;
import javax.servlet.http.HttpServletRequest;
import javax.servlet.http.HttpServletResponse;

import com.myweb.domain.UserInfoBean;

public class DoLoginServlet extends HttpServlet {

    /**
     * The doGet method of the servlet. <br>
     *
     * This method is called when a form has its tag value method equals to get.
     *
     * @param request the request send by the client to the server
     * @param response the response send by the server to the client
     * @throws ServletException if an error occurred
     * @throws IOException if an error occurred
     */
    public void doGet(HttpServletRequest request, HttpServletResponse response)
            throws ServletException, IOException {
```

```
        doPost(request, response);
    }

    /**
     * The doPost method of the servlet. <br>
     *
     * This method is called when a form has its tag value method equals to post.
     *
     * @param request the request send by the client to the server
     * @param response the response send by the server to the client
     * @throws ServletException if an error occurred
     * @throws IOException if an error occurred
     */
    public void doPost(HttpServletRequest request, HttpServletResponse response)
            throws ServletException, IOException {

        response.setContentType("text/html;charset=utf-8");
        PrintWriter out = response.getWriter();

        //设置request对象中的字符集
        request.setCharacterEncoding("UTF-8");

        //获取客户端提交的数据
        String username = request.getParameter("username");
        String userpass = request.getParameter("userpass");

        //构建JavaBean对象
        UserInfoBean userBean = new UserInfoBean();

        //调用方法判断用户是否存在
        boolean isExist = userBean.isExist(username, userpass);

        if(isExist)
        {
            //如果存在则跳转到登录成功页面
            request.setAttribute("username", username);
            request.getRequestDispatcher("/success.jsp").forward(request, re-
              sponse);
        }
```

```
        else
        {
            //不存在则跳转到登录页面要求用户重新登录
            request. getRequestDispatcher ( "/login. html"). forward ( request, re-
              sponse);
        }

        out.flush();
        out.close();
    }
}
```

增加 web.xml 文件的配置内容，内容如下：

```
<? xml version="1.0" encoding="UTF-8"? >
<web-app version="2.4"
    xmlns="http://java.sun.com/xml/ns/j2ee"
    xmlns:xsi="http://www.w3.org/2001/XMLSchema-instance"
    xsi:schemaLocation="http://java.sun.com/xml/ns/j2ee
    http://java.sun.com/xml/ns/j2ee/web-app_2_4.xsd">
  <servlet>
    <servlet-name>DoLoginServlet</servlet-name>
    <servlet-class>com.myweb.web.servlet.DoLoginServlet</servlet-class>
  </servlet>

  <servlet-mapping>
    <servlet-name>DoLoginServlet</servlet-name>
    <url-pattern>/DoLoginServlet</url-pattern>
  </servlet-mapping>

</web-app>
```

JavaBean 程序和前面的代码一致，此处省略。

Success.jsp 页面和前面的内容一致，此处省略。

从上面的代码上我们可以看到加入了 Servlet 作为 MVC 的控制器，整个程序结构非常清晰，利于分工合作开发项目。

(3) Model I 和 Model II 的优缺点比较(表 15-2)

表 15－2　Model Ⅰ和 Model Ⅱ优缺点比较

模型	表现形式	优点	缺点	应用场合
ModelⅠ－Ⅰ	纯 JSP	实现简单，开发时间短，开发人员专注于 JSP，小幅度、小范围的修改容易实现，修改后无须重新编译	程序逻辑与页面显示混合，程序可读性低，代码重用性低，不利于幅度、范围较大的修改，不利于分工协作	简单的 Web 应用
ModelⅠ－Ⅱ	JSP＋JavaBean	用 JavaBean 实现较复杂的程序逻辑，可读性提高，JavaBean 的使用使得代码重用性提高，有利于代码维护	缺乏流程控制，用户身份验证、异常处理、国际化等实现复杂	简单的 Web 应用
Model Ⅱ	JSP＋Servlet＋JavaBean	开发流程明确，有利于分工，程序控制流程集中，更新、维护容易	对系统前期的分析设计要求高，学习时间长，要能去适应不同的 MVC 框架，开发时间长，复杂度提高	业务逻辑复杂的中型 Web 应用

(4) 综合案例

现在我们以 MVC 模式实现一个常见的案例——购物车。

需求：现某个购物网站，需要实现购物车功能，在购物车中记录用户选择的“放入购物车”的商品，显示商品的同时，显示这个商品的数量和该商品的总价。

需要经过以下过程：

- 用户访问产品列表页面(显示产品列表)。
- 用户点击某个具体产品后跳转到购物车信息页面。
- 在购物出页面中显示购物车中所有的产品明细。

对于数据处理我们严格用 dao 层来描述，对于业务处理我们用 biz 层来描述，业务层针对接口进行调用，dao 层也给予接口进行实现。

所以我们的项目中需要有以下的包：

com.cart.dao＝＝＝＝＝＝＝＝＝＝dao 层接口

com.cart.dao.impl＝＝＝＝＝dao 层接口的实现类

com.cart.domain＝＝＝＝＝＝JavaBean 类

com.cart.biz＝＝＝＝＝＝＝＝＝＝＝业务层接口

com.cart.biz.impl＝＝＝＝＝＝＝业务层接口的实现类

com.cart.biz.web.servlet＝＝Servlet 类

关于产品的描述代码如下：

```
package com.cart.domain;

public class Product {

    private int id;                    //产品 Id
```

```
private String name;           //产品名称

private double price;          //产品价格

private int num;               //产品数量

private int orderNum = 1;            //用户订购的数量

private String description;    //产品描述

public String getDescription() {
    return description;
}

public Product(int id, String name, double price, int num, int orderNum,
        String description) {
    super();
    this.id = id;
    this.name = name;
    this.price = price;
    this.num = num;
    this.orderNum = orderNum;
    this.description = description;
}
public void setDescription(String description) {
    this.description = description;
}
public Product(int id, String name, double price, int num,
        String description) {
    super();
    this.id = id;
    this.name = name;
    this.price = price;
    this.num = num;
    this.description = description;
}
public Product(int id, String name, int num, String description) {
    super();
```

```
        this.id = id;
        this.name = name;
        this.num = num;
        this.description = description;
    }

    public Product() {
        super();
        // TODO Auto-generated constructor stub
    }
    public Product(int id, String name, double price, int num) {
        super();
        this.id = id;
        this.name = name;
        this.price = price;
        this.num = num;
    }
    public int getId() {
        return id;
    }
    public void setId(int id) {
        this.id = id;
    }
    public String getName() {
        return name;
    }
    public void setName(String name) {
        this.name = name;
    }
    public double getPrice() {
        return price;
    }
    public void setPrice(double price) {
        this.price = price;
    }

    public int getNum() {
        return num;
    }
```

```
    public void setNum(int num) {
        this.num = num;
    }
    public Product(int id, String name) {
        super();
        this.id = id;
        this.name = name;
    }
    public int getOrderNum() {
        return orderNum;
    }
    public void setOrderNum(int orderNum) {
        this.orderNum = orderNum;
    }
}
```

先看 dao 层接口

ProductDao 接口的代码如下：

```
package com.cart.dao;

import java.sql.SQLException;
import java.util.List;
import com.cart.domain.Product
public interface ProductDao {
    public List<Product> queryAllProduct()
        throws ClassNotFoundException, SQLException ;

    public Product isExist(int proId)
    throws ClassNotFoundException, SQLException ;
}
```

为了操作数据库，我们定义一个 BaseDao 类，专门负责建立数据库连接、关闭数据库资源、基础增删改查等操作，代码如下：

```
package com.cart.dao.impl;

import java.sql.*;
public class BaseDao {
    //定义驱动类名
    private static final String className = "oracle.jdbc.driver.OracleDriver";
    //定义数据库 url
    private static final String url = "jdbc:oracle:thin:@127.0.0.1:1521:orcl";
```

```
//登陆数据库的用户名
private static final String userName = "scott";
//登陆数据的密码
private static final String userPass = "scott";
//获取 Connection 对象
public static Connection getConnection() throws ClassNotFoundException,
  SQLException
{
    Connection conn = null;
    //加载驱动
    Class.forName(className);
    //获取连接
    conn = DriverManager.getConnection(
            url, userName, userPass);
    return conn;
}

//添加查询数据库返回结果集的方法
public static ResultSet queryData(String sql) throws ClassNotFoundException,
  SQLException
{
    //获取数据库连接
    Connection conn = getConnection();
    //获取执行对象
    Statement stmt = conn.createStatement();
    ResultSet rs = null;
    //执行 sql 语句并且返回执行后的结果集
    rs = stmt.executeQuery(sql);
    return rs;
}
//关闭数据库资源
public static void closeAllResource(Connection conn, Statement stmt, ResultSet
  rs)
{
    //最后打开的资源先关闭
    if(null != rs)
    {
        try
        {
```

```
            rs.close();
        } catch (SQLException e)
        {
            // TODO Auto-generated catch block
            e.printStackTrace();
        }
    }

    if(null != stmt)
    {
        try
        {
            stmt.close();
        } catch (SQLException e)
        {
            // TODO Auto-generated catch block
            e.printStackTrace();
        }
    }

    if(null != conn)
    {
        try
        {
            conn.close();
        } catch (SQLException e)
        {
            // TODO Auto-generated catch block
            e.printStackTrace();
        }
    }
  }
}
```

ProductDao 接口的实现类如下：

```
package com.cart.dao.impl;
import java.util.*;
import com.cart.dao.ProductDao;
import com.cart.domain.Product;
import java.sql.*;
```

```
public class ProductDaoImpl implements ProductDao {
    public List<Product> queryAllProduct() throws ClassNotFoundException,
      SQLException {
        String sql = "select * from pro1";

        //查询到的产品集合
        List<Product> products = new ArrayList<Product>();

        //定义产品对象
        Product pro = null;

        //创建连接数据库对象
        Connection conn = BaseDao.getConnection();
        //创建 sql 执行对象
        Statement stmt = conn.createStatement();
        //创建结果集对象
        ResultSet rs = stmt.executeQuery(sql);

        //处理结果集
        if(null != rs)
        {
            //如果结果集中有数据
            while(rs.next())
            {
                //取出结果集中的每一行数据创建产品对象
                pro = new Product(rs.getInt(1),
                        rs.getString(2),
                        rs.getInt(3),
                        rs.getInt(4),
                        rs.getString(5));

                //将产品对象添加到集合中
                products.add(pro);
            }
        }
BaseDao. closeAllResource(conn, stmt, rs);
        return products;
    }
```

```
    public Product isExist(int proId) throws ClassNotFoundException,
            SQLException {
        //创建产品对象
        Product pro = null;
        String sql ="select * from pro1 where id = " + proId;
        //创建连接数据库对象
        Connection conn = BaseDao.getConnection();
        //创建 sql 执行对象
        Statement stmt = conn.createStatement();
        //创建结果集对象
        ResultSet rs = stmt.executeQuery(sql);

        //处理结果集
        if(null != rs)
        {
            //如果结果集中有数据
            if(rs.next())
            {
                pro = new Product(rs.getInt(1), rs.getString(2),
                        rs.getInt(3), rs.getInt(4));
            }

        }
        //关闭资源
BaseDao. closeAllResource(conn, stmt, rs);
        return pro;
    }
}
```

JavaBean 类如下：

```
package com.cart.domain;

import java.sql.SQLException;
import java.util.*;

import com.cart.dao.ProductDao;
import com.cart.dao.impl.ProductDaoImpl;

/**
 * 提供对产品相关处理的业务逻辑
```

```
 * @author User
 *
 */
public class ProductBean {

    //凡是涉及请求数据库中数据的操作都使用 Dao 的相关实现类
    private ProductDao proDao = new ProductDaoImpl();

    //获取的产品信息集合
    private List<Product> products = new ArrayList<Product>();

    //对应的 set/get 方法
    public List<Product> getProducts() {
        return products;
    }

    public void setProducts(List<Product> products) {
        this.products = products;
    }

    public ProductBean() {
        super();
        // TODO Auto-generated constructor stub
    }

    //获取所有的产品信息集合
    public List < Product > getAllProInfo ( ) throws ClassNotFoundException,
      SQLException
    {
        //调用方法获取产品信息集合
        products = proDao.queryAllProduct();

        //返回获取的集合
        return products;
    }

}

package com.cart.domain;
```

```
import java.sql.SQLException;
import java.util.*;

import com.cart.dao.ProductDao;
import com.cart.dao.impl.ProductDaoImpl;
/**
 * 定义购物车的处理逻辑的类
 * @author User
 *
 */
public class CartBean {

    //定义集合表示购物车中的产品信息
    private List<Product> products = new ArrayList<Product>();

    public CartBean(List<Product> products) {
        super();
        this.products = products;
    }

    public CartBean() {
        super();
        // TODO Auto-generated constructor stub
    }

    public List<Product> getProducts() {
        return products;
    }

    public void setProducts(List<Product> products) {
        this.products = products;
    }

    /**
     * 添加商品到购物车中的方法
     * @throws SQLException
     * @throws ClassNotFoundException
     */
    public void addProduct(int proId) throws ClassNotFoundException, SQLException
```

```
    {
        ProductDao proDao = new ProductDaoImpl();
        //判断当前参数 proId 能否对应到一条产品记录
        Product product = proDao.isExist(proId);

        boolean isExist = false;

        if(null ! = product)
        {
            /*
             * 遍历购物车当前的记录,如果能找到一条记录对应的 id 是 proid
             * 将产品的 orderNum+1
             * 如果没有,新增一条记录
             */
            for(int i = 0; i < products.size(); i++)
            {
                Product temp = products.get(i);
                if(temp.getId() == product.getId())
                {
                    isExist = true;
                    //如果产品已经存在于购物车,修改原先的订购数量
                    temp.setOrderNum(temp.getOrderNum() + 1);
                }
            }

            if(! isExist)
            {
                //如果不存在则添加到集合中
                products.add(product);
            }

        }
    }

}
```

业务层:

```
package com.cart.biz;

import java.util.List;
```

```
import com.cart.domain.Product;

public interface ProductService {

    public List<Product> getAllProducts();

    public List<Product> getCartProducts(int proId);
}
```

接口的实现类：

```
package com.cart.biz.impl;

import java.sql.SQLException;
import java.util.List;

import org.apache.log4j.Logger;

import com.cart.domain.*;
import com.cart.biz.ProductService;
/**
 * 提供给 Servlet 的产品增删改查操作对应的实现类
 * @author User
 *
 */
public class ProductServiceImpl implements ProductService {

    Logger logger = Logger.getLogger(ProductServiceImpl.class);
    //调用 JavaBean 对应的方法来实现
    ProductBean proBean = new ProductBean();

    //获取购物车中产品信息
    CartBean cartBean = new CartBean();
    /**
     * 获取所有的产品信息
     */
    public List<Product> getAllProducts() {
        try {
            logger.info("获取所有的产品信息");
            return proBean.getAllProInfo();
```

```
        } catch (ClassNotFoundException e) {
            // TODO Auto-generated catch block
            e.printStackTrace();
            logger.error("获取所有的产品信息出现异常(数据库操作出现异常)");
            return null;
        } catch (SQLException e) {
            // TODO Auto-generated catch block
            e.printStackTrace();
            return null;
        }

    }

    /**
     * 获取购物车中的产品信息
     * proId 表示要添加的产品 Id
     */
    public List<Product> getCartProducts(int proId) {

        // TODO Auto-generated method stub
        //调用 JavaBean 的添加产品方法
        try {
            cartBean.addProduct(proId);
        } catch (ClassNotFoundException e) {
            // TODO Auto-generated catch block
            e.printStackTrace();
        } catch (SQLException e) {
            // TODO Auto-generated catch block
            e.printStackTrace();
        }
        return cartBean.getProducts();
    }

    public static void main(String[] args)
    {
        ProductServiceImpl cart = new ProductServiceImpl();

        cart.getCartProducts(1);
        cart.getCartProducts(1);
```

```
        List<Product> products = cart.getCartProducts(2);

        System.out.println(products.size());
        for(int i = 0; i < products.size(); i++)
        {
            Product pro = products.get(i);
            System.out.println(pro.getId() + "," + pro.getOrderNum());
        }


    }
}
```

ProductServlet.java 类示例代码：

```
package com.cart.web;

import java.io.IOException;
import java.io.PrintWriter;
import java.util.List;

import javax.servlet.ServletException;
import javax.servlet.http.HttpServlet;
import javax.servlet.http.HttpServletRequest;
import javax.servlet.http.HttpServletResponse;

import com.cart.domain.Product;
import com.cart.domain.ProductBean;
import com.cart.biz.ProductService;
import com.cart.biz.impl.ProductServiceImpl;

public class ProductServlet extends HttpServlet {

    ProductService proService = new ProductServiceImpl();
    /**
     * Constructor of the object.
     */
    public ProductServlet() {
        super();
    }
```

```
/**
 * doGet Method
 *
 * @param request
 * @param response
 * @throws ServletException
 * @throws IOException
 */
public void doGet(HttpServletRequest request, HttpServletResponse response)
        throws ServletException, IOException {

    //调用 service 接口中定义的方法获取当前的产品列表
    List<Product> products = proService.getAllProducts();
    System.out.println(products.size());
    //将产品列表添加到作用域中,传到页面中
    request.getSession().setAttribute("products", products);
    request.getRequestDispatcher("/products.jsp").forward(request, response);

}

/**
 * doPost method
 *
 * @param request
 * @param response
 * @throws ServletException
 * @throws IOException
 */
public void doPost(HttpServletRequest request, HttpServletResponse response)
        throws ServletException, IOException {

    doGet(request, response);
}

}
```

添加产品到购物车的类:

```
package com.cart.web;

import java.io.IOException;
```

```
import java.util.List;

import javax.servlet.ServletException;
import javax.servlet.http.HttpServlet;
import javax.servlet.http.HttpServletRequest;
import javax.servlet.http.HttpServletResponse;

import com.cart.domain.Product;
import com.cart.biz.ProductService;
import com.cart.biz.impl.ProductServiceImpl;

public class AddProductServlet extends HttpServlet {

    private ProductService proService = new ProductServiceImpl();
    /**
     * Constructor of the object.
     */
    public AddProductServlet() {
        super();
    }

    /**
     * doGet Method
     *
     * @param request
     * @param response
     * @throws ServletException
     * @throws IOException
     */
    public void doGet(HttpServletRequest request, HttpServletResponse response)
            throws ServletException, IOException {

        String id = request.getParameter("id");
        List<Product> cart = proService.getCartProducts(Integer.parseInt(id));

        //将购物车设置到 session 范围中
        request.getSession().setAttribute("cart", cart);
        request.getRequestDispatcher("/cart.jsp").forward(request, response);
    }
```

```
    /**
     * doPost method
     *
     * @param request
     * @param response
     * @throws ServletException
     * @throws IOException
     */
    public void doPost(HttpServletRequest request, HttpServletResponse response)
            throws ServletException, IOException {

        doGet(request, response);
    }

}
```

Products.jsp 页面内容如下：

```
<%@ page language="java" import="java.util.*" pageEncoding="UTF-8"
  isELIgnored="false"%>
<%@ taglib uri="http://java.sun.com/jsp/jstl/core" prefix="c" %>

<%
String path = request.getContextPath();
String basePath = request.getScheme()+"://"+request.getServerName()+":"+
  request.getServerPort()+path+"/";
%>

<!DOCTYPE HTML PUBLIC "-//W3C//DTD HTML 4.01 Transitional//EN">
<html>
  <head>
    <base href="<%=basePath%>">

    <title>产品信息列表</title>

    <meta http-equiv="pragma" content="no-cache">
    <meta http-equiv="cache-control" content="no-cache">
    <meta http-equiv="expires" content="0">
    <meta http-equiv="keywords" content="keyword1,keyword2,keyword3">
    <meta http-equiv="description" content="This is my page">
    <!--
```

```
    <link rel="stylesheet" type="text/css" href="styles.css">
    -->
    <style type="text/css">
    td,th{
        border:1px solid #559911;
        text-align:center;
    }
    a{
        text-decoration:none;
    }
    table{
        border:1px solid #559911;
        border-collapse:collapse;
    }
    </style>
</head>

<body>
    <table width="80%"  align="center">
        <tr>
            <th>编号</th>
            <th>名称</th>
            <th>价格</th>
            <th>数量</th>
            <th>操作</th>
        </tr>
        <c:if test="${sessionScope.products != null}">
            <c:forEach items="${sessionScope.products}" var="pro">
                <tr>
                    <td>${pro.id }</td>
                    <td>${pro.name }</td>
                    <td>${pro.price }</td>
                    <td>${pro.num }</td>
                    <td><a href="<%=path %>/Add?id=${pro.id }">
                      加入购物车</a></td>
                </tr>
            </c:forEach>
        </c:if>
```

```
    </table>
  </body>
</html>
```

购物车页面代码如下：

```
<%@ page language="java" import="java.util.*" pageEncoding="UTF-8"%>
<%@ taglib uri="http://java.sun.com/jsp/jstl/core" prefix="c" %>

<%
String path = request.getContextPath();
String basePath = request.getScheme()+"://"+request.getServerName()+":"+
  request.getServerPort()+path+"/";
%>

<!DOCTYPE HTML PUBLIC "-//W3C//DTD HTML 4.01 Transitional//EN">
<html>
  <head>
    <base href="<%=basePath%>">

    <title>My JSP 'cart.jsp' starting page</title>

    <meta http-equiv="pragma" content="no-cache">
    <meta http-equiv="cache-control" content="no-cache">
    <meta http-equiv="expires" content="0">
    <meta http-equiv="keywords" content="keyword1,keyword2,keyword3">
    <meta http-equiv="description" content="This is my page">
    <!--
    <link rel="stylesheet" type="text/css" href="styles.css">
    -->
    <style type="text/css">
    td,th{
        border:1px solid #559911;
        text-align:center;
    }
    a{
        text-decoration:none;
    }
    table{
        border:1px solid #559911;
        border-collapse:collapse;
```

```
    }
    </style>
  </head>

  <body>
    <table width="80%"  align="center">
        <caption>你的购物车中有如下产品等待付款</caption>
        <tr>
            <th>编号</th>
            <th>名称</th>
            <th>单价</th>
            <th>订购数量</th>
            <th>小计</th>
            <th>操作</th>
        </tr>
        <c:if test="${sessionScope.cart != null}">
            <c:forEach items="${sessionScope.cart}" var="pro">
                <tr>
                    <td>${pro.id }</td>
                    <td>${pro.name }</td>
                    <td>${pro.price }</td>
                    <td>${pro.orderNum }</td>
                    <td>${pro.price * pro.orderNum }</td>
                    <td><a href="">删除</a></td>
                </tr>
            </c:forEach>
        </c:if>

    </table>
  </body>
</html>
```

第 16 章　过滤器和监听器

16.1　过滤器

16.1.1　过滤器概念

过滤器是一个程序，是在数据交互之间过滤数据的中间组件，独立于任何平台或者Servlet容器，它先于与之相关的Servlet或JSP页面运行在服务器上。过滤器可附加到一个或者多个Servlet或JSP页面上，并且可以检查进入这些资源的请求信息。在这之后，过滤器可以做如下的选择：

- 以常规的方式调用资源，即Servlet或者JSP页面。
- 利用修改过的请求信息调用资源。
- 调用资源，但在发送相应到客户端前对其进行修改。
- 阻止该资源调用，转到其他的资源，返回一个特定的状态代码或者生产替换输出。

过滤器的作用：

- 实现统一的认证处理。
- 详细的日志。
- 对用户数据的安全性处理。
- 改变图像文件格式。
- 对响应数据进行编码。
- 对响应做压缩处理。
- 对XML输出做XSLT转换。

16.1.2　过滤器的基本原理(图16-1)

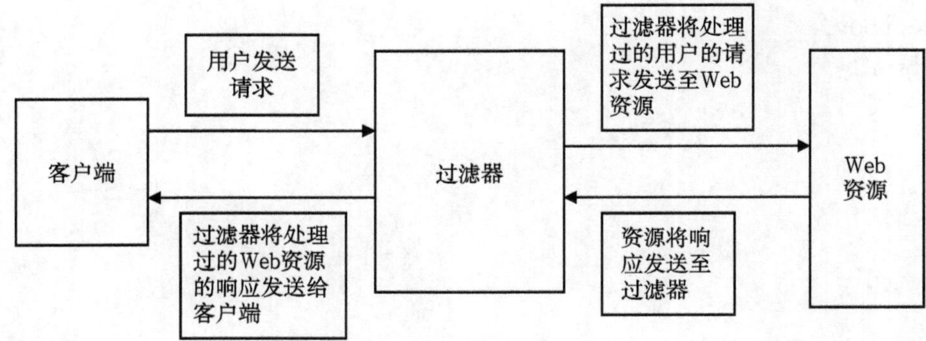

图16-1　过滤器的基本原理图

在理解过滤器的时候，我们可以先看一些现实生活中和过滤器很像的案例，比如香烟的过滤嘴或者纯净水的过滤装置，其实现原理、作用和 Servlet 过滤器是一样的。Servlet 过滤器的工作过程大致如下：当客户端有用户请求提交到 Web 服务器时，Web 服务器并不会立即调用对应的资源来处理，而是先交给过滤器，判断用户的请求是否需要做重新处理，比如用户提交的编码，比如请求的权限等，接下来过滤器再将处理好的请求发送给对应的 Web 资源，返回的过程也一样，都经过过滤器的处理再交给客户端。

16.1.3　过滤器的生命周期

过滤器生命周期的各个阶段如图 16－2 所示。

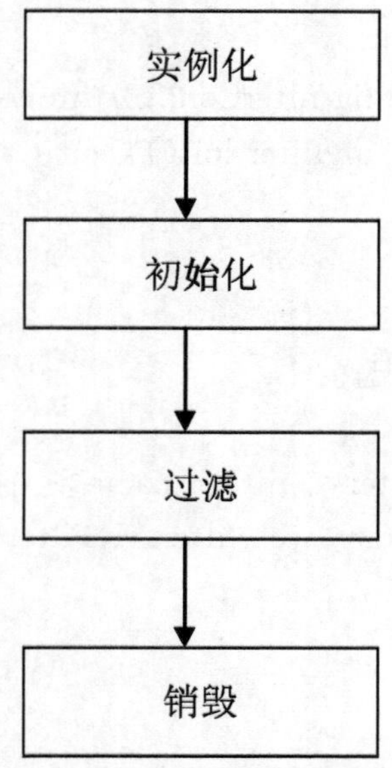

图 16－2　过滤器生命周期的阶段

我们用以下代码来测试过滤器的执行过程：

```
package com.itany.web.filter;
import java.io.IOException;
import javax.servlet.Filter;
import javax.servlet.FilterChain;
import javax.servlet.FilterConfig;
import javax.servlet.ServletException;
import javax.servlet.ServletRequest;
import javax.servlet.ServletResponse;

public class MyFilter implements Filter {

    @Override
    public void destroy() {
        System.out.println("myfilter destroy()");
```

```
    }
    @Override
    public void doFilter(ServletRequest request, ServletResponse response,
            FilterChain chain) throws IOException, ServletException {

        System.out.println("myfilter doFilter()");
        chain.doFilter(request, response);
    }

    @Override
    public void init(FilterConfig filterConfig) throws ServletException {
        System.out.println("myfilter init()");
    }

}
```

在 web.xml 文件中添加如下配置：

```
<filter>
    <filter-name>myfilter</filter-name>
    <filter-class>com.itany.web.filter.MyFilter</filter-class>

</filter>

<filter-mapping>
    <filter-name>myfilter</filter-name>
    <url-pattern>/*</url-pattern>
</filter-mapping>
```

注意该配置应尽量放在<servlet>配置之前。

部署项目，启动服务器就能看到 init()方法被调用，在浏览器访问任何一个页面内容都能看到 doFilter()方法被执行，如果停止服务器或者重新部署项目则会看到 destroy()方法被执行。

实现自定义的过滤器需要遵守以下三个步骤：

- 定义一个实现了 Filter 接口的类；
- 实现 doFilter()方法；
- 在 web.xml 中进行配置。

Javax.servlet.Filter 接口定义了过滤器的生命周期，其实现类按照生命周期，对用户的请求和资源的响应进行过滤，一个自定义的过滤器要实现 Filter 接口的三个方法：

(1) public void init(FilterConfig filterConfig) throws ServletException

该方法在容器实例化过滤器时调用，该方法接受一个 FilterConfig 类型的对象作为输入。

(2) public void doFilter(ServletRequest req, ServletResponse resp, FilterChain chain) throws java.io.IOException, ServletException

该方法类似 Servlet 的 doPost()、doGet()方法，执行具体的过滤任务。

(3) public void destroy()

该方法执行一些清理操作。

在初始化过程中，容器使用 FilterConfig 将信息传递给过滤器，主要是初始化参数，作用非常类似于 ServletConfig，就连方法也很像：

public String getFilterName()

该方法获取 Filter 的名称。

public ServletContext getServletContext()

该方法获取 ServletContext 对象。

public String getInitParameter(String name)

该方法获取初始化参数值。

FilterChain 用于调用过滤器链中的一系列过滤器(图 16-3)，说白了实际上就是在若干个过滤器中保证程序正确的流程直至最后服务器返回响应。

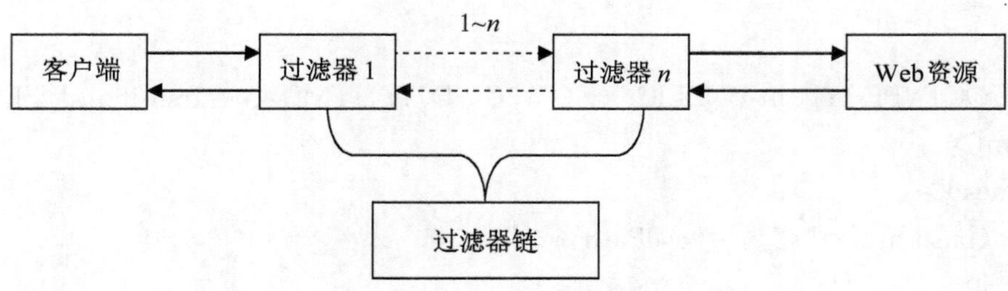

图 16-3　过滤器链

常用方法：

public void doFilter (ServletRequest req, ServletResponse resp) throws IOException,ServletException

关于配置 Filter 的 web.xml 文件二三事：

```
<filter>
    <filter-name>FilterName</filter-name>
    <filter-class>ClassName</filter-class>
</filter>
<filter-mapping>
    <filter-name> MyFilter </filter-name>
    <url-pattern> /servletname/* </url-pattern>
</filter-mapping>
```

其中，<filter></filter>标签配置在 Web 服务器上注册一个过滤器，<filter-name></filter-name>表示为这个过滤器取一个友好名称，<filter-class></filter-class>，过滤器对应的实现类，<filter></filter>标签中可以配置<init-param><param-

name></param－name><param－value></param－value></init－param>配置初始化信息，使用 FilterConfig 的 getInitParameter(String name)方法获取对应的值。

<filter－mapping></filter－mapping>配置映射关系，该元素可将过滤器映射至 Web 资源，比如 Servlet、JSP 页面等。和 Servlet 类似，该标签内的<filter－name>标签的值必须和<filter>里的<filter－name>的值大小写等完全一致。

16.1.4 过滤器使用案例

让我们用过滤器来实现两个案例。

案例一：敏感字符过滤。

需求：某个论坛网站先要求对用户提交的评论等做过滤，如果出现类似"共产党"这样的字符，则不允许提交，返回，提示用户重新输入。

先看 JSP 页面，提交输入信息的页面 message.jsp 代码如下：

```
<%@ page language="java" import="java.util.*" pageEncoding="UTF-8"%>
<%
String path = request.getContextPath();
String basePath = request.getScheme()+"://"+request.getServerName()+":"+
  request.getServerPort()+path+"/";
%>

<!DOCTYPE HTML PUBLIC "-//W3C//DTD HTML 4.01 Transitional//EN">
<html>
  <head>
    <base href="<%=basePath%>">

    <title>My JSP 'message.jsp' starting page</title>

    <meta http-equiv="pragma" content="no-cache">
    <meta http-equiv="cache-control" content="no-cache">
    <meta http-equiv="expires" content="0">
    <meta http-equiv="keywords" content="keyword1,keyword2,keyword3">
    <meta http-equiv="description" content="This is my page">
    <!--
    <link rel="stylesheet" type="text/css" href="styles.css">
    -->

  </head>

  <body>
    <form action="sendMsg.jsp" method="post">
        请输入信息:<input type="text" name="message" />  
```

```
        <input type="submit" value="发送信息" />
    </form>
  </body>
</html>
```

当用户点击"发送信息"按钮时，信息并不直接提交给 sendMsg.jsp 页面处理，而是先经过过滤器，校验是否包含敏感字符，如果不包含则提交给 sendMsg.jsp，如果包含应该返回，我们看过滤器的示例代码 ConentFilter.java 如下：

```
package com.itany.web.filter;

import java.io.IOException;
import java.io.PrintWriter;

import javax.servlet.Filter;
import javax.servlet.FilterChain;
import javax.servlet.FilterConfig;
import javax.servlet.ServletException;
import javax.servlet.ServletRequest;
import javax.servlet.ServletResponse;

public class ContentFilter implements Filter
{
    /*实现销毁资源方法*/
    public void destroy()
    {
        System.out.println("ContentFilter destroy() method executed");

    }

    /*实现过滤方法*/
    public void doFilter(ServletRequest request, ServletResponse response,
            FilterChain chain) throws IOException, ServletException
    {
        //设置 request 编码
        request.setCharacterEncoding("UTF-8");
        //获取 request 对象中的参数值
        String content = request.getParameter("message");
        //输出对象
        PrintWriter out = response.getWriter();
        //如果存在提交内容
```

```
        if(null ! = content)
        {
            //如果不存在敏感词
            if(content.indexOf("共产党") == -1)
            {
                //流程继续往下走(走到 sendMsg.jsp 页面)
                chain.doFilter(request, response);
            }
            else
            {
                //存在敏感词则返回重新输入
                out.println("<script>alert('您所发送的内容包含敏感字符,请重
                  新发送');location.href=' message.jsp '</script>");
            }
        }
        else
        {
            request. getRequestDispatcher ( "/message. jsp "). forward ( request,
              response);
        }
    }

    /*实现初始化方法*/
    public void init(FilterConfig filterConfig) throws ServletException
    {
        System.out.println("ContentFilter init() method executed");
    }

}
```

web.xml 文件中增加配置

```
<filter>
    <filter-name>ContentFilter</filter-name>
        <filter-class>com.itany.web.filter.ContentFilter</filter-class>
</filter>
<filter-mapping>
        <filter-name>ContentFilter</filter-name>
        <url-pattern>/sendMsg.jsp</url-pattern>
</filter-mapping>
```

sendMsg.jsp 页面简单处理返回的内容即可,此处代码省略。

案例二：实现网站统一编码过滤。

实现思路：使用 Filter 在服务器端获取内容之前预先处理，主要是为了避免中文乱码。

具体步骤：

- 创建 Filter，拦截 request；
- 根据 request 的请求方式给予不同处理。

POST：request.setCharacterEncoding("UTF－8")

GET：get 方式处理比较麻烦，需要封装 request 对象，重写 getParameter()和 getParameterValues()方法

（1）用页面测试

示例代码 EncodingFilter：

```
package com.itany.web.filter;

import java.io.IOException;
import java.io.UnsupportedEncodingException;

import javax.servlet.Filter;
import javax.servlet.FilterChain;
import javax.servlet.FilterConfig;
import javax.servlet.ServletException;
import javax.servlet.ServletRequest;
import javax.servlet.ServletResponse;
import javax.servlet.http.HttpServletRequest;
import javax.servlet.http.HttpServletRequestWrapper;

public class EncodingFilter implements Filter
{
    //定义 request 对象
    private HttpServletRequest request;
    //实现 destroy 方法
    public void destroy()
    {
        System.out.println("EncodingFilter destroy()");
    }

    //实现过滤方法
    public void doFilter(ServletRequest request, ServletResponse response,
            FilterChain chain) throws IOException, ServletException
    {
        //为重写做准备
```

```
        this.request = (HttpServletRequest)request;
        //获取用户提交的请求
        String method = this.request.getMethod();
        //设置 response 的类型
        response.setContentType("text/html;charset=UTF-8");

        //判断用户提交是属于哪种类型
        if(method.equalsIgnoreCase("post"))
        {
            //post 方式提交比较简单调用 request 对象对应的方法即可
            request.setCharacterEncoding("UTF-8");
            chain.doFilter(request, response);
        }
        else
        {
            //get 方法需要封装 request 对象
            MyRequest myRequest = new MyRequest();

            //注意此处 request 对象必须用自己封装的内容
            chain.doFilter(myRequest, response);
        }
    }

    //实现 init()方法
    public void init(FilterConfig arg0) throws ServletException
    {
        System.out.println("EncodingFilter init()");
    }

    //构建内部类实现封装 request 对象操作
    private class MyRequest extends HttpServletRequestWrapper
    {
        public MyRequest()
        {
            super(request);
            // TODO Auto-generated constructor stub
        }

        //重写 getParameter()方法
```

```
        @Override
        public String getParameter(String name)
        {
            //获取值
            String value = request.getParameter(name);
            try
            {
                //对值做重新编码处理
                return new String(value.getBytes("ISO-8859-1"),"UTF-8");
            } catch (UnsupportedEncodingException e)
            {
                // TODO Auto-generated catch block
                e.printStackTrace();
                return null;
            }
        }

        //重写 getParameterValues()方法
        @Override
        public String[] getParameterValues(String name)
        {
            //方法体和 getParameter 类似,此处省略
            // TODO Auto-generated method stub
            return super.getParameterValues(name);
        }
    }
}
```

(2) web.xml 中增加如下配置:

```
<filter>
    <filter-name>EncodingFilter</filter-name>
        <filter-class>com.itany.web.filter.EncodingFilter</filter-class>
</filter>
<filter-mapping>
        <filter-name>EncodingFilter</filter-name>
        <url-pattern>/*</url-pattern>
</filter-mapping>
```

访问一个页面,输入对应的内容,去掉原先乱码处理的代码,查看结果。

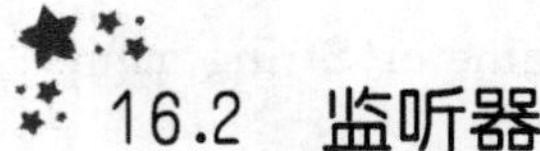

16.2 监听器

16.2.1 监听器的概念

监听器，对于我们来说应该不陌生，因为我们在学习 AWT、SWING 以及 JavaScript 时，对这个概念已经有所涉及。我们举一个生活中的案例，比如说老鼠夹子，大家应该至少听说过老鼠夹子的工作原理吧，当有老鼠对笼子里面的食物垂涎三尺而忍不住诱惑的时候便会爬上老鼠夹子，这是便触动了老鼠夹子的机关，老鼠中计而被夹住，对于老鼠夹子而言就像监听器一样，监听老鼠的到来，一旦到来便启动机关实现抓捕。

Servlet 监听器，主要功能是监听 Web 的各种操作，比如监听客户端的请求、服务器端的操作等。通过监听器，可以自动激发一些操作，比如监听在线的用户数量。

16.2.2 监听器的运行原理及类型

1. 先看示例代码：

```
package com.itany.web.listener;


import javax.servlet.ServletContextEvent;
import javax.servlet.ServletContextListener;
import javax.servlet.http.HttpSessionAttributeListener;
import javax.servlet.http.HttpSessionBindingEvent;
import javax.servlet.http.HttpSessionEvent;
import javax.servlet.http.HttpSessionListener;

public class MyListener implements ServletContextListener,
        HttpSessionAttributeListener, HttpSessionListener
{

    //监听 ServletContext 对象被销毁
    public void contextDestroyed(ServletContextEvent sce)
    {
        System.out.println("监听到 Context 对象被销毁");
    }

    //监听初始化 ServletContext 对象
    public void contextInitialized(ServletContextEvent sce)
    {
        System.out.println("监听到 Context 对象被创建");
    }
```

```
    public void attributeAdded(HttpSessionBindingEvent se)
    {
        System.out.println("监听到 session 添加属性");
    }

    //监听 HttpSession 属性被移除(调用 HttpSession.removeAttribute()方法)
    public void attributeRemoved(HttpSessionBindingEvent se)
    {
        System.out.println("监听到 session 移除属性");
    }

    //监听 HttpSession 属性被替换
    public void attributeReplaced(HttpSessionBindingEvent se)
    {
        System.out.println("监听到 session 对象属性被重置");
    }

    //监听创建 session(调用 HttpSession.setAttribute()方法)
    public void sessionCreated(HttpSessionEvent se)
    {
        System.out.println("监听到 session 对象被创建");
    }

    //监听 session 被销毁
    public void sessionDestroyed(HttpSessionEvent se)
    {
        System.out.println("监听到 session 对象被销毁");
    }
}
```

web.xml 中增加配置:

```
<listener>
    <display-name>MyListner</display-name>
        <listener-class>com.itany.web.listener.MyListener</listener-class>
</listener>
```

注意:这段配置在 Filter 后 Servlet 前

部署项目,访问任何一个 Web 资源,你会发现,尽管这段代码独立于任何 Servlet 或者 JSP 页面,但是他仍然能监控到 Web 资源的被访问,比如,当启动服务器的时候 contextInitialized()方法被调用,当通过浏览器访问某个 Web 资源的时候,sessionCreated()方法被调用,如果访问的页面中存在 session.setAttribute(XX, XX)代码,那么 attributeAdded()方法被调用，其他的方法你可以一一的去做测试。

2. 监听器的类型

Servlet 规范中定义多种类型的监听器，他们用于监听的事件源分别为 ServletContext、HttpSession、ServletRequest 这三个域对象。

让我们简单了解一下常用的监听器接口有哪些：

ServletContextListener：用于监听 Web 应用程序启动和销毁的事件，当服务器启动时会调用 contextInitialized(ServletContextEvent sce)方法，当服务器停止或者重新部署应用时会调用 contextDestroyed(ServletContextEvent sce)方法。

ServletContextAttributeListener：用于监听 Web 应用程序的属性改变事件(包括：增加属性、删除属性、修改属性，当被访问的资源中存在 application/ServletContext.setAttribute(XX,XX)会调用 attributeAdded(ServletContextAttributeEvent scae) 或者 attributeReplaced(ServletContextAttributeEvent scae)方法，当存在 application/ServletContext.removeAttribute(XX)时会调用 attributeRemoved(ServletContextAttributeEvent scae)方法。

HttpSessionListener ：监听 HttpSession 的操作，当一个会话创建或销毁时激发相应事件，常用的方法：

- sessionCreated(HttpSessionEvent se)
- sessionDestroyed (HttpSessionEvent se)

HttpSessionAttributeListener ：用于监听 HttpSession 的属性改变事件，触发时机和前面的 ServletContextAttributeListener 一致。

- attributeAdded(HttpSessionBindingEvent hsbe)
- attributeRemoved(HttpSessionBindingEvent hsbe)
- attributeReplaced(HttpSessionBindingEvent hsbe)

另有 2 个较少用到的 session 监听器：

HttpSessionBindingListener 与 HttpSessionAttributeListener 相比，当修改 HttpSession 的属性时不会监听：

- void valueBound(HttpSessionBindingEvent event)
- void valueUnbound(HttpSessionBindingEvent event)

HttpSessionActivationListener：主要用于同一个 session 转移至不同的 JVM 的情形。

- sessionDidActivate(HttpSessionEvent se)
- sessionWillPassivate(HttpSessionEvent se)

ServletRequestListener：用于监听 request 启动和销毁的事件：

- requestInitialized(ServletRequestEvent sre)
- requestDestroyed(ServletRequestEvent sre)

ServletRequestAttributeListener：用于监听 request 的属性改变事件：

- attributeAdded(ServletRequestAttributeEvent srae)
- attributeRemoved(ServletRequestAttributeEvent srae)
- attributeReplaced(ServletRequestAttributeEvent srae)

监听器的实现步骤

如果要实现监听器，需要遵守以下几个步骤：

- 确定要监听的事件，选择合适的监听器接口。
- 定义一个实现该接口的监听器类，并实现与响应事件对应的方法。
- 在 web.xml 文件中进行配置。

16.2.3 实践案例

需求：某聊天室需要做一个在线人数统计，当用户成功登录后进入聊天室，同时显示当前共有多少登录用户，如果有用户退出聊天室，用户数量需要做及时更新。

添加监听器，监听 session 的 attribute 添加和删除事件，同时为了协助记录在线用户的数量，创建一个业务类，提供增加和减少在线用户数量的方法：

OnlineCounter.java 代码如下：

```
package com.itany.domain;

public class OnlineCounter
{
    //在线人数统计
    private static long online = 0;
    public static long getOnline()
    {
        return online;
    }
    public static void setOnline(long online)
    {
        OnlineCounter.online = online;
    }
    //添加用户数量
    public static void add()
    {
        online++;
    }
    //减少在线用户数量
    public static void decrese()
    {
        online--;
    }
}
```

监听器 OnLineCountListener.java 代码如下：

```
package com.itany.web.listener;

import javax.servlet.http.HttpSessionAttributeListener;
import javax.servlet.http.HttpSessionBindingEvent;
```

```
import com.itany.domain.OnlineCounter;
//监听在线用户数量
public class OnLineCountListener implements HttpSessionAttributeListener
{
    //如果调用了 session.setAttribute()方法,非修改操作
    public void attributeAdded(HttpSessionBindingEvent se)
    {
        //增加用户数量
        OnlineCounter.add();
    }
    //如果调用 session.removeAttribute()方法
    public void attributeRemoved(HttpSessionBindingEvent se)
    {
        //减少用户数量
        OnlineCounter.decrese();
    }
    public void attributeReplaced(HttpSessionBindingEvent se)
    {
    }
}
```

web.xml 中增加对监听器的配置:

```
<listener>
    <display-name>onlineListener</display-name>
        <listener-class>com.itany.web.listener.OnLineCountListener</listener
          -class>
</listener>
```

登录页面内容如下 login.jsp:

```
<body>
    <form action="chat/doLogin.jsp" method="post">
    用户名:<input type="text" name="userName" /><br>
    密码:<input type="password" name="userPass"><br>
    <input type="submit" value=" 登 录 ">
    </form>
  </body>
```

登录处理页面 doLogin.jsp 代码如下:

```
<body>
    <%
        request.setCharacterEncoding("UTF-8");
        String userName = request.getParameter("userName");
```

```
        String userPass = request.getParameter("userPass");

        //简单说明,请读者自己完成和数据库的交互
        if (userName == null || userPass == null || "".equals(userName) || "".
          equals(userPass)){
            response.sendRedirect("login.jsp");
        } else{
            //如果用户名符合条件,则将用户设置到 session 中
            session.setAttribute("userName", userName);

            //将用户列表设置到 application 中
            List<String> users = (List<String>)application.getAttribute("users");

            //判断是否是第一个登录用户
            if(users == null || users.size() == 0){
                users = new ArrayList();
            }
            //添加当前用户名
            users.add(userName);
            //将当前的用户列表设置到 application 中
            application.setAttribute("users",users);
            //页面继续跳转
            response.sendRedirect("userList.jsp");
        }
    %>
  </body>
```

userList.jsp 页面代码如下:

```
<body>
  <table border="0">
      <tr>
          <td><a href="/jsp/servlet/LogoutServelt">安全退出</a></td>
      </tr>
      <tr>
          <td>当前在线人员<%=OnlineCounter.getOnline()%>个</td>
      </tr>

    <%
        List<String> users = (List<String>)application.getAttribute("users");
        if(users == null || users.size() == 0){
```

```
        %>
        <tr><td>
        <%
            out.println("当前无人在线");
        }else{
    %>
    </td></tr>
    <%
            for(int i = 0; i < users.size(); i++){
                String userName = users.get(i);
    %>
    <tr><td><%=userName %></td></tr>
    <%
            }
        }
      %>
    </table>
  </body>
```

安全退出的 Servlet 代码如下：

```
package com.itany.servlet;

import java.io.IOException;
import java.io.PrintWriter;
import java.util.*;

import javax.servlet.ServletException;
import javax.servlet.http.HttpServlet;
import javax.servlet.http.HttpServletRequest;
import javax.servlet.http.HttpServletResponse;

public class LogoutServelt extends HttpServlet
{

    /**
     * The doGet method of the servlet. <br>
     *
     * This method is called when a form has its tag value method equals to get.
     *
```

```
 * @param request the request send by the client to the server
 * @param response the response send by the server to the client
 * @throws ServletException if an error occurred
 * @throws IOException if an error occurred
 */
public void doGet(HttpServletRequest request, HttpServletResponse response)
        throws ServletException, IOException
{

    response.setContentType("text/html;charset=utf-8");
    PrintWriter out = response.getWriter();

    //获取当前会话中的用户名
    String userName = (String) request.getSession().getAttribute("user-
      Name");

    //session 中如果存在对应的用户名
    if(null != userName && !"".equals(userName))
    {
        //移除 session 中的对应记录
        request.getSession().removeAttribute("userName");

        //取出 application 中的用户列表
        List<String> users = (List<String>) this.getServletContext().
          getAttribute("users");

        //如果用户列表存在则移除指定的用户
        if(null != users && users.size() > 0)
        {
            users.remove(userName);

            //设置 ServletContext 中的用户列表
            this.getServletContext().setAttribute("users", users);
        }

request.getRequestDispatcher("/chat/login.jsp").forward(request, response);
    }
    out.flush();
    out.close();
```

```
    }

    /**
     * The doPost method of the servlet. <br>
     *
     * This method is called when a form has its tag value method equals to post.
     *
     * @param request the request send by the client to the server
     * @param response the response send by the server to the client
     * @throws ServletException if an error occurred
     * @throws IOException if an error occurred
     */
    public void doPost(HttpServletRequest request, HttpServletResponse response)
            throws ServletException, IOException
    {

        doGet(request, response);
    }

}
```

第 17 章 自定义标签

17.1 自定义标签概念

17.1.1 为什么需要自定义标签

JSP2.0 中规范规定:JSP 页面的作用是显示数据,应该尽量避免在 JSP 文件中出现 Java 代码即小脚本,但是很多时候,因为一些业务逻辑的原因,我们不得不在 JSP 中写 Java 代码,这时可以使用自定义标签,比如我们看下面的这段 JSP 代码:

```
<body>
    <%
    Date date = new Date();
    SimpleDateFormat sdf = new SimpleDateFormat("yyyy-MM-dd HH:mm:ss");
    String current = sdf.format(date);
    out.println("欢迎登录本网站,现在时间是:" + current);
    %>
</body>
```

这段脚本的效果是,在页面输出欢迎词和当前时间,并以指定的形式输出,我们希望能去掉 JSP 文件中的脚本代码而实现同样的效果,那么我们可以借助自定义标签,将这段代码转移到相关文件中,在页面引用自定义标签即可。

17.1.2 自定义标签简述

自定义标签是遵守<prefix:TagName>格式的类似于 HTML 标签的运行于服务器端的 Java 代码片段,在功能逻辑上与 JavaBean 类似,都是封装 Java 代码,自定义标签是可重用的组件代码,并且允许开发人员为复杂的操作提供逻辑名称。

<prefix:TagName>的意思即为:前缀:标签名的形式,这一点我们在 XML 文件中有所体现,下面这段代码就是使用了自定义标签:

```
<%@ taglib uri='http://www.itany.com/core'
    prefix='itany' %>
<html>
  <body>
    <itany:ShowCurrent />
  </body>
</html>
```

其中 prefix 的值可以任意填,但是我们希望你能把他取得有意义一点,和逻辑或者和功能有关，而<itany: ShowCurrent />表示是一个空标签，而 ShowCurrent 则是现在业务的关键，具体用法我们将在后面的内容里详细讲解。

使用自定义标签的好处体现在以下几点：

- 分离了程序逻辑和表示逻辑；
- 将 Java 代码从 HTML 中剥离，便于美工维护页面；
- 减少了 JSP 页面中的脚本，减少了维护成本；
- 提供了可重用的组件。

自定义标签相关术语

标签(Tag)：标签是一种 XML 元素，通过标签可以使 JSP 网页变得简洁并且易于维护，还可以方便地实现同一个 JSP 文件支持多种语言版本，想想看，如果你的业务逻辑代码发生改变，你只需要修改业务逻辑代码，而 JSP 页面可能只需要改个标签甚至可能什么都不用改，这是多么让程序员舒心的事情啊。

标签库(Tag Library)：由一系列功能相似、逻辑上互相联系的标签进行包装构成的集合称为标签库，由标签处理程序、标签库描述文件 TLD 组成。

标签描述文件(Tag Library Description)：标签库描述文件是一个 XML 文件，这个文件提供了标签库中类和 JSP 中对标签引用的映射关系，它是一个配置文件，和 web.xml 是类似的。

标签处理类(Tag Support Class)：标签处理类是一个 Java 类，这个集成了 TagSupport 或者扩展了 SimpleTage 接口，通过这个类可以实现自定义 JSP 标签的具体功能。

17.1.3 自定义标签的实现方式

自定义标签的实现方式通常有两种：标签处理程序；标签文件。

17.1.4 标签处理程序

标签处理程序比较常见，它是一个 Java 程序，通过实现一个 Tag、IterationTag、BodyTag 接口或者继承 TagSupport 或 BodyTagSupport 类，实现或重写 doStart()、doEnd()方法来完成业务逻辑功能，然后注册到标签文件中，最后在页面中引用标签。

17.1.5 标签处理程序体系结构

tagex 包中的接口：

Tag：定义了标签处理程序和 JSP 页面间的通讯协议。

IterationTag：继承了 Tag，增加了一个控制重复处理标签的主体内容的方法。

BodyTag：继承了 IterationTag，由需要对标签的主体内容进行访问并能够对其进行操纵的标签处理程序使用。

Tag 常量：

- SKIP_BODY：表示<x>…</x>之间的内容被忽略。
- EVAL_BODY_INCLUDE：表示标签之间的内容被正常处理。
- SKIP_PAGE：表示立刻停止执行网页，网页上未处理的静态内容和 JSP 程序均被忽略任何已有的输出内容立刻返回到客户的浏览器上。
- EVAL_PAGE：表示按照正常的流程继续执行后续 JSP 网页。

tagex 包中的常用类：

TagSupport：实现了 Tag、IterationTag 接口，支持简单标签和带主体迭代的标签，常用方法如下：

- int doStartTag() throws JspException：默认的标签开始的处理方法，返回 SKIP_BODY。
- int doEndTag() throws JspException：默认的标签结束的处理方法，返回 EVAL_PAGE。
- int doAfterBody() throws JspException：默认在标签主体处理完后调用的方法，返回 SKIP_BODY。

BodyTagSupport：实现 BodyTag 接口，继承了 TagSupport 类，可以支持需要操纵标签的主体内容的标签，常用方法如下：

- int doStartTag() throws JspException：默认的标签开始的处理方法，返回 EVAL_BODY_BUFFERED。
- int doEndTag() throws JspException：默认的标签结束的处理方法，返回 EVAL_PAGE。
- void setBodyContent(BodyContent)：在 doInitBody()方法前调用，设置 bodyContent 属性。
- void doInitBody() throws JspException：用于处理页面主体。
- int doAfterBody () throws JspException：默认在标签主体处理完后调用的方法，返回 SKIP_BODY，如需重复处理主体内容，则返回 EVAL_BODY_AGAIN。

标签库描述文件：

TLD 文件是一种 XML 文件，存放在对应 WEB 工程的 WEB－INF 目录下面，主要的元素如下：

- <taglib>：根元素。
- <tag>：每个 tag 标志一个标签。
- <name>：标签访问名称。
- <tag－class>：标签处理程序。
- <body－content>：可选，用于设置标签主体类型，可取值：empty—空标签，无主体；jsp—支持动态内容；tagdependent—纯文本。

示例代码：

```
<taglib>
  <tlib-version>1.0</tlib-version>
  <jsp-version>1.2</jsp-version>
  <short-name>Sample Tags</short-name>
  <tag>
    <name>case</name>
    <tag-class>com.itany.tag.CaseTag</tag-class>
    <body-content>jsp</body-content>
  </tag>
</taglib>
```

17.1.6 配置 TLD 文件

在 Web 容器中注册这个标签，可以在 web.xml 文件中增加如下配置：

```
<taglib>
  <tlib-version>1.0</tlib-version>
  <jsp-version>1.2</jsp-version>
  <short-name>Sample Tags</short-name>
  <tag>
    <name>case</name>
    <tag-class>com.itany.tag.CaseTag</tag-class>
    <body-content>jsp</body-content>
  </tag>
</taglib>
```

注意：这步操作是可选的。然后就可以在页面中引用这个标签了。

17.1.7 标签文件

使用标签文件来实现自定义标签的方法，标签文件是 JSP2.0 新增的功能，标签文件的本质是在转译成一个 Servlet 之后，是一个实现了 SimpleTag 接口的类，目的是让开发人员可以直接使用 JSP 语法来制作标签。标签文件是以.tag 或者.tagx 作为扩展名，标签文件必须存放在对应工程的 WEB-INF 目录下，最好是在该目录下创建一个 tags 目录，然后所有的标签文件都放在这里。标签文件可以使用所有的 JSP 元素，但是不能使用 page 指令。

标签文件可以使用的主要指令有：tag、include、attribute、variable。

其中 tag 指令通常用来设置标签的相关属性，其用法如下：

<%@ tag body-content="" import="" pageEncoding="" isELIgnored=""%>，其中 tag 指令如同 JSP 网页的 page 指令，用来设定标签文件。body-content 表示可能的值有三种，分别是 empty、tagdependent、scriptless。empty 表示标签中没有主体内容，即为空标签。scriptless 表示标签的主体内容可以包括 EL 表达式、JSP 动作元素，但不能为 JSP 脚本元素，tagdependent 表示标签中的主题内容交由 tag 自己去处理，默认值是 scriptless。import、pageEncoding、isELIgnored 等属性和 page 指令相对应的属性意义相同。

Attribute 指令通常用来定义标签的属性，其用法如下：

<%@ attribute name="" required="" rtexprvalue="" type="" description=""%>，这个指令用来设定自定义标签的属性，其中 name 表示属性的名字；required 表示是否为必要，默认为 false；rtexprvalue 表示属性值是否可以为 runtime 表达式，如果为 true，表示属性可以用动态的方式来制定，比如 EL 表达式；如果为 false，则一定要用静态的方式来指定属性值。type 表示这个属性的类型，默认值为 java.lang.String。description 用来说明此属性的相关描述信息。

17.2　自定义标签的执行过程

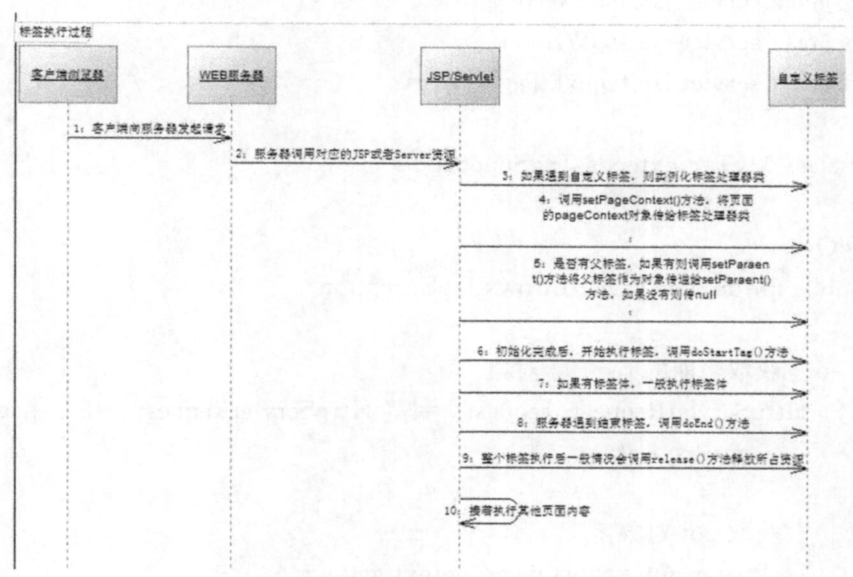

图 17－1　自定义标签的执行过程

这个执行过程通过后面的学习后，大家可以对照一下在 Tomcat 服务器中生成的 work 目录里面对应的 JSP 文件被翻译的 Servlet 代码。

17.3　使用标签处理程序实现简单的自定义标签

17.3.1　使用标签处理程序实现自定标签的步骤

使用标签处理程序实现自定义标签需要遵守以下几个步骤：

- 创建标签处理程序（Tag Handler Class）；
- 创建标签库描述文件(Tag Library Descrptor File)；
- 在 web.xml 文件中配置元素(可选)；
- 在 JSP 文件中使用 taglib 指令引入标签库；
- 使用标准格式调用自定义标签。

17.3.2　示例案例

改写我们之前给大家示例的案例，在页面输出当前时间，现在我们使用自定义标签来实现，保证 JSP2.0 规范中不出现脚本的要求。

第一步：创建标签处理程序 MyTag.java。

```
package com.itany.web.tag;


import java.io.IOException;
```

```
import java.util.Date;

import javax.servlet.http.HttpServletRequest;
import javax.servlet.jsp.JspException;
import javax.servlet.jsp.JspWriter;
import javax.servlet.jsp.tagext.TagSupport;

public class MyTag extends TagSupport
{
    @Override
    public int doStartTag() throws JspException
    {
        //获取当前的 request 对象
        HttpServletRequest request = (HttpServletRequest) this.pageContext.
            getRequest();

        //获取 out 对象
        JspWriter out = this.pageContext.getOut();

        //获取远程 IP 地址
        String ip = request.getRemoteAddr();

        //创建时间对象
        Date time = new Date();

        try
        {
            //向浏览器输出信息
            out.print(ip + "<br>");
            out.println(time);
        }
catch (IOException e)
        {
            // TODO Auto-generated catch block
            e.printStackTrace();
        }
        return super.doStartTag();
    }
}
```

第二步：创建标签库描述文件。

在 WEB－INF 目录中创建标签库描述文件 mytag.tld，内容如下：

```
<? xml version="1.0" encoding="UTF-8" ? >

<taglib xmlns="http://java.sun.com/xml/ns/j2ee"
    xmlns:xsi="http://www.w3.org/2001/XMLSchema-instance"
    xsi:schemaLocation="http://java.sun.com/xml/ns/j2ee http://java.sun.com/
        xml/ns/j2ee/web-jsptaglibrary_2_0.xsd"
    version="2.0">

  <description>self definite tag 1.1 core library</description>
  <display-name>tag core</display-name>
  <tlib-version>1.0</tlib-version>
  <short-name>tag1</short-name>
  <uri>http://www.itany.com/mytag1</uri>

  <tag>
    <name>mytag</name>
    <tag-class>com.itany.web.tag.MyTag</tag-class>
    <body-content>empty</body-content>
  </tag>

</taglib>
```

其中：<description>标签表示对该标签库的描述，<display－name> 表示显示名称，<tlib－version>表示标签库的版本号，<short－name>表示简称，JSP 页面编写工具可以用来创建友好名称，最重要的标签是<uri>，表示……你将引用的标签资源的地址，这个 uri 明确指出了如果在 JSP 页面引用该标签资源，必须要引入的 uri 地址是什么。

<tag>配置标签，<name>标签名称，<tag－class>该标签对应的标签处理程序的全限定名称，<body－content>配置正文内容类型。

第三步：在 web.xml 文件中配置元素（可选）。

```
<jsp-config>
  <taglib>
  <taglib-uri>http://www.itany.com/mytag1</taglib-uri>
  <taglib-location>/WEB-INF/mytag.tld</taglib-location>
  </taglib>
</jsp-config>
```

第四步：在 JSP 文件中使用 taglib 指令引入标签库。

第五步：使用标准格式调用自定义标签。

以上两步引入后的 JSP 文件如下：

```
<%@ page language="java" import="java.util.*" pageEncoding="UTF-8"%>
<%
String path = request.getContextPath();
String basePath = request.getScheme()+"://"+request.getServerName()+":"+
    request.getServerPort()+path+"/";
%>
```

第四步

```
<%@taglib uri="/WEB-INF/mytag.tld" prefix="tag1" %>
```

```
<!DOCTYPE HTML PUBLIC "-//W3C//DTD HTML 4.01 Transitional//EN">
<html>
  <head>
    <base href="<%=basePath%>">

    <title>My JSP 'tag1.jsp' starting page</title>

    <meta http-equiv="pragma" content="no-cache">
    <meta http-equiv="cache-control" content="no-cache">
    <meta http-equiv="expires" content="0">
    <meta http-equiv="keywords" content="keyword1,keyword2,keyword3">
    <meta http-equiv="description" content="This is my page">
    <!--
    <link rel="stylesheet" type="text/css" href="styles.css">
    -->
  </head>
  <body>
```

第五步

```
    你的IP地址是:<tag1:mytag/>
```

```
</body>
</html>
```

注意：JSP 页面中的<%taglib uri="/WEB-INF/XXX"%>，此处的 uri 值有两种写法，一种是如上面的代码中写的项目中 WEB-INF 目录下的文件；另外一种是 tld 文件中的所定义的 uri 地址。

以上是简单的自定义标签实现方式，很多时候我们希望能够让自定义标签带一些属性，以使它可以完成更多的操作，如图 17－2 所示。

图 17－2　用户提交的要显示的数字

我们希望服务器获取用户提交的希望显示的数字，然后在页面用对应图片显示数字。

示例代码：

第一步：创建标签处理程序，代码如下：

```
package com.itany.web.tag;

import java.io.IOException;

import javax.servlet.http.HttpServletRequest;
import javax.servlet.jsp.JspException;
import javax.servlet.jsp.JspWriter;
import javax.servlet.jsp.tagext.TagSupport;

public class NumPicTag extends TagSupport
{

    //定义属性
    private String number;

    /*定义属性的 get/set 方法*/
    public String getNumber()
    {
        return number;
    }

    public void setNumber(String number)
    {
        this.number = number;
    }

    @Override
    public int doEndTag() throws JspException
    {
        JspWriter out = (JspWriter) this.pageContext.getOut();
        if(null != number && !"".equals(number))
        {
            for(int i = 0; i < number.length(); i++)
            {
                try
                {
```

```
                out.println("<img src='" + ((HttpServletRequest) this.
                    pageContext.getRequest()).getContextPath() + "/
                    number_bmp/"
                        + number.charAt(i) + ".bmp' />");
            } catch (IOException e)
            {
                // TODO Auto-generated catch block
                e.printStackTrace();
            }
        }
    }
    return super.doEndTag();
}

}
```

第二步：创建标签库描述文件。

在原先的 mytag.tld 配置文件中增加如下配置：

```
<tag>
    <name>numPic</name>
    <tag-class>com.itany.web.tag.NumPicTag</tag-class>
    <body-content>empty</body-content>

    <attribute>
        <name>number</name>
        <required>true</required>
        <rtexprvalue>true</rtexprvalue>
        <type>String</type>
    </attribute>
</tag>
```

其中 attribute 配置的标签的属性，name 表示标签属性的名称，required 表示该属性是否必须，如果是 true 表示该属性必须存在，rtexprvalue 表示是否支持运行时表达式，比如 JSP 表达式，EL 表达式等，true 表示支持运行时表达式，type 表示该属性的类型。

第三步：在 web.xml 文件中配置(省略)。

第四步：在 JSP 文件中使用 taglib 指令引入标签库。

第五步：使用标准格式调用自定义标签。

以上两步引入后的 JSP 文件如下：

```
<%@ page language="java" import="java.util.*" pageEncoding="ISO-8859-
  1"%>
<%@ taglib uri="/WEB-INF/mytag.tld" prefix="mytag"%>
```

```
<%
String path = request.getContextPath();
String basePath = request.getScheme()+"://"+request.getServerName()+":"+
    request.getServerPort()+path+"/";
%>

<! DOCTYPE HTML PUBLIC "-//W3C//DTD HTML 4.01 Transitional//EN">
<html>
  <head>
    <base href="<%=basePath%>">

    <title>My JSP ' NumPicTag.jsp ' starting page</title>

    <meta http-equiv="pragma" content="no-cache">
    <meta http-equiv="cache-control" content="no-cache">
    <meta http-equiv="expires" content="0">
    <meta http-equiv="keywords" content="keyword1,keyword2,keyword3">
    <meta http-equiv="description" content="This is my page">
    <! --
    <link rel="stylesheet" type="text/css" href="styles.css">
    -->

  </head>

  <body>
    <mytag:numPic number="1234"/>
  </body>
</html>
```

此处的 number 属性值可以使用运行时表达式，比如 EL 表达式或者 JSP 表达式之类的来获取值。

17.4 使用标签文件实现自定义标签

标签文件的特点如下：

不导入 javax.servlet.jsp.tagext 包中的类和接口，也无须实现或继承任何接口或类；

不使用 doStartTag()、doEndTag()、setBodyContent()、doInitBody()、doAfterBody()等方法，无须了解标签的生命周期；

可以构建模版，使内容和内容的页面展现形式更好的分离；

标签文件具有良好的可重用性。

17.4.1 使用标签文件实现自定义标签的步骤

步骤一：定义标签文件：以 tag 为后缀，保存在 WEB－INF/tags 目录下。

步骤二：使用标签文件：在 JSP 页面中用 <%@ taglib prefix＝"…"tagdir＝"/WEB－INF/tags" %> 为标签文件定义一个前缀，按标签处理程序的用法使用。

17.4.2 示例案例

案例一：获取客户端的 ip 地址。

步骤一：定义标签文件，在 WEB－INF/tags 目录下新建 numpic.tag 文件，内容如下：

```
<%@ tag body-content="scriptless"%>
<%
String ip = request.getRemoteAddr();
out.println(ip);
%>
<%@ page language="java" import="java.util.*" pageEncoding="ISO-8859-
  1"%>
<%@ taglib tagdir="/WEB-INF/tags" prefix="ip" %>
<%
String path = request.getContextPath();
String basePath = request.getScheme()+"://"+request.getServerName()+":"+
      request.getServerPort()+path+"/";
%>
```

步骤二：使用标签文件，JSP 页面内容如下：

```
<! DOCTYPE HTML PUBLIC "-//W3C//DTD HTML 4.01 Transitional//EN">
<html>
  <head>
    <base href="<%=basePath%>">
    <title>My JSP ' fileip.jsp ' starting page</title>
    <meta http-equiv="pragma" content="no-cache">
    <meta http-equiv="cache-control" content="no-cache">
    <meta http-equiv="expires" content="0">
    <meta http-equiv="keywords" content="keyword1,keyword2,keyword3">
    <meta http-equiv="description" content="This is my page">
    <! --
    <link rel="stylesheet" type="text/css" href="styles.css">
    -->
  </head>
  <body>
    <ip:obtainip></ip:obtainip>
  </body>
```

```
</html>
```

案例二：改写图 17－2 所示数字，标签处理器类中实现的效果。

步骤一：定义标签文件，在 WEB－INF/tags 目录下新建 numpic.tag 文件，内容如下：

```
<%@ tag body-content="empty"%>
<%@ attribute name="number" required="true" rtexprvalue="true" %>

<%String number = (String)jspContext.getAttribute("number");
if(null != number && !"".equals(number))
{
    for(int i = 0; i < number.length(); i++)
    {
    %>
    <img src = "<% = request.getContextPath() %>/number_bmp/<% =
            number.charAt(i) %>.bmp" />
    <%
    }
}
%>
```

步骤二：使用标签文件，JSP 页面内容如下：

```
<%@ page language="java" import="java.util.*" pageEncoding="ISO-8859-
  1"%>
<%@ taglib tagdir="/WEB-INF/tags" prefix="pic" %>
<%
String path = request.getContextPath();
String basePath = request.getScheme()+"://"+request.getServerName()+":"+
        request.getServerPort()+path+"/";
%>

<!DOCTYPE HTML PUBLIC "-//W3C//DTD HTML 4.01 Transitional//EN">
<html>
  <head>
    <base href="<%=basePath%>">

    <title>My JSP 'filepic.jsp' starting page</title>

    <meta http-equiv="pragma" content="no-cache">
    <meta http-equiv="cache-control" content="no-cache">
    <meta http-equiv="expires" content="0">
    <meta http-equiv="keywords" content="keyword1,keyword2,keyword3">
```

```
    <meta http-equiv="description" content="This is my page">
    <! --
    <link rel="stylesheet" type="text/css" href="styles.css">
    -->

  </head>

  <body>
    <pic:numpic number="2346"/><br>
  </body>
</html>
```

第 18 章　常见的 Web 应用

18.1　日志处理工具 log4j

18.1.1　日志的概念

日志:用来记录一些重要的操作信息。日志信息在软件应用中扮演着十分重要的角色,有价值的日志数据能够帮助用户提前发现和避开灾难,并能找到事件发生的原因。我们以前在程序中写的 System.out.println(XXX)输出到控制台上的内容可以帮助我们发现一些问题,在中大型的应用中我们可以使用一个专门的日志组件类,利用日志类除了在程序中输出日志信息外,我们还可以将日志信息输出其他的 GUI 组件中。

日志的级别:日志的输出级别共分为以下几种:

OFF、FATAL、ERROR、WARN、INFO、DEBUG、ALL。

以上是从高到低的顺序,当然并不是每个日志组件都支持以上定义的七种日志级别。

18.1.2　关于 log4j

log4j 一个可重用的日志操作组件,由 Apache 提供的一个开源项目,通过 log4j,我们可以将日志信息输出到文件、控制台、远程 log4j 服务器和远程 Unix Syslog 守护进程,甚至是 NT 的事件记录器。

log4j 的一个特色是可以控制每一条日志的输出格式;通过定义每一条日志信息的级别,我们能够更加细致地控制日志的生成过程;可以通过一个配置文件来灵活地进行配置,而不需要修改应用的代码。

log4j 主要由三种主要的组件组成:Logger、Appender 和 Layout。这三种类型的组件协同工作,开发人员可以按照信息的类型和级别来实现日志记录,并在程序运行时控制这些日志以什么格式在什么地方输出。

我们先来看 log4j 的 jar 包结构(图 18－1),如果要在程序中使用 log4j 记录日志,这个包是必须的。

- org.apache.log4j
- org.apache.log4j.chainsaw
- org.apache.log4j.config
- org.apache.log4j.helpers
- org.apache.log4j.jdbc
- org.apache.log4j.jmx
- org.apache.log4j.lf5
- org.apache.log4j.lf5.config
- org.apache.log4j.lf5.util
- org.apache.log4j.lf5.viewer
- org.apache.log4j.lf5.viewer.categoryexplorer
- org.apache.log4j.lf5.viewer.configure
- org.apache.log4j.lf5.viewer.images
- org.apache.log4j.net
- org.apache.log4j.nt
- org.apache.log4j.or
- org.apache.log4j.or.jms
- org.apache.log4j.or.sax
- org.apache.log4j.spi
- org.apache.log4j.varia
- org.apache.log4j.xml

图 18－1　log4j 的 jar 包

其中对我们目前来说，最重要的就是 org.apache.log4j 包(图 18－2)。

- Appender.class
- AppenderSkeleton.class
- AsyncAppender.class
- BasicConfigurator.class
- Category.class
- CategoryKey.class
- ConsoleAppender.class
- DailyRollingFileAppender.class
- DefaultCategoryFactory.class
- Dispatcher.class
- FileAppender.class
- Hierarchy.class
- HTMLLayout.class
- Layout.class
- Level.class
- Logger.class
- LogManager.class
- MDC.class
- NDC.class
- PatternLayout.class
- Priority.class
- PropertyConfigurator.class
- PropertyWatchdog.class
- ProvisionNode.class
- RollingCalendar.class
- RollingFileAppender.class
- SimpleLayout.class

图 18－2　Org.apache.log4j 包

这是该包中一部分的Java类，可以看出，我们前面讲的三个重要的组件在里面都有体现，接下来我们一一说明一下这三大组件的作用：

(1) Logger组件：记录器组件负责生产日志，并能够对日志信息进行分类筛选，控制什么样的日志应该被输出，什么样的日志应该被忽略。

在应用程序中记录日志的方式主要是通过该类的相关方式来实现，常用的方法有以下几种：

Static Logger getLogger(String name)：如果想获取该类实例可以通过它的静态方法getLogger(String name)方法实现。

Static void debug(String info)：记录debug级别的日志信息。

Static void info(String info)：记录info级别的日志信息。

Static void warn(String info)：记录warn级别的日志信息。

Static void error(String info)：记录error级别的日志信息。

Static void fatal(String info)：记录fatal级别的日志信息。

注意log4j建议只使用四种级别，从低到高分别是：debug、info、warn、error，且只有等于及高于设置的级别的信息才会被记录。

(2) Appender组件

在log4j中，信息通过Appender组件输出到目的地，一个Appender实例就表示一个输出的目的地。

org.apache.log4j.ConsoleAppender：控制台。

org.apache.log4j.FileAppender：文件。

org.apache.log4j.DailyRollingFileAppender：每天产生一个日志文件。

org.apache.log4j.RollingFileAppender：文件大小到达指定尺寸的时候产生一个新的文件。

org.apache.log4j.WriterAppender：将日志信息以流格式发送到任意指定的地方。

(3) Layout组件

Layout组件负责格式化输出的日志信息，常用的Layout有以下几种：

org.apache.log4j.ConsoleAppender：控制台。

org.apache.log4j.FileAppender：文件。

org.apache.log4j.DailyRollingFileAppender：每天产生一个日志文件。

org.apache.log4j.RollingFileAppender：文件大小到达指定尺寸的时候产生一个新的文件。

org.apache.log4j.WriterAppender：将日志信息以流格式发送到任意指定的地方。

其中比较特殊的是PatternLayout，常用的一些配置形式如下：

%m：输出代码中指定的消息。

%p：输出优先级，即debug，info，warn，error等。

%r：输出自程序启动到输出该信息所耗费的毫秒数。

%c：输出所属的类的全名。

%t：输出产生该日志事件的线程名。

%n：输出一个回车换行符。

%d：输出日志时间，可指定格式，比如：%d{yyyy−MM−dd HH：mm：ss SSS}。

%l：输出日志事件的发生位置，包括类目名、发生的线程，以及在代码中的行数。

18.1.3 使用 log4j

使用 log4j 的步骤如下：

- 首先在工程中加入 log4j 所使用的 jar 文件
- 如果是 J2SE 项目，则在 CLASSPATH 下创建 log4j.properties 文件，如果是 J2EE 项目则该配置文件要在 src 目录下创建。
- 根据需要对 log4j.properties 文件进行配置
- 在程序中使用 log4j 提供的 Logger 类及其方法进行日志记录

配置文件内容如下：

```
#指定日志的输出级别和输出位置#
log4j.rootLogger = debug, stdout, file
#指定日志输出到控制台#
log4j.appender.stdout = org.apache.log4j.ConsoleAppender
log4j.appender.stdout.Target = System.out
#输出的格式#
log4j.appender.stdout.layout = org.apache.log4j.PatternLayout
log4j.appender.stdout.layout.ConversionPattern = %d{yyyy-MM-dd}-%m%n

#指定日志输出到指定位置——文件#
log4j.appender.file = org.apache.log4j.FileAppender
log4j.appender.file.File = ${catalina.home}/demo.log
#输出的日志的格式#
log4j.appender.file.layout = org.apache.log4j.PatternLayout
log4j.appender.file.layout.ConversionPattern =%d{yyyy-MM-dd}-%m%n
```

在程序中使用 log4j 记录日志：

```
//省略其他引入的类
import org.apache.log4j.Logger;

public class UploadFileServlet extends HttpServlet
{

    //获取 Logger 组件的实例
    Logger logger = Logger.getLogger(UploadFileServlet.class);

    public void doGet(HttpServletRequest request, HttpServletResponse response)
            throws ServletException, IOException
    {

        //省略代码……
    }
```

```
public void doPost(HttpServletRequest request, HttpServletResponse response)
        throws ServletException, IOException
{

    response.setContentType("text/html;charset=utf-8");
    PrintWriter out = response.getWriter();
    request.setCharacterEncoding("UTF-8");
    try
    {
        //记录日志
        logger.debug("准备解析待上传的文件");

        //判断 form 类型
        boolean isMultipart = ServletFileUpload.isMultipartContent(request);
        if(isMultipart)
        {
            //省略其他代码

            //处理表单数据
            for(FileItem item : items)
            {
                //判断是文件还是普通表单
                if(item.isFormField())
                {
                    //如果是普通表单则显示相关内容
                    out.print("field name : " + item.getFieldName());
                    out.println(",field string : " + item.getString());
                }
                else
                {
                    //省略其他代码

                    logger.info("上传文件成功");
                }
            }
        }
    }
    catch(Exception e)
```

```
            {
                logger.error("上传文件出错");
                System.out.println("上传文件出错");
            }
            out.flush();
            out.close();
        }

    }
```

可以通过以上代码看出使用 System.out.println(XX)输出的内容和 log4j 日志组件输出的内容是不一样的，同时，我们并没有修改程序代码，只是在 log4j.properties 文件中进行了配置就可以将日志信息输出到对应的文件中，便于长时间保存。

18.2 文件上传

18.2.1 文件上传相关介绍

文件上传是一种非常常见的 Web 应用，在现实的网络应用中我们也能看到，比如 QQ 相册上传照片，比如上传头像等，CSDN 里上传代码等，都属于上传文件的应用，通常我们讲的文件上传都是基于表单的文件上传。

如果要实现文件上传，那么我们需要注意除了常见的表单写法外，还需要多一个表单元素——文件框，<input type="file" name="file1">这个表单元素表示的就是文件框，浏览...，我们在页面将会看到一个文本框形式和一个写有“浏览…”字样的按钮，当点击按钮后就会打开选择需要上传文件的对话框。不过这时，我们的表单并不是和以前一样的了，需要在 form 元素中加一些属性，enctype="multipart/form-data"，同时要注意 method 方式必须是 post，同时，如果要实现文件上传，需要用到 Apache 的一个组件：commons-fileupload 组件。

18.2.2 commons-fileupload 组件

commons-fileupload 的基本结构如图 18-3 所示。

```
◢ commons-fileupload-1.2.2.jar
    ▷ org.apache.commons.fileupload
    ▷ org.apache.commons.fileupload.disk
    ▷ org.apache.commons.fileupload.portlet
    ▷ org.apache.commons.fileupload.servlet
    ▷ org.apache.commons.fileupload.util
    ▷ META-INF
```

图 18-3 commons-fileupload 基本结构

其中，比较重要的是 fileupload.servlet 包里面的内容（图 18－4）。

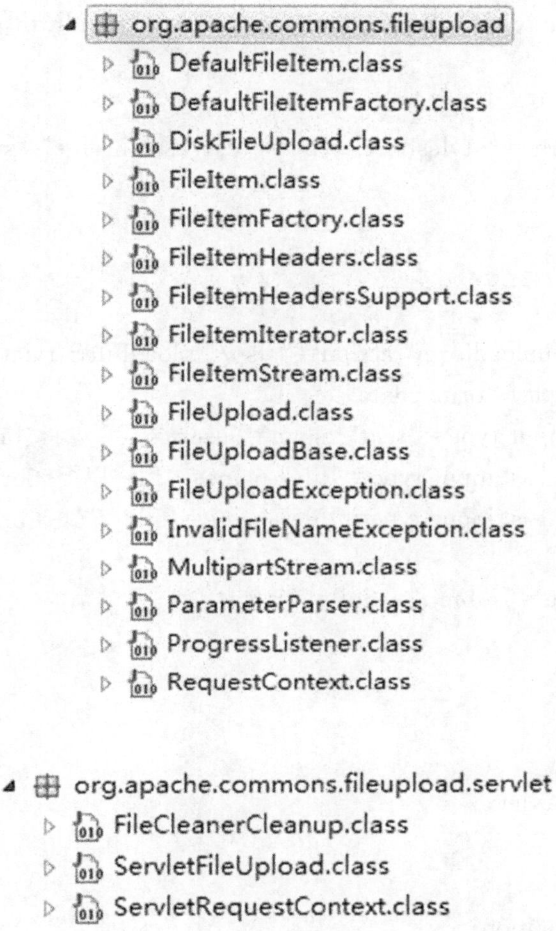

org.apache.commons.fileupload
- DefaultFileItem.class
- DefaultFileItemFactory.class
- DiskFileUpload.class
- FileItem.class
- FileItemFactory.class
- FileItemHeaders.class
- FileItemHeadersSupport.class
- FileItemIterator.class
- FileItemStream.class
- FileUpload.class
- FileUploadBase.class
- FileUploadException.class
- InvalidFileNameException.class
- MultipartStream.class
- ParameterParser.class
- ProgressListener.class
- RequestContext.class

org.apache.commons.fileupload.servlet
- FileCleanerCleanup.class
- ServletFileUpload.class
- ServletRequestContext.class

图 18－4　fileupload.servlet 包里内容

其中：ServletFileUpload 是核心类，负责处理上传的文件数据，并将每部分的数据封装到一个 FileItem 对象中。

FileItem：封装表单中的元素和数据。

DiskFileItemFactory：默认的 FileItemFactory 的实现类，实现创建 FileItem 实例，在这个工厂类中可以配置内存缓冲区大小和存放临时文件的目录。

FileItemFactory：是一个工厂接口，用来创建 FileItem 实例，可以提供自己的自定义配置，其功能远远超过默认文件上传的配置。

表单文件示例代码如下：

```
<! DOCTYPE HTML PUBLIC "-//W3C//DTD HTML 4.01 Transitional//EN">
<html>
  <head>
    <title>上传文件</title>
```

```
    <meta http-equiv="keywords" content="keyword1,keyword2,keyword3">
    <meta http-equiv="description" content="this is my page">
    <meta http-equiv="content-type" content="text/html; charset=UTF-
      8">

    <!--<link rel="stylesheet" type="text/css" href="./styles.css">-->

  </head>

  <body>
    <form name="uploadform" action="/jsp/UploadFileServlet" method="post"
    enctype="multipart/form-data">
        用户名:<input type="text" name="username" /><br>
        待上传文件1:<input type="file" name="file_1"><br>
        待上传文件1:<input type="file" name="file_2"><br>

        <input type="submit" value="上传" />
    </form>
  </body>
</html>
```

Servlet 代码如下:

```
package com.itany.servlet;

import java.io.File;
import java.io.IOException;
import java.io.PrintWriter;
import java.util.List;

import javax.servlet.ServletException;
import javax.servlet.http.HttpServlet;
import javax.servlet.http.HttpServletRequest;
import javax.servlet.http.HttpServletResponse;

import org.apache.commons.fileupload.FileItem;
import org.apache.commons.fileupload.FileItemFactory;
import org.apache.commons.fileupload.disk.DiskFileItemFactory;
import org.apache.commons.fileupload.servlet.ServletFileUpload;
import org.apache.log4j.Logger;
```

```
public class UploadFileServlet extends HttpServlet
{

    Logger logger = Logger.getLogger(UploadFileServlet.class);
    /**
     * The doGet method of the servlet. <br>
     *
     * This method is called when a form has its tag value method equals to get.
     *
     * @param request the request send by the client to the server
     * @param response the response send by the server to the client
     * @throws ServletException if an error occurred
     * @throws IOException if an error occurred
     */
    public void doGet(HttpServletRequest request, HttpServletResponse response)
            throws ServletException, IOException
    {

        response.setContentType("text/html");
        PrintWriter out = response.getWriter();
        out
                .println ("<! DOCTYPE HTML PUBLIC \"-//W3C//DTD
                    HTML 4.01 Transitional//EN\">");
        out.println("<HTML>");
        out.println("  <HEAD><TITLE>A Servlet</TITLE></HEAD>");
        out.println("  <BODY>");
        out.print("    This is ");
        out.print(this.getClass());
        out.println(", using the GET method");
        out.println("  </BODY>");
        out.println("</HTML>");
        out.flush();
        out.close();
    }

    public void doPost(HttpServletRequest request, HttpServletResponse response)
            throws ServletException, IOException
    {
```

```
response.setContentType("text/html;charset=utf-8");
PrintWriter out = response.getWriter();
request.setCharacterEncoding("UTF-8");
try
{
    //记录日志
    logger.debug("准备解析待上传的文件");
    //判断 form 类型
    boolean isMultipart = ServletFileUpload.isMultipartContent(request);
    if(isMultipart)
    {
        //创建一个基于磁盘的工厂
        FileItemFactory factory = new DiskFileItemFactory();
        //创建文件上传处理程序
        ServletFileUpload upload = new ServletFileUpload(factory);
        //解析请求
        List<FileItem> items = upload.parseRequest(request);
        //处理表单数据
        for(FileItem item : items)
        {
            if(item.isFormField())
            {
                //如果是普通表单则显示相关内容
                out.print("field name : " + item.getFieldName());
                out.println(",field string : " + item.getString());
            }
            else
            {
                System.out.println(request.getContextPath());
                //获得上传的文件名
                String fileName = item.getName();
                File file = new File("d:\\temp\\", fileName);
                item.write(file);
                logger.info("上传文件成功");
            }
        }
    }
}
catch(Exception e)
```

```
            {
                logger.error("上传文件出错");
                System.out.println("aaa");
            }
            out.flush();out.close();
        }

    }
```

第六篇 Ajax 篇

传统的 Web 应用允许用户填写表单(form)，当提交表单时就向 Web 服务器发送一个请求。服务器接收并处理传来的表单，然后返回一个新的网页。这个做法浪费了许多带宽，因为在前后两个页面中的大部分 HTML 代码往往是相同的。由于每次应用的交互都需要向服务器发送请求，应用的响应时间就依赖于服务器的响应时间。这导致了用户界面的响应比本地应用慢得多。

Ajax 很有用的地方就是在不刷新页面的情况下访问服务器处理数据，并根据数据的处理结果按你想要的方式对页面作出即时更改。很多的处理工作可以在发出请求的客户端机器上完成，所以 Web 服务器的处理时间也减少了。

本篇我们来讨论 Ajax 技术。

第 19 章　Ajax 介绍

19.1　Ajax 简介

Ajax 不是一门独立的技术，它是由 HTML，JavaScript，CSS 和 DOM 等技术组成。使用它可以构建更为动态和响应更灵敏的 Web 应用程序。

Jesse James Gaiiett 这样定义 Ajax：

Ajax 不是一种技术。实际上它是由几种蓬勃发展的技术以新的强大方式组合而成。Ajax 包含：

基于 XHTML 和 CSS 标准的表示；

使用 DOM 进行动态显示及交互；

使用 XML 和 XSLT 进行数据交换及相关操作；

使用 XMLHttpRequest 进行异步数据查询、检索；

使用 JavaScript 将所有的东西绑定在一起。

Ajax 的命名是由 Jesse James Gaiiett 创造的，他说它是 Asynchronous JavaScript and XML。

19.2　Ajax 工作原理

Ajax 的核心是 JavaScript 对象 XMLHttpRequest(xmlHttp)。该对象早在 IE5 中就已经出现了。当时是作为 ActiveX 控件露面的。原先 xmlHttp 对象只在 IE 中得到支持，但是从 Mozilla1.0 和 Safari1.2 开始，对 xmlHttp 对象的支持开始普及。这个很少使用的对象和相关的概念甚至出现在 w3c 标准中。后来特别是随着 Google Maps、Google Suggest、Gmail 等应用变得越来越炙手可热，xmlHttp 也已经成为事实上的标准。

Ajax 在大多数现代浏览器中都能使用，且不需要任何专门的软件或者硬件。Ajax 是一种客户端方法，它不关心服务器是什么。它是一种支持异步请求的技术。简言之，XMLHttpRequest 对象使您可以使用 JavaScript 向服务器提出请求并处理响应，而不阻塞用户。

Ajax 技术特别适用于交互较多，频繁读取数据，数据分类良好的 Web 应用。总体上，使用 Ajax 技术有如下的优势：

- 减轻客户端的内存消耗。Ajax 的根本理念是“按需取数据”，所以最大可能的减少了冗余请求，避免了客户端内存加载大量冗余数据。
- 无刷新更新页面。通过异步发送请求，避免了频繁刷新页面，从而减少了用户的等待时间,提供给用户一种连续的体验。

- Ajax 技术可以将传统的服务器的工作转嫁到客户端,从而减轻服务器和带宽的负担,节约空间和带宽的租用成本。
- Ajax 基于标准化技术,几乎所有的浏览器都支持这种技术,无需下载插件或虚拟机程序。

19.3 使用 XMLHttpRequest 对象

在前面的章节中我们已经对动态 Web 应用的发展史以及 Ajax 中所包含的常用技术有了深刻的认识。下面我们来讨论问题的关键:如何使用 XMLHttpRequest 对象。

在使用 XMLHttpRequest 对象发送请求和处理响应之前,必须先用 JavaScript 创建一个 XMLHttpRequest 对象。由于 XMLHttpReuquest 并不是一个 W3C 标准,所以可以采用多种不通的方法来使用 JavaScript 实现对 XMLHttpRequest 对象的创建。IE 把 XMLHttpRequest 实现为一个 ActiveX 控件对象,而其他浏览器(如 FireFox、Opera 等)则把它实现为一个本地的 JavaScript 对象。由于这些差异,JavaScript 代码中必须包含有关的逻辑,从而使用 ActiveX 技术或者本地的 JavaScript 技术来创建一个 XMLHttpRequest 实例。

代码示例:创建 XMLHttpRequest 对象的一个实例。

```
var xmlHttp;
function createXMLHttpRequest()
{
if(window.ActiveXObject)
{
    xmlHttp = new ActiveXObject("Microsoft.XMLHTTP");
}
else
{
    xmlHttp = new XMLHttpRequest();
}
}
```

由上可以看到创建一个 XMLHttpRequest 对象相当容易。首先我们创建一个全局变量 xmlHttp 用来保存这个对象的引用。createXMLHttpRequest()方法完成创建 XMLHttpRequest 实例的具体工作。这个方法中我们只用了简单的分支逻辑结构来确定如何来创建该对象。对 window.ActiveXObject 的调用会返回一个对象,也有可能返回的是 null。JavaScript 中的 if 语句会把调用返回的结果看做 true 或者 false(如果返回的是一个实例对象则为 true,否则为 false),以此指示浏览器是否支持 ActiveX 控件,从而判断当前浏览器是否是 IE。如果是,则通过实例化 ActiveXObject 的一个实例来创建 XMLHttpRequest 对象,并传入一个字符串 XMLHTTP 指示要创建该类型的一个 XMLHttpRequest 对象。如果 window.ActiveXObject 返回一个 null,以上示例代码中则会转入到 else 中执行,确定浏览器是否把 XMLHttpRequest 实现为一个本地的 JavaScript 对象。

由于 JavaScript 本身具有动态类型的特性，而且 XMLHttpRequest 在不通浏览器上的实现是兼容的。因此可以用同样的方式访问 XMLHttpRequest 实例的属性和方法，而不论该实例创建的方式如何。这就大大简化了开发的过程。

19.3.1　XMLHttpRequest 常用属性

1. onreadystatechange：指定 XMLHttpRequest 对象的回调函数。

onreadystatechange 属性的作用与按钮上的 onclick 等属性一样，是一个事件处理属性，即当 XMLHttpRequst 的状态值发生改变时都会触发这个事件处理器，从而调用它指定的 JavaScript 函数。

2. readyState：XMLHttpRequest 的请求状态信息。

XMLHttpRequest 对象有以下 5 个状态可取值：

(0) 未初始化。此时，已经创建了一个 XMLHttpRequest 对象，但是还没有被初始化。

(1) 正在加载。XMLHttpRequest 对象开始发送请求，此时已经调用 open()方法建立与服务器端的连接并准备将一个请求发送至服务器。

(2) 加载完成。XMLHttpRequest 对象的请求发送完成，此时已经通过 send()方法将一个请求发送至服务器，但还没有收到服务器端的响应。

(3) 交互中。XMLHttpRequest 对象开始读取服务器端的响应，但此时消息体部分还没有完全接收结束。

(4) 完成。XMLHttpRequest 对象读取服务器端的响应结束。

注意：onreadystatechange 和 readyState 这两个属性在 IE 中是可以不区分大小写的，但在其他浏览器中要严格区分大小写。因此不能写成 onReadyStateChange 等形式，为了保证更好的跨浏览器，建议严格区分大小写。

3. responseText：获取响应的文本内容(通常表示为一个串)。

当 readyState 的值为 0,1,2 时，responseText 包含一个空字符串；当 readyState 的值为 3 时，responseText 中包含还未完成的响应信息；当 readyState 的值为 4 时，responseText 包含完整的响应信息。

4. responseXML：获取服务器的响应信息，表示为一个 XML。这个对象可以被解析为一个 DOM 对象。

5. status：服务器的 HTTP 状态码。

常见的 HTTP 状态码有：

(1) 200：服务器响应正常。

(2) 403：没有访问权限。

(3) 404：访问的资源未找到。

(4) 500：服务器内部错误。

服务器的响应完成后，依然不能直接获取服务器响应，因为服务器响应有以上多种情况。

18.3.2　XMLHttpRequest 常用方法

1. open(string method, string url, boolean asynch, string username, string password)

这个方法会建立对服务器的连接，这是初始化一个请求的纯脚本方法。它有两个必要的参数以及三个可选的参数。两个必要的参数是指要提供调用的特定方法(get,post 或者 put),还要提供所调用资源的 URL。第三个参数是一个 boolean 型的参数,当值为 true 时表示请求异步,为 false 时表示请求同步,默认值为 true。如果设置此参数的值为 false 则请求处理会等待,直至服务器返回响应为止。由于异步调用是使用 Ajax 在主要优势之一,则如果将这个参数的值设置为 false 就会在某种程度上与使用 XMLHttpRequest 对象的初衷相违背。最后两个参数是指允许指定一个特定的用户名和密码。

2. send(content)

这个方法是具体的向服务器发送请求。如果请求声明为异步的,则该方法会立即返回,否则它会等待直到接收到服务器响应为止。content 参数指定请求的参数信息。

3. abort()

这个方法的作用是停止请求。

4. setRequestHeader(string header,string value)

这个方法是设置请求的头部信息。需要说明的是该方法只能在调用 open()方法之后才能调用。

5. getAllResponseHeaders()

这个方法返回一个字符串信息,其中包含 HTTP 请求的所有响应头部信息,包括 content－length 和 URI 等。

6. getResponseHeader(header)

这个方法根据指定的参数获取指定的头部信息。

19.4 使用 Ajax

标准 Ajax 交互模式(图 19－1)。

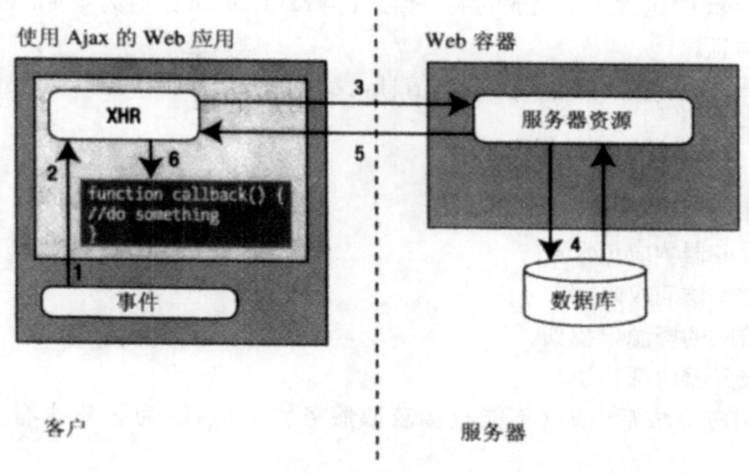

图 19－1　交互模式

19.4.1　简单的 Ajax 示例

(1) 一个客户端事件触发一个 Ajax 事件。以下通过一个简单的事件 onblur 演示，有如下代码：

```
<input type="text" name="userName" id="userName" onblur="checkUserName()" />
```

(2) 创建 XMLHttpRequest 对象的一个实例。使用 open()方法建立连接。然后通过调用 send()方法触发请求。代码如下：

```
var xmlHttp;
//创建 XMLHttpRequest 请求
function createXMLHttpRequest()
{
if(window.ActiveXObject)
{
    xmlHttp = new ActiveXObject("Microsoft.XMLHTTP");
}
else
{
    xmlHttp = new XMLHttpRequest();
}
}
页面组件触发事件调用的函数
function checkUserName()
{
var name = document.getElementById("userName").value;
var url = "CheckNameServlet? name="+name;//服务器端以一个简单的 servlet 为例
xmlHttp.open("post",url);//以 POST 请求方式为例,默认为异步请求
xmlHttp.onreadystatechange = callBack;
xmlHttp.send(null);
}
```

(3) 向服务器发出请求。(此以 Servlet 服务器端技术为例)

(4) 服务器端实现特定的业务功能。演示代码如下：

```
public void doPost(HttpServletRequest request,HttpServletResponse response)
throws ServletException,IOException
{
String flag = "0";
String name = request.getParameter("name");
//实现数据库的连接并返回结果
//如果数据库中已经存在此用户名则 flag = "0",不存在则 flag = "1"
```

```
PrintWriter out = response.getWriter();
out.println(flag);
out.flush();
out.close();
}
```

需要说明的是：还需要设置一些头部信息，使得浏览器不会在本地缓存结果。为此可以使用如下的代码：

```
response.setHeader("Cache-Control","no-cache");
response.setHeader("Pragma","no-cache");
```

(5) 请求返回至浏览器。在这个示例中，XMLHttpRequest 对象配置为处理返回时要调用的回调函数 callBack()。这个函数会检查 XMLHttpRequest 对象的 readyState 属性，然后检查服务器返回的状态码。如果这两个属性值返回正常，则在回调函数中处理相应的工作。回调函数代码如下：

```
function callBack()
{
        if(xmlHttp.readyState == 4 && xmlHttp.status == 200)
{
        //客户端处理响应结果
}
}
```

由上可以看到这与正常的请求/响应模式有所不同，但对 Web 开发人员来说，这是完全不陌生的。

效果及代码如下示例(图 19-2、图 19-3)。

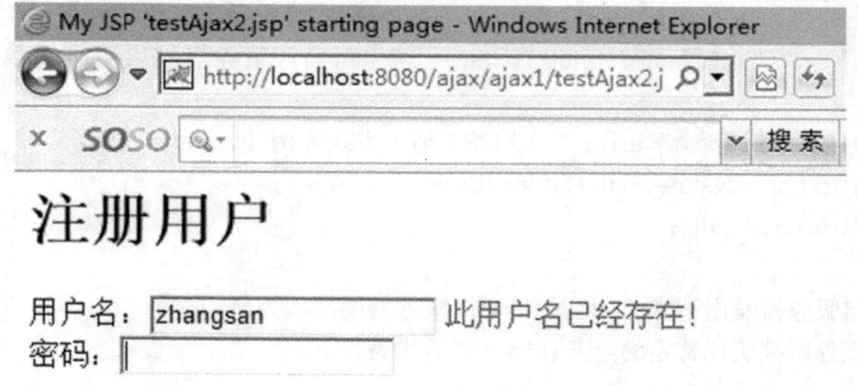

图 19-2　效果图一

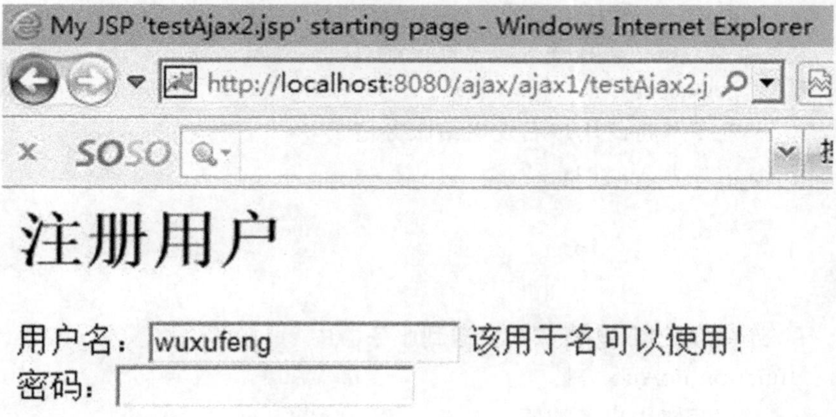

图 19-3　效果图二

完整代码：

客户端：

```
<body>
    <h1>注册用户</h1>
    <form name="myForm" action="" method="post">
    用户名：<input type="text" name="userName" onblur="checkName()"/>
    <div id="nameDiv" style="display: inline;"></div><br/>
      密码：<input type="password" name="pwd"/><br/>
    </form>
</body>
<script type="text/javascript">

      //创建 XMLHttpRequest 对象
      var xmlHttp;

      function createXMLHttpRequest(){
          if(window.ActiveXObject){
              xmlHttp = new ActiveXObject("Microsoft.XMLHTTP");
          }else{
              xmlHttp = new XMLHttpRequest();
          }
      }

      function checkName(){
          //获得用户名的值
          var name = document.myForm.userName.value;
```

```
        if(name.length == 0){
            alert("请输入用户名");
        }else{
            //将此用户名发送给服务器
            doAjax();
        }
    }

    //连接服务器,并将数据发送到服务器中
    function doAjax(){
        //获取用户名的值
        var name = document.myForm.userName.value;
        //创建 XMLHttpRequest 对象
        createXMLHttpRequest();
        //配置参数 建立与服务器的连接 并为 send 方法提供服务
        xmlHttp.open("post","ta2? name="+name,true);
        //监听 readyState 的值的改变
        xmlHttp.onreadystatechange = processResponse;
        //发送请求
        xmlHttp.send(null);
    }

    //主要用于处理服务器的响应
    function processResponse(){
        alert("readyState = " + xmlHttp.readyState);
        alert("status = " + xmlHttp.status);
        //当完全正确的响应时处理数据
        if(xmlHttp.readyState == 4 && xmlHttp.status == 200){
            //获取响应的数据
            var value = xmlHttp.responseText;
            //获得对应的层的对象
            var div = document.getElementById("nameDiv");
            if(value == 0){
                div.innerHTML = "<font color='red'>此用户名已经存在!
                    </font>";
            }else{
                div.innerHTML = "<font color='blue'>该用户名可以使
                    用! </font>";
            }
```

```
        }
    }
</script>
```

服务器端：

```
public void doPost(HttpServletRequest request, HttpServletResponse response)
        throws ServletException, IOException {

    Connection conn = null;
    Statement stmt = null;
    ResultSet rs = null;

    //获得响应的 out 对象
    PrintWriter out = response.getWriter();
    //设置请求的编码
    request.setCharacterEncoding("UTF-8");
    //获得客户端提交过来的数据
    String name = request.getParameter("name");
    //连接数据库 并根据提交过来的数据进行查询
    try {
        //加载驱动
        Class.forName("com.mysql.jdbc.Driver");
        //获得连接
    conn = DriverManager.getConnection("jdbc:mysql://localhost:3306/ww",
            "root", "123");
        //获得状态集
        stmt = conn.createStatement();
        //获得结果集
        rs = stmt.executeQuery("select * from users where name = '"+name
            +"'");
        //处理结果集
        if(rs.next()){
            //向客户端响应
            out.println(0);//0 表示已经存在
        }else{
            out.println(1);//1 表示不存在
        }
        out.flush();
        out.close();
    } catch (ClassNotFoundException e) {
```

```
            e.printStackTrace();
        } catch (SQLException e) {
            e.printStackTrace();
        }finally{
            //释放资源
            try{
                if(null != rs){
                    rs.close();
                }
                if(null != stmt){
                    stmt.close();
                }
                if(null != conn){
                    conn.close();
                }
            }catch(Exception e){
                e.printStackTrace();
            }
        }
    }
```

第 20 章　发送请求与处理响应

在上一章我们刚刚了解了 XMLHttpRequest 对象以及 Ajax 的标准交互模式，下面我们将再展示一些简单的例子来说明 XMLHttpRequest 对象是怎样向服务器发送请求以及怎样用 JavaScript 处理服务器端的响应，以及响应数据的方式有哪些。

20.1　处理服务器响应

XMLHttpRequest 对象提供了两个可以用来访问服务器响应的属性。第一个是 responseText 将响应提供为一个串，第二个属性 responseXML 将响应提供为一个 XML 对象(此对象可被解析为 DOM 对象)。

上一章最后的示例就是使用 responseText 属性来访问服务器响应，并将响应的数据显示在一个警告框中。

获取服务器端响应：

下面我们结合 HTML 元素对象的 innerHTML 属性和 XMLHttpRequest 对象的 responseText 属性实现图 20－1 所示效果。

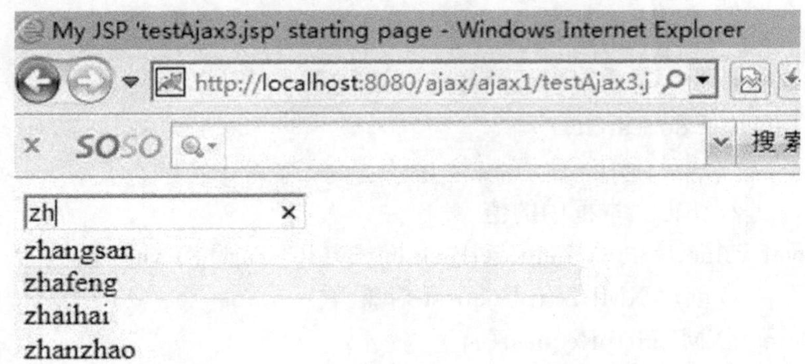

图 20－1　实现效果图

具体实现步骤如下：

(1) 文本框输入按键释放时触发事件 onkeyup，调用 doSearch()函数，它将先调用 createXMLHttpRequest()函数实现 XMLHttpRequest 对象的实例化。

(2) doSearch()函数使用 open()方法来设置请求方式(post/get)及请求目标资源路径，并设置为异步/同步地完成请求。

(3) doSearch()函数将回调函数设置为 processResp 函数。

(4) 使用 XMLHttpRequest 对象的 send()函数发送请求。

(5) XMLHttpRequest对象的readyState值每次发生变化时，都会调用processResp函数。一旦完整并成功地接收到响应(readyState属性的值为4且status属性的值为200)，div元素的innerHTML属性值就将使用XMLHttpRequest对象的responseText属性值来设置。

代码2客户端代码：

```
<html>
    <head>
        <title>responseText测试...</title>
        <script type="text/javascript">
        var xmlHttp;
            //创建XMLHttpRequest对象
            function createXMLHttpRequest()
        {
            if(window.ActiveXObject)//IE
        {
            xmlHttp = new ActiveXObject("Microsoft.XMLHTTP");
        }
        else
        {
            xmlHttp = new XMLHttpRequest();
        }
    }

            //响应客户端事件的处理函数
        function doSearch()
        {
            //获得文本框中的值
        var value = document.getElementById("search").value;
            //创建XMLHttpRequest对象
        createXMLHttpRequest();
            //建立与服务器的连接
        xmlHttp.open("post","SearchServlet? search="+value,true);
            //监听readyState值的改变,设置回调函数
        xmlHttp.onreadystatechange = processResp;
            //发送请求
        xmlHttp.send(null);
        }

            //回调函数
```

```
        function processResp()
        {
        if(xmlHttp.readyState == 4 && xmlHttp.status == 200)
        {
            //获得层对象
        var div = document.getElementById("div");
        div.innerHTML = xmlHttp.responseText;
        }
    }

        </script>
    </head>
<body>
      <input type="text" name="search" id="search" size="40" onkeyup="
        doSearch()"/>
      <div id="div"></div>
    </body>
</html>
```

服务器端代码：

SearchServlet 的代码如下：

```
public void doPost(HttpServletRequest request, HttpServletResponse response)
    throws ServletException, IOException
    {

        //设置请求数据的编码方式
        request.setCharacterEncoding("UTF-8");
        //获取提交的请求数据
        String value = request.getParameter("search");
        //定义字符串 msg 用于保存将要响应给客户端的数据
        String msg = "  ";
        //以下编写 sql 语句根据 value 值查询数据库相关信息并保存到变量 msg 中
        //响应数据
        PrintWriter out = response.getWrinter();
        out.println(msg);
        out.flush();
        out.close();

    }
```

以上使用 responseText 和 innerHTML 可以大大简化向页面添加动态内容的工作。但遗憾的是 innerHTML 属性并不是 HTML 元素的标准属性，所以有些浏览器并不一定提供这个属性的实现。

20.2 发送 GET 请求

通常情况,GET 请求用于从服务器上获取数据,post 请求用于向服务器发送数据。GET 请求将所有请求参数转换成一个查询字符串,并将该字符串添加到请求的 URL 之后,因而可在请求的 url 后看到请求参数名和请求的参数值。

当使用 Ajax 发送异步请求时,建议使用 POST 请求而不是使用 GET 请求。发送 GET 方式请求有如下两个注意点:

(1) 通过 open()方法打开与服务器的连接时,设置使用 get()方法。

(2) 如果要发送请求参数,应将请求参数转成查询字符串,并追加到请求的 URL 后面。

下面是一个省市级联示例,该级联菜单与传统的级联菜单有所区别,区别在于:Ajax 的级联菜单无需一次将所有的二级菜单信息加载到页面中,而是每次改变一级菜单时页面会异步向服务器发送请求,然后再根据服务器响应来动态加载二级菜单。

使用 GET 请求将一级菜单的 ID 作为参数发送,以下是服务器的响应页面。(注:这里服务器的数据并没有从数据库服务器读取)

first.jsp 中代码:

```
<body>
    <select name="first" id="first" onchange="change(this.value)">
        <option value="1" selected>中国</option>
        <option value="2">美国</option>
        <option value="3">日本</option>
    </select>
    <select name="second" id="second">
    </select>
    <script type="text/javascript">
        //创建 XMLHttpRequest 对象
        var xmlHttp;

        function createXMLHttpRequest(){
          if(window.ActiveXObject){
              try{
                  xmlHttp = new ActiveXObject("Msxml2.XMLHTTP");
              }catch(e){
                  xmlHttp = new ActiveXObject("Microsoft.XMLHTTP");
              }
          }else{
              xmlHttp = new XMLHttpRequest();
          }
```

```
    }

    //事件处理函数，当下拉列表选项发生改变时调用该方法
    function change(id){
        //创建 XMLHttpRequest 对象
        createXMLHttpRequest();
        //设置请求 url
        var url = "second.jsp? id="+id;
        //调用 open 方法
        xmlHttp.open("GET",url,true);
        //监听状态的改变
        xmlHttp.onreadystatechange = processResp;
        //发送请求
        xmlHttp.send(null);
    }

    //回调函数
    function processResp(){
        //完全正确的响应
        if(xmlHttp.readyState == 4 && xmlHttp.status == 200){
            //将响应文本以 $ 符号分割成字符串数组
            var cityList = xmlHttp.responseText.split("$");
            //获取第二个下拉列表框对象
            var secondSelect = document.getElementById("second");
            //清空
            secondSelect.innerHTML = "";
            //创建 option 元素并添加到该列表框中
            for(var i = 0; i < cityList.length; i++){
                var op = document.createElement("option");
                op.innerHTML = cityList[i];
                secondSelect.appendChild(op)
            }
        }
    }
  </script>
</body>
```

second.jsp 中的代码如下：

```
<%@ page language="java" import="java.util.*" pageEncoding="UTF-8"%>
<%
```

```
    String idStr = (String)request.getParameter("id");
    int id = idStr == null ? 1 : Integer.parseInt(idStr);
    switch(id){
        case 1:
%>
            北京$南京$重庆
<%
            break;
        case 2:
%>
            华盛顿$纽约$加州
<%
            break;
        case 3:
%>
            东京$大阪
<%
            break;
    }
%>
```

代码实现结果如图 20－2 所示。

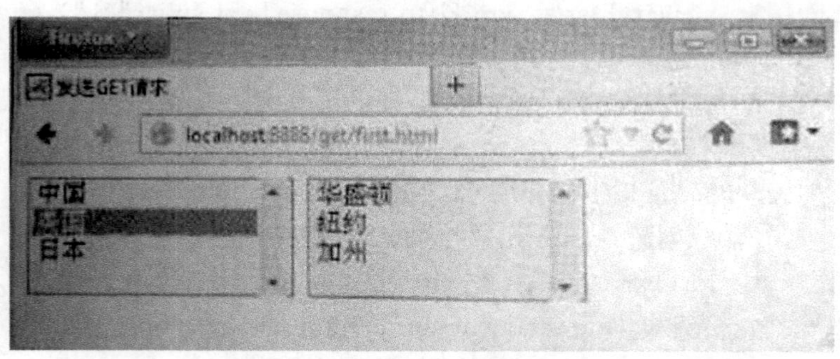

图 20－2　代码实现结果

20.3　发送 POST 请求

如上所述，POST 请求的适用性更广，它可使用更大的请求参数，而且 POST 请求的请求参数通常不能直接看到。因此在使用 Ajax 发送请求时，尽量采用 POST 方式而不是 GET 方式。发送 POST 请求时，我们通常需要经过以下三个步骤：

(1) 使用 open()方法打开连接时，制定使用 POST 方式发送请求。

(2) 设置正确的请求头，post 请求通常应设置 Content－Type 请求头。

(3) 发送请求时，把请求参数转为查询字符串，将该字符串作为 send()方法的参数。

对于上面的应用，同样可以采用 post 方式来发送请求，只需更改一个请求的发送方法，代码如下：

```
//事件处理函数，当下拉列表选项发生改变时调用该方法
        function change(id){
        //创建 XMLHttpRequest 对象
        createXMLHttpRequest();
        //设置请求 url
        var url = "second.jsp";
        //调用 open 方法
        xmlHttp.open("POST",url,true);
        //监听状态的改变
        xmlHttp.onreadystatechange = processResp;
       //设置 POST 请求的请求头
       xmlHttp.setRequestHeader("Content－Type","applicaton/x－www－form－
         urlencoded");
        //发送请求
        xmlHttp.send("id="+id);
        }
```

其余的部分无须改变，应用的执行结果与采用 GET 方式发送请求的效果完全一样。事实上，即使采用 POST 方式发送请求，一样可以将请求参数附加在请求的 url 之后，代码如下：

```
//事件处理函数，当下拉列表选项发生改变时调用该方法
        function change(id){
            //创建 XMLHttpRequest 对象
            createXMLHttpRequest();
            //设置请求 url
            var url = "second.jsp? id="+id;
            //调用 open 方法
            xmlHttp.open("POST",url,true);
            //监听状态的改变
            xmlHttp.onreadystatechange = processResp;
//设置 POST 请求的请求头
xmlHttp.setRequestHeader("Content－Type","applicaton/x－www－form－urlen-
   coded");
            //发送请求
            xmlHttp.send(null);
        }
```

20.4 发送 XML 请求

对于请求参数为大量的 key－value 对的情形，我们在使用简单的 POST 请求时，还可以可虑发送 XML 请求。对于发送 XML 请求只是将请求参数封装成 XML 字符串的形式，服务器端则负责解析该 XML 字符串。当服务器获取到 XML 字符串后，可以借助于 dom4j 等相应的工具来解析。

20.5 将响应解析为 XML

我们已经了解到，服务器不一定按照 XML 格式发送响应。只要 Content－Type 响应首部正确的设置为 text/plain（如果是 xml，Content－Type 响应首部则是 text/xml），将响应作为简单文本发送是完全可以的，但复杂的数据结构就很适合以 xml 格式发送。对于导航 xml 文档以及修改 xml 文档的结构和内容，当前浏览器已经提供了很好的支持。

那么浏览器到底如何处理服务器响应回来的 XML 呢？当前的浏览器把 XML 看作是遵循了 W3C DOM 的 XML 文档。W3C DOM 指定了一组很丰富的 API，可用于搜索和处理 XML 文档。（注：W3C DOM 以及 XML 的解析在前续课程 JavaScript 以及 XML 中已经深入讲解）

有了 W3C DOM 就能编写简单的并跨浏览器的脚本，从而充分利用 XML 的强大功能和灵活性，将 XML 作为服务器和浏览器之间的通信介质。

以下我们讲解用两组示例来演示服务器向浏览器响应 XML。

示例 1：

浏览器端：

```
<script type="text/javascript">
        var xmlHttp;

        function createXMLHttpRequest(){
            if(window.ActiveXObject){
                xmlHttp = new ActiveXObject("Microsoft.XMLHTTP");
            }else{
                xmlHttp = new XMLHttpRequest();
            }
        }

        function checkDate(){
            createXMLHttpRequest();
            var date = document.myform.date.value;
```

```
        xmlHttp.open("get","DateServlet? date="+date,true);
        xmlHttp.onreadystatechange = proRes;
        xmlHttp.send(null);
    }

    function proRes(){
        if(xmlHttp.readyState == 4 && xmlHttp.status == 200){
            var resp = xmlHttp.responseXML;//resp 已经是 XML 对应的
                DOM 文档
            //firstChild 第一个子节点
            //DOM 元素节点  属性节点  文本节点
            var msg = resp.getElementsByTagName("message")[0].
                firstChild.data;
            document.getElementById("dateDiv").innerHTML = msg;
        }
    }
  </script>
<body>
        <!-- 演示验证请求的资源可以是一个 xml 文档 -->
        <form name="myform" action="" method="post">
            请输入日期:<input type="text" name="date"/>("MM/dd/
              yyyy")
            <div id="dateDiv" style="display:inline;"></div><br/>
           <input type="button" value="验证日期" onclick="checkDate
             ()"/>
        </form>
   </body>
```

服务器端:

```
public void doGet(HttpServletRequest request, HttpServletResponse response)
        throws ServletException, IOException {
    String date = request.getParameter("date");
    System.out.println("date:"+date);
    SimpleDateFormat sdf = new SimpleDateFormat("MM/dd/yyyy");
    //定义一个变量用来标识转换是否成功
    boolean flag = true;
    String msg = "日期格式无效!";
    if(null != date && ! date.trim().equals("")){
        try {
            sdf.parse(date);
```

```
            } catch (ParseException e) {
                System.out.println("格式化有异常...");
                flag = false;
            }
        }else{
            flag = false;
        }
        if(flag){
            msg = "日期格式有效!";
        }
        //以一个xml文档的形式响应数据
        //定义响应的文本类型
        response.setContentType("text/xml");
        //解决响应的编码方式
        response.setCharacterEncoding("UTF-8");
        PrintWriter out = response.getWriter();

        //设定响应输出流中没有缓存
        response.setHeader("pragma","no-cache");
        response.setHeader("cache-control","no-cache");

        out.println("<messages>");
        out.println("<message>"+msg+"</message>");
        out.println("</messages>");
        out.flush();
        out.close();
}
```

执行结果如图 20-3、图 20-4 所示。

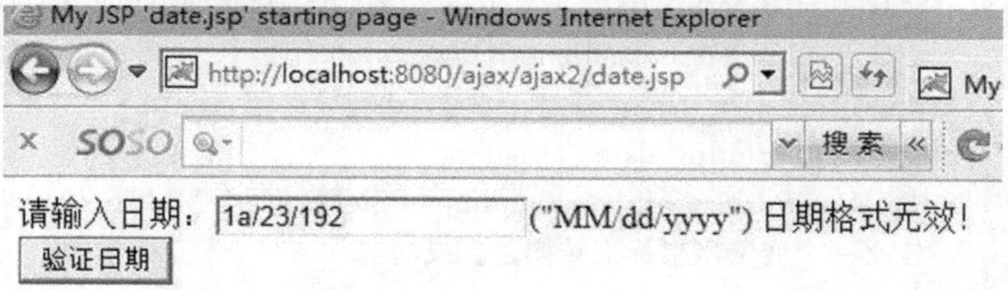

图 20-3 执行结果一

图 20 - 4　执行结果二

示例 2：

服务器端：

p.xml

```
<? xml version="1.0" encoding="UTF-8"? >
<p>
    <property>
        <product>手机</product>
        <price>3000</price>
        <address>中国</address>
    </property>
    <property>
        <product>投影仪</product>
        <price>10000</price>
        <address>日本</address>
    </property>
    <property>
        <product>手表</product>
        <price>2800</price>
        <address>法国</address>
    </property>
    <property>
        <product>矿泉水</product>
        <price>4</price>
        <address>中国</address>
    </property>
    <property>
        <product>白斩鸡</product>
        <price>20</price>
        <address>加拿大</address>
    </property>
    <property>
        <product>东坡肉</product>
```

```
        <price>189</price>
        <address>中国</address>
    </property>
</p>
浏览器端:
<script type="text/javascript">
        var xmlHttp;
        function createXMLHttpRequest(){
            if(window.ActiveXObject){
                xmlHttp = new ActiveXObject("Microsoft.XMLHTTP");
            }else{
                xmlHttp = new XMLHttpRequest();
            }
        }

        function showProducts(){//访问 xml 文件  使用 XMLHttpRequest 对象
                访问
            createXMLHttpRequest();
            xmlHttp.open("get","p.xml",true);//第一个参数  请求的资源
            xmlHttp.onreadystatechange = processResp;
            xmlHttp.send(null);
        }
        function processResp(){
            if(xmlHttp.readyState == 4 && xmlHttp.status == 200){
                var p = xmlHttp.responseXML;//响应 xml 文件对应的 DOM 文档
              //所有标签名为"property"的对象数组
                var properties = p.getElementsByTagName("property");
                //获得层对象
                var div = document.getElementById("p");
                div.innerHTML = "";//清空层中的内容
                for(var i = 0; i < properties.length; i++){
                    var pro = properties[i];
                    var proName =
pro.getElementsByTagName("product")[0].firstChild.nodeValue;
                    var proPrice =
pro.getElementsByTagName("price")[0].firstChild.nodeValue;
                    var proAddress =
pro.getElementsByTagName("address")[0].firstChild.nodeValue;
                    div.innerHTML += "商品名:" + proName + " 
```

```
                      商品价格:"+proPrice+"  
                     出产地:"+proAddress+"<br/>";
            }
        }
    }
</script>
<body>
<input type="button" value="显示商品信息" onclick="showProducts()"/>
<div id="p" style="width:500px;background-color: yellow;"></div>
</body>
```

执行结果如图 20-5 所示。

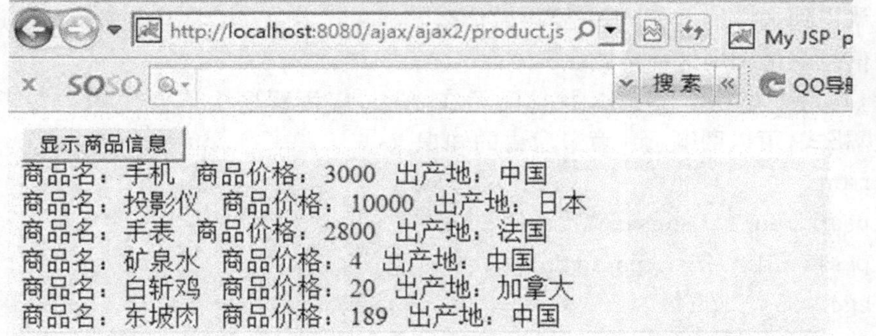

图 20-5　执行结果

20.6　使用 JSON 响应

当服务器需要生成特别复杂的响应时，则可以采用生成 XML 响应。在此过程中借助于 XMLHttpRequest 对象的 responseXML 属性，该属性生成一个 XML 文档对象。

几乎所有的浏览器都提供了解析 XML 文档对象的方法，因此 JavaScript 可以访问到 XML 文档的节点值，一旦访问到 XML 文档的节点值，就可以通过 DOM 动态加载到页面中显示。

早期 Ajax 技术曾经大量使用 XML 响应，但随着 JSON 技术的广泛应用，使用 XML 响应的缺点便逐渐显现出来。使用 XML 响应主要有如下的缺点：

(1) 同样的数据，转换成 XML 格式要比转换成 JSON 格式的数据量大。

(2) 使用 XML 响应必须在服务器端生成符合 XML 格式的字符串，编程复杂。

(3) 浏览器获取 XML 响应之后，需要使用 DOM 解析 XML 响应，编程依然复杂。

鉴于以上缺点，现在 Ajax 技术已经逐步使用 JSON 响应来取代传统的 XML 响应。当服务器响应数据量较大且响应数据有较复杂结构关系时，使用 JSON 响应会是一个很好的选择。

下一章节中我们将一起了解什么是 JSON 以及如何使用 JSON 获取响应。

第 21 章　JSON 介绍

在异步应用程序中发送和接收信息时，可以选择以纯文本和 XML 作为数据格式。这里将介绍 Ajax 的另一种有用的数据格式 JavaScript Object Notation(JSON)，以及如何使用它从而更轻松地在应用程序中移动数据和对象。

如果您阅读了本系列前面的文章，那么应已对数据格式有了相当的认识。前面的文章解释了在许多异步应用程序中如何恰当地使用纯文本和简单的名称/值对。可以将数据组合成下面这样的形式：username=zhangsan&password=123&age=23。

能够认识到这样就行了，不需要再做什么了。实际上，Web 老手会意识到通过 GET 请求发送的信息就是采用这种格式。

然后，本系列讨论了 XML，并且已经在 Ajax 应用程序中广泛使用。关于如何使用 XML 数据格式，可以回顾上一章节所讲的知识点：

```
<person>
  <userName>zhangsan</userName>
  <password>123</password>
  <age>23</age>
</person>
```

这里的数据与前面看到的相同，但是这一次采用 XML 格式。这仅仅是一种数据格式，使我们能够使用 XML 而不是纯文本和名称/值对。

本文讨论另一种数据格式，JavaScript Object Notation(JSON)。JSON 看起来既熟悉又陌生。它提供了另一种选择，选择范围更大总是好事情。

21.1　关于 JSON

在使用名称/值对或 XML 时，实际上是使用 JavaScript 从应用程序中取得数据并将数据转换成另一种数据格式。在这些情况下，JavaScript 在很大程度上作为一种数据操纵语言，用来移动和操纵来自 Web 表单的数据，并将数据转换为一种适合发送给服务器端程序的格式。但是，有时候 JavaScript 不仅仅作为格式化语言使用。在这些情况下，实际上使用 JavaScript 语言中的对象来表示数据，而不仅是将来自 Web 表单的数据放进请求中。在这些情况下，从 JavaScript 对象中提取数据，然后再将数据放进名称/值对或 XML，这样的一个过程就显得繁琐冗长了。这时使用 JSON 就很合适：JSON 允许轻松地将 JavaScript 对象转换成可以随请求发送的数据(同步或异步都可以)。JSON 对于某些非常特殊的情况是很好的选择。

21.2 JSON 基础

简单地说，JSON 可以将 JavaScript 对象中表示的一组数据转换为字符串，然后就可以在函数之间轻松地传递这个字符串，或者在异步应用程序中将字符串从 Web 客户端传递给服务器端程序。这个字符串看起来有点儿古怪（稍后会看到几个示例），但是 JavaScript 很容易解释它，而且 JSON 可以表示比名称/值对更复杂的结构。例如，可以表示数组和复杂的对象，而不仅仅是键和值的简单列表。

简单 JSON 示例：

按照最简单的形式，可以用下面这样的 JSON 表示名称/值对：

```
{ "name"："zhangsan" }
```

这个示例非常基本，而且实际上比等效的纯文本名称/值对占用更多的空间：

```
name=zhangsan
```

但是，当将多个名称/值对串在一起时，JSON 就会体现出它的价值了。首先，可以创建包含多个名称/值对的记录，比如：

```
{ "name"："zhangsan"， "age"："21"， "sex"： "male" }
```

从语法方面来看，这与名称/值对相比并没有很大的优势，但是在这种情况下 JSON 更容易使用，而且可读性更好。例如，它明确地表示以上三个值都是同一记录的一部分；花括号使这些值有了某种联系。

21.3 值的数组

当需要表示一组值时，JSON 不但能够提高可读性，而且可以减少复杂性。例如，假设您希望表示一个人名列表。在 XML 中，需要许多开始标记和结束标记；如果使用典型的名称/值对（就像在本系列前面文章中看到的那种名称/值对），那么必须建立一种专有的数据格式。如果使用 JSON，就只需将多个带花括号的记录分组在一起。

```
{
  "name"："zhangsan",
  "age"："21",
  "sex"："male",
  "address"：
[
     {"zip"："210000","addr"："南京"},
     {"zip"："224700","addr"："盐城"}
   ]
}
```

这不难理解。在这个示例中，有一个名为 address 的变量，值是包含两个条目的数组，每个条目是一个地址的记录，其中包含邮编和地址。上面的示例演示如何用括号将记录组合成一个值。

值为JSON

JSON中某一名称/值对中值仍然是一个JSON：

{"name":{"firstName":"zhang","lastName":"san"},"age":"21","sex":"male"}

上例中可以看出在JSON中某一值仍可以是一个JSON。

21.4 在JavaScript中使用JSON

JSON (JavaScript Object Notation)一种简单的数据格式，比XML更轻巧。JSON是JavaScript原生格式，这意味着在JavaScript中处理JSON数据不需要任何特殊的API或工具包。

(1) 将JSON数据赋值给变量

例如，可以创建一个新的JavaScript变量，然后将JSON格式的数据直接赋值给它：

```
Var user = {
                "name":, {"firstName":"zhang","lastName":"san"}
                "age":"21",
                "sex":"male",
                "address":
[
                    {"zip":"210000","addr":"南京"},
                    {"zip":"224700","addr":"盐城"}
                ]
}
```

这非常简单；现在user包含前面看到的JSON格式的数据。但是，这还不够，因为访问数据的方式似乎还不明显。

(2) 访问数据

在上面user变量中保存了一个JSON格式的数据，那么现在如果要想获得user的姓(即firstName)，只需在JavaScript中使用下面这样的代码：

```
user.name.firstName;
```

倘若现在想获得user的第一个家庭住址(addr)，则需要在JavaScript中使用下面这样的代码：

```
user.address[0].addr;
```

注意，数组索引是从零开始的。所以，这行代码首先访问user变量中的数据；然后移动到称为address的条目，再移动到第一个记录([0])；最后，访问addr键的值。结果是字符串值"南京"。

利用这样的语法，可以处理任何JSON格式的数据，而不需要使用任何额外的JavaScript工具包或API。

(3) 修改 JSON 数据

以上代码可以访问到 firstName 的值，同样，假设我们想将 firstName 的值修改为 "wang"，只需在 JavaScript 中使用下面的这样的代码：

```
user.name.firstName = "wang";
```

正如可以用点号和括号访问数据，也可以按照同样的方式轻松地修改数据：

```
user.address[0].addr = "南京秦淮区";
```

(4) JSON 格式字符串转回 JSON 对象

若有一个字符串格式如下：

```
var userStr = '{"name":"lisi","age":"22"}';
```

现在想要获得这个人的姓名，而 userStr 是一个字符串，那么下面需要做的事情则是将这个 JSON 格式的字符串转换成一个 JSON 对象：使用 JavaScript 函数 eval()

```
var user = eval('('+userStr+')');
```

通过代码：

```
user.name;
```

便可获得姓名"lisi"。

(5) 转换回字符串

当然，如果不能轻松地将对象转换回本文提到的文本格式，那么所有数据修改都没有太大的价值。在 JavaScript 中这种转换也很简单：

```
String newJSONtext = user.toJSONString();
```

通过上面这段代码我们就获得了一个可以在任何地方使用的文本字符串，例如，可以将它用作 Ajax 应用程序中的请求字符串。

更重要的是，可以将任何 JavaScript 对象转换为 JSON 文本。并非只能处理原来用 JSON 字符串赋值的变量。为了对名为 myObject 的对象进行转换，只需执行相同形式的命令：

```
String myObjectInJSON = myObject.toJSONString();
```

这就是 JSON 与其他数据格式之间最大的差异。如果使用 JSON，只需调用一个简单的函数，就可以获得经过格式化的数据，可以直接使用了。对于其他数据格式，需要在原始数据和格式化数据之间进行转换。即使使用 Document Object Model 这样的 API(提供了将自己的数据结构转换为文本的函数)，也需要学习这个 API 并使用 API 的对象，而不是使用原生的 JavaScript 对象和语法。

最终结论是，如果要处理大量 JavaScript 对象，那么 JSON 几乎肯定是一个好选择，通过 JSON 能够轻松地将数据转换为可以在请求中发送给服务器端程序的格式。

以下是一个客户端请求数据使用 JSON 的示例：

客户端：

```
<script type="text/javascript" src="js/json.js"></script>
<script type="text/javascript">
        var xmlHttp;
        function createXMLHttpRequest(){
            if(window.ActiveXObject){
```

```
            xmlHttp = new ActiveXObject("Microsoft.XMLHTTP");
        }else{
            xmlHttp = new XMLHttpRequest();
        }
    }

    //看看它是不是真的能够像 Java 中的构造方法一样,能够为属性赋值?
    function User(name,age,sex){
        this.name = name;
        this.age = age;
        this.sex = sex;
    }
    function showUser(){
        var user = new User("张三丰","114","男");
        //alert(user.name);
        //alert(user.age);
        //alert(user.sex);
        alert(user.toJSONString());//toJSONString()不是 js 本身的方法
    }
    function registerUser(){
        //获取表单中对应的值
        var name = document.myForm.userName.value;
        var age = document.myForm.age.value;
        var boy = document.myForm.sex[0].checked;
        var sex;
        if(boy){
            sex = document.myForm.sex[0].value;
        }else{
            sex = document.myForm.sex[1].value;
        }
        var user = new User(name,age,sex);
        createXMLHttpRequest();
        xmlHttp.open("post","JsonServlet? user="+user.toJSONString(),
            true);
        xmlHttp.onreadystatechange = proResp;
        xmlHttp.send(null);
    }

    function proResp(){
```

```
            if(xmlHttp.readyState == 4 && xmlHttp.status == 200){
                var p = xmlHttp.responseText;
                alert(p);
                var jsonPerson = eval("("+p+")");
                //alert(jsonPerson.edu);
                //alert(jsonPerson.zy);
                //alert(jsonPerson.family);
            }
        }
    </script>
<body>
            <input type="button" value="显示用户" onclick="showUser()"/
                ><br/>
            <form name="myForm" action="" method="post">
                用户名:<input type="text" name="userName"/><br/>
                年龄:<input type="text" name="age"/><br/>
                性别:<input type="radio" name="sex" value="boy" checked/
                    >男
                    <input type="radio" name="sex" value="girl"/>女<
                        br/>
                <input type="button" value="注册用户" onclick="
                        registerUser()"/>
            </form>
    </body>
```

(1) 服务器端使用JSON

服务器端使用JSON,引入提供的json.jar(可下载)。

关键类:JSONObject,JSONArray

常用方法:

put(key,value):类似于我们已经学过的Map中的put()方法,以键值对的形式存放数据;

putAll(Map):将Map对象转换成JSON对象;

fromObject(obj):将一个实体对象转换成JSON对象。

以下是服务器端请求数据使用JSON对象

服务器端:

```
public void doPost(HttpServletRequest request, HttpServletResponse response)
            throws ServletException, IOException {
        request.setCharacterEncoding("UTF-8");
        String user = request.getParameter("user");
        System.out.println(user);
```

```
        //服务器向客户端响应数据
        //响应一个 JSON 对象格式的字符串
        /* String person = "{'education':'大学','zhuanye':'computer'}";
        response.setCharacterEncoding("UTF-8");
        PrintWriter out = response.getWriter();
        out.print(person);
        out.flush();
        out.close();
         */

        /* Map map = new HashMap();
        map.put("edu", "幼儿园");
        map.put("zy", "国语");
        //将 Map 这种键值对转换成 json 对象
        //创建 JSON 对象
        JSONObject json = new JSONObject();
        json.putAll(map);
        json.put("family", "五好");

        //将 JSON 对应以字符串的形式响应给客户端
        response.setCharacterEncoding("UTF-8");
        PrintWriter out = response.getWriter();
        out.print(json.toString());
        out.flush();
        out.close(); */

        Person p = new Person("小白",18,"男");//实体对象
        //将该实体对象转换成 JSON 对象
        JSONObject json = JSONObject.fromObject(p);
        response.setCharacterEncoding("UTF-8");
        PrintWriter out = response.getWriter();
        out.print(json.toString());
        out.flush();
        out.close();
    }
```

(2) 使用 JSON 的好处

轻量级的数据交换格式人们读写更加容易；易于机器的解析和生成能够通过 JavaScript 中 eval()函数解析 JSON，JSON 支持多语言，包括：ActionScript，Java，JavaScript 等。

第 22 章　jQuery 应用

jQuery 是继 prototype 之后又一个优秀的 JavaScript 框架。它是轻量级的 JS 库，它兼容 CSS3，还兼容各种浏览器（IE 6.0＋，FF 1.5＋，Safari 2.0＋，Opera 9.0＋）。jQuery 使用户能更方便地处理 HTML documents、events，实现动画效果，并且方便地为网站提供 Ajax 交互。jQuery 还有一个比较大的优势是，它的文档说明很全，而且各种应用也说得很详细，同时还有许多成熟的插件可供选择。jQuery 能够使用户的 HTML 页保持代码和 HTML 内容分离，也就是说，不用再在 HTML 里面插入一堆 JS 来调用命令了，只需定义 id 即可。

22.1　jQuery 特点

jQuery 包含以下特点：

- DOM 元素选择。基于开源的选择器引擎 sizzle（从 1.3 版开始使用）。
- DOM 元素遍历及修改。（包含对 CSS1－3 的支持）
- 事件处理。
- 动态特效。
- Ajax。
- 通过插件来扩展。
- 方便的工具——例如浏览器版本判断。
- 渐进增强。
- 链式调用。
- 多浏览器支持，支持 Internet Explorer 6.0＋、Opera 9.0＋、Firefox 2＋、Chrome 1.0＋等。

22.1.1　jQuery 核心

jQuery 核心——jQuery()方法，它可以替换为快捷方式＄()。

jQuery 主要的构造函数：

- 接收一个字符串，其中包含了用于匹配元素集合的 CSS 选择器：
  jQuery(selector, [context])
- 使用原始 html 的字符串来创建 DOM 元素：
  jQuery(html,[ownerDocument])
- 绑定一个在 DOM 文档载入完成后执行的函数：
  jQuery(callback)

jQuery 的核心功能都是通过这个方法来实现的，jQuery 中的一切都是基于这个函数，或者说都是在以某种方式使用这个函数。

以上构造函数的具体使用在后续的示例中会具体体现。

21.1.2 使用 jQuery

jQuery 库是一个单独的 JavaScript 文件，可以保存到本地或者服务器直接引用，也可以从多个公共服务器中选择引用。

这里我们下载一个单独的 jQuery.js 文件用于保存在本地使用。目前的版本是 1.9.1。(截止 2013 年 3 月)

最常使用的 jQuery 基础方法是.ready()方法

```
$(document).ready(function(){
//script goes here
});
```

其简写为：

```
$(function(){
//script goes here
});
```

当 DOM 加载完就可以执行(比 window.onload 更早)。在同一个页面里可以多次出现 .ready()。它是整个事件模块中最重要的一个函数，因为它可以极大地提高 Web 应用程序的响应速度。

22.1.3 选择器

jQuery 使用 Sizzle 引擎，支持 CSS 选取，Xpath 选取等方式。

基本选择器

(1) 元素选择器

element：匹配所有的 element 元素，返回对象数组。

例：$("h1")；返回所有的 h1 元素对象。

(2) ID 选择器

#myid：匹配一个 id 为 myid 的元素，返回对象。

例：$("#a")；返回 id 为 a 的第一个元素对象。

(3) 类选择器

.myclass：匹配所有 class 为 myclass 的元素，返回对象数组。

例：$(".red")；返回 class 为 red 的所有元素对象。

(4) *

匹配所有的元素

例：$("*")；选取所有元素。

(5) selector1，selector2，…，selectorN

将每一个选择器匹配到的元素合并后一起返回

例：$("div，span，a.myclass")；选取所有 div，span 和拥有 class 为 myclass 的 a 标签的一组元素。

层次选择器

(1) parent > child

在给定的父元素下匹配所有的子元素

例：

＜body＞

　　＜h1＞welcome＜/h1＞

　　＜div＞＜h1＞welcome＜/h1＞＜/div＞

　　＜div＞＜span＞＜h1＞welcome＜/h1＞＜/span＞＜/div＞

＜/body＞

$("div＞h1")；匹配所有父元素为 div 的所有 h1 子元素。

(2) prev ＋ next

匹配所有紧接在 prev 元素后的 next 元素。

例：

＜body＞

　　＜h1＞welcome＜/h1＞

　　＜div＞＜h1＞welcome＜/h1＞＜/div＞

　　＜h1＞welcome＜/h1＞

　　＜div＞＜span＞＜h1＞welcome＜/h1＞＜/span＞＜/div＞

＜/body＞

$("div＋h1")；匹配所有紧接 div 元素后的 h1 元素。

(3) prev ～ siblings

匹配 prev 元素之后的所有 siblings 元素。

例：

＜body＞

　　＜h1＞welcome＜/h1＞

　　＜div＞＜h1＞welcome＜/h1＞＜/div＞

　　＜h1＞welcome＜/h1＞

　　＜div＞＜span＞＜h1＞welcome＜/h1＞＜/span＞＜/div＞

＜/body＞

$("h1～div")；匹配 h1 元素后所有的 div 元素。

基本过滤选择器(表 22－1)

表 22－1　基本过滤选择器

选择器	描　述	返　回	示　例
:first	选取第一个元素	单个元素	$("div:first") 选取＜div＞中第一个
:last	选取最后一个元素	单个元素	$("div:first") 选取＜div＞中最后个
:not(select)	去除与选择器匹配的元素	集合元素	$("input:not(.myClass)")
:even	选取索引是偶数的元素	集合元素	$("input:even")
:odd	选取索引是奇数的元素	集合元素	$("input:odd")
:eq(index)	选取索引＝index 的元素	单个元素	$("input:eq(1)")
:gt(index)	选取索引＞index 的元素	集合元素	$("input:gt(1)")

续表 22-1

选择器	描　述	返　回	示　例
:lt(index)	选取索引<index 的元素	集合元素	$("input:lt(1)")
:header	选取所有标题元素	集合元素	$(":header") 选所有<h1><h2>...
:animated	当前正执行动画的元素	集合元素	$("div:animited") 选取所有正在执行动画的<div>

内容过滤选择器(表 22-2)

表 22-2　内容过滤选择器

选择器	描　述	返　回	示　例
:contains(text)	选取含有文本内容的元素	集合元素	$("div:contains('好的')")
:empty	选取不包含子元素和文本的空元素	集合元素	$("div:empty")
:has(select)	选取含有选择器所匹配元素的元素	集合元素	$("div:has(p)")
:parent	选取含有子元素或文本的元素	集合元素	$("div:parent")

属性过滤选择器(表 22-3)

表 22-3　属性过滤选择器

选择器	描　述	返　回	示　例
[attribute]	选取拥有此属性的元素	集合元素	$("div[id]") 选取有 id 属性的<div>元素
[attribute=value]	选取属性值为 value 的元素	集合元素	$("div[title=test]")
[attribute!=value]	选取属性值不等于 value 的元素	集合元素	$("div[title!=test]")
[attribute^=value]	选取属性值以 value 开头的元素	集合元素	$("div[title^=test]")
[attribute$=value]	选取属性值以 value 结尾的元素	集合元素	$("div[title$=test]")
[attribute*=value]	选取属性值包含 value 的元素	集合元素	$("div[title*=test]")
[selector1] [selector2] [selector3]…	多个属性选择器组成复合选择器	集合元素	$("div[id][title$=st]")

子元素过滤选择器(表 22-4)

表 22-4　子元素过滤选择器

选择器	描　述	返　回	示　例
:nth-child (index/even/odd)	选取每个父元素下的第 index 个子元素或奇偶元素组成的集合(index 从 1 起)	集合元素	$("div.one :nth-child(2)") 选取所有 class 为 one 的<div>下的第 2 个子元素
:first-child	选取每个父元素的第一个子元素	集合元素	$("div.one :first-child") 选取所有 class 为 one 的<div>下的第 1 个子元素

续表 22-4

选择器	描　述	返　回	示　例
:last-child	选取每个父元素的最后一个子元素	集合元素	$("div.one :last-child")选取所有 class 为 one 的<div>下的最后 1 个子元素
:only-child	选取父元素中唯一的子元素	集合元素	$("div.one :only-child")选取所有 class 为 one 的<div>下的唯一子元素

表单域对象属性过滤选择器(表 22-5)

表 22-5　表单域对象属性过滤选择器

选择器	描　述	返　回	示　例
:enabled	选取所有可用元素	集合元素	$("#form1 :enabled")选取 id 为 form1 的表单内所有可用元素
:disabled	选取所有不可用元素	集合元素	$("#form2 :disabled")选取 id 为 form2 的表单内所有不可用元素
:checked	选取所有被选中的元素	集合元素	$("input:checked")选取所有被选中的<input>元素
:selected	选取所有被选中的选项元素	集合元素	$("select :selected")选取所有被选中的选项元素

表单选择器(表 22-6)

表 22-6　表单选择器

选择器	描　述	返　回	示　例
:input	选取所有表单元素(<input> <textarea> <select> <button>)	集合元素	$(":input")
:text	选取所有单行文本框	集合元素	$(":text")
:password	选取所有密码框	集合元素	$(":password")
:radio	选取所有单选按钮	集合元素	$(":radio")
:checkbox	选取所有复选框	集合元素	$(":checkbox")
:submit	选取所有提交按钮	集合元素	$(":submit")
:W	选取所有图像按钮	集合元素	$(":W")
:reset	选取所有重置按钮	集合元素	$(":reset")
:button	选取所有按钮	集合元素	$(":button")
:hidden	选取所有隐藏域	集合元素	$(":hidden")
:file	选取所有文件域	集合元素	$(":file")

22.2 jQuery 支持的方法

22.2.1 jQuery 命名空间的方法

jQuery 提供了一个 jQuery 命名空间，开发这可以直接使用 jQuery 命名空间下的如下属性和方法。

我们可以把 jQuery 命名空间下的方法当成 jQuery 的静态方法，也就是说，开发者可以直接采用"jQuery.方法名"或"$.方法名"的形式来调用这些工具方法。

- jQuery.browser：返回当前浏览器的相关信息。返回值是一个 javascript 对象，该对象中包含了浏览器的相关信息。
- jQuery.browser.version：返回用户浏览器的版本号。
- jQuery.boxModel：如果用户浏览器当前浏览的页面使用的是 CSS Box Model 则返回 true，否则返回 false。

注：上面 3 个属性都已经过时了，jQuery 推荐使用 jQuery.support 来代替上面 3 个属性，因为 jQuery.support.feature 可以直接返回用户浏览器是否支持某个属性的判断，这样可以避免开发者获得浏览器之后，再根据浏览器判断是否支持某个属性。

- jQuery.error(string)：该方法用于抛出一个 Error 对象，传入一个 string 参数将作为关于 Error 对象的描述。
- jQuery.globalEval(code)：用于执行 code 代码。该方法的功能类似于 JavaScript 提供的 eval()函数。
- jQuery.isArray(object)：判断 object 是否为数组，如果是则返回 true。
- jQuery.isEmptyObject(object)：判断 object 是否空对象(不包含任何属性)，如果是则返回 true。
- jQuery.isFunction(obj)：判断 obj 是否为函数，如果是则返回 true。
- jQuery.isNumberic(value)：判断 value 是否为数值，如果是则返回 true。
- jQuery.isWindow(obj)：判断 obj 是否为窗口，如果是则返回 true。
- jQuery.isXMLDoc(node)：判断 node 是否位于 XML 文档内，或 node 本身就是 XML 文档，如果是则返回 true。
- jQuery.noop()：代表一个空函数。
- jQuery.now()：返回代表当前时间的数值。

字符串、数组和对象相关工具方法

以下方法主要用于操作字符串、数组和对象。

- jQuery.trim(str)：截断字符串前后的空白。
- jQuery.each(object, callback)：该方法用于遍历 JavaScript 对象和数组(不是遍历 jQuery 对象)。
- jQuery.extend(target, object1, [objectN])：用于将 object1, objectN 的属性合并到 target 对象里，如果 target 里有和 object1, objectN 同名的属性，则 obejct1, objectN 的

属性值将覆盖 target 的属性值；如果 target 不包含 object1、objectN 里所包含的属性值，object1，objectN 的属性值将会新增到 target 对象里。

- jQuery.inArray(value，array)：用于返回 value 在 array 中出现的位置。如果 array 中不包含 value 元素则返回－1。
- jQuery.makeArray(obj)：用于将类数组对象（例如 HTMLCollection 对象）转换为真正的数组对象。
- jQuery.map(array，callback)：该函数用于将 array 数组转换为另一个数组。
- jQuery.merge(first，second)：合并 first 和 second 两个数组。将两个数组的元素合并到新数组里并不会删除重复值。
- jQuery.type(obj)：返回 obj 代表的类型。
- jQuery.parseJSON(string)：将符合 JSON 规范的字符串解析成 JavaScript 对象或者数组。
- jQuery.parseXML(string)：将符合 XML 规范的字符串解析成 XML 节点。
- jQuery.unique(array)：删除 array 数组中的重复值。

22.2.2 操作属性的相关方法

下面这组方法是操作 DOM 对象属性的通用方法，可以操作 DOM 对象的通用属性，例如 src，title 等。

- attr(name)：访问 jQuery 对象里第一个匹配元素的 name 属性值。
- attr(map)：用于为 jQuery 对象里的所有 DOM 对象同时设置单个属性值。其中 map 是一个形如 JSON 字符串格式的对象。例如：{"src"："itany.TIF"}
- attr(name，value)：用于为 jQuery 对象里的所有 DOM 对象设置单个属性值，其中 name 是需要设置的属性名，value 是需要设置的属性值。
- attr(key，fn)：用于为 jQuery 对象里的所有 DOM 对象设置单个属性值，但不是直接给定属性值，而是提供 fn 函数，由 fn 函数来计算各元素的属性值。
- removeAttr(name)：删除 jQuery 对象里所有 DOM 对象里的 name 属性的值。
- prop(propName)：访问 jQuery 对象里第一个匹配元素的 propName 属性值。
- removeProp(propName)：删除 jQuery 对象里所有 DOM 对象里的 propName 属性的值。

22.2.3 操作 CSS 属性的相关方法

- jQuery 提供了以下几种操作 DOM 元素 CSS 样式的方法，包括直接访问、修改 DOM 元素的 class 属性值，还提供了访问、修改 DOM 元素内联 CSS 属性值的方法。
- jQuery 提供的操作 CSS 属性的相关方法如下：
- addClass(class)：将指定的 CSS 定义添加到 jQuery 对象包含的所有 DOM 对象上。
- hasClass(class)：判断该 jQuery 对象是否包含至少一个具有指定 CSS 定义的 DOM 对象。只要该 jQuery 对象里有一个 DOM 对象具有该 CSS 定义，则返回 true，否则返回 false。
- removeClass(class)：删除 jQuery 对象所包含的所有 DOM 对象上的指定 CSS 定义。
- toggleClass(class)：如果 jQuery 对象包含的所有 DOM 对象上具有指定的 CSS 定义，则删除该 CSS 定义；否则添加该 CSS 定义。

- css(name)：返回该 jQuery 对象包含的第一个匹配的 DOM 对象上名为 name 的 CSS 属性值。（也就是返回该 DOM 对象具有 style.name 属性值）
- css(name，value)：为 jQuery 对象包含的所有 DOM 对象设置单个 CSS 属性值（设置它们的内联 CSS 属性）。如 obj.css("border"，"1px solid black")；
- height()：返回 jQuery 对象里第一个匹配的元素的当前高度。（以 px 为单位）
- height(val)：设置 jQuery 对象里所有元素的高度，val 的单位为 px。
- width()：返回 jQuery 对象里第一个匹配的元素的当前宽度。（以 px 为单位）
- width(val)：设置 jQuery 对象里所有元素的宽度，val 的单位为 px。

22.2.4 操作元素内容的相关方

- jQuery 中提供了以下几种方法来访问或设置 DOM 元素的内容，包括返回或设置这些 DOM 元素的 innerHTML 属性、文本内容和 value 属性。
- html()：返回 jQuery 对象包含的第一个匹配的 DOM 元素的 HTML 内容（也就是其 innerHTML 属性值）。
- html(val)：设置 jQuery 对象包含的所有 DOM 元素的 HTML 内容（也就是同时设置它们的 innerHTML 属性值）。
- text()：返回 jQuery 对象包含的所有 DOM 元素的文本内容。
- text(val)：设置 jQuery 对象包含的所有 DOM 元素的文本内容。
- val()：返回 jQuery 对象包含的第一个匹配的 DOM 元素的 value 值。
- val(val)：为 jQuery 对象包含的所有 DOM 元素设置单个 value 属性值，实际上就是设置表单控件的 value 属性值。
- val(Array<String>)：为 jQuery 对象包含的所有 DOM 元素设置多个 value 属性值，主要用于操作复选框和允许多选的下拉列表框。

22.2.5 操作 DOM 节点的相关方法

插入节点

- append()：向每个匹配的元素内部追加内容。
- appendTo()：向所有匹配的元素追加到指定的元素中。
- prepend()：向每个匹配的元素内部前置内容。
- prependTo()：将所有匹配的元素前置到指定的元素中。
- after()：在每个匹配的元素之后插入内容。
- insertAfter()：将所有匹配的元素插入到指定元素的后面。
- before()：在每个匹配的元素之前插入内容。
- insertBefore()：将所有匹配的元素插入到指定元素的前面。

删除节点

- empty()：删除当前 jQuery 对象包含的所有 DOM 节点里的内容（仅仅保留每个 DOM 节点对应的开始标签和结束标签）。
- remove([selector])：删除当前 jQuery 对象包含的所有 DOM 节点。
- detach([selector])：该方法的功能与 remove([selector])方法相似，区别只在于 detach()方法会保留被删除元素上关联的 jQuery 数据。

替换节点

- replaceWith(new):将当前 jQuery 对象包含的所有 DOM 对象替换成 new。其中 new 既可以是 HTML 字符串,也可以是 DOM 对象。
- replaceWith(functon(index)):使用 function(index)函数迭代处理 jQuery 所包含的每个节点,依次使用 function(index)函数的返回值来替换 jQuery 对象包含的每个节点,其中 index 代表当前正在迭代处理的 DOM 节点的索引。
- replaceAll(selector):将当前 jQuery 对象包含的所有 DOM 对象替换成 selector 匹配的元素。

22.3 jQuery 事件相关方法

特定事件:

(1) 鼠标相关

click(),dbclick(),hover(),mousedown(),mouseenter(),mouseleave(),mousemove(),mouseout(),mouseover(),mouseup()等。

(2) 键盘相关

focusin(),focusout(),keydown(),keypress(),keyup()。

(3) 表单相关

blur(), change(),focus(),select(),submit()。

(4) HTML 文档相关

load(),ready(),unload()。

(5) 浏览器相关

resize(),scroll()。

上述部分方法和 CSS 属性相关的部分方法演示如图 22-1 所示效果(表格行背景随鼠标移入移出而改变)。

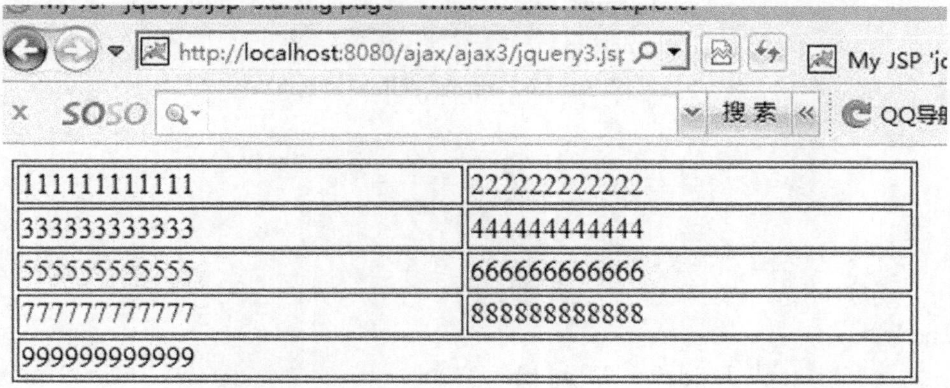
http://localhost:8080/ajax/ajax3/jquery3.jsp
My JSP 'jc
SOSO
搜索
QQ导航
111111111111
222222222222
333333333333
444444444444
555555555555
666666666666
777777777777
888888888888
999999999999

图 22-1 演示效果

代码如下：

```
<style type="text/css">
        .bg{
            background-color: yellow;
        }
        .bgg{
            background-color: blue;
        }
    </style>
    <script type="text/javascript" src="js/jQuery.js"></script>
      <script type="text/javascript">
          $(document).ready(
              function(){
                  //得到所有行的对象
                  //$("tr:even").addClass("bg");//奇偶  even 奇数  odd 偶数
                  //序号选择  $("选择器:nth-child(n)")
                  //$("tr:nth-child(3)").addClass("bgg"); 序号从 1 开始
                  //$("tr[id=tr2]").addClass("bgg");//属性 id 值为 tr2 的行 背
                    景颜色改成红色
                  //$("tr[id^=tr]").addClass("bgg");//属性 id 的值以 tr 开始
                  //$("tr[id$=2]").addClass("bgg");//属性 id 的值以 2 结束
                  //$("tr[id*=tr]").addClass("bgg");//属性 id 的值包含"tr"
                  $("tr").mouseover(
                      function(){
                          $(this).addClass("bg");
                      }
                  ).mouseout(
                      function(){
                          $(this).removeClass("bg");
                      }
                  );
              }
          );
      </script>
<body>
          <table border="1" width="500">
          <tr id="tr1">
              <td>111111111111</td>
              <td>222222222222</td>
```

```
        </tr>
        <tr id="tr2">
            <td>333333333333</td>
            <td>444444444444</td>
        </tr>
        <tr id="tr3">
            <td>555555555555</td>
            <td>666666666666</td>
        </tr>
        <tr id="xx2">
            <td>777777777777</td>
            <td>888888888888</td>
        </tr>
        <tr id="lasttr">
            <td colspan="2">999999999999</td>
        </tr>
    </table>
</body>
```

22.4 Ajax 相关方法

jQuery 的另一个吸引人的功能就是它所提供的 Ajax 支持。jQuery 提供了大量的工具方法,这些工具方法可以帮助我们完成 Ajax 开发的大量通用操作。

相关方法:

jQuery.param(obj):将 obj 参数(对象或者数组)转换成查询字符串。

serialize():将该 jQuery 对象包含的表单或表单控件转换成查询字符串。

serializeArray():将 jQuery 对象包含的表单或表单控件转换为一个数组,每个数组元素都是一个形如 JSON 字符串格式的对象。

load(url[,data][,callback]):向远程 url 发送异步请求,并直接将服务器响应插入当前 jQuery 对象匹配的 DOM 元素内。其中 data 是一个形如 JSON 字符串格式的对象,表示发送请求的请求参数,callback 表示回调函数。

jQuery.Ajax(options)

该方法既可以发送 get 请求也可以发送 post 请求,甚至可以发送同步请求。此方法只需一个 options 参数,该参数是一个形如{key1:value1,…,keyN:valueN}的 JavaScript 对象,用于指定发送 Ajax 请求的各种选项,各选项的说明如下:

- async:指定是否使用异步请求,默认为 true。
- beforeSend:指定发送请求之前将触发该选项指定的函数。

- cache:如果该选项指定为 false,将不会从浏览器缓存里加载信息.默认值为 true;如果服务器响应的是"script",则默认为 false。
- complete:指定 Ajax 交互完成后的回调函数,该回调函数将在 success 或 error 回调函数之后被执行。
- contentType:指定发送请求到服务器时所使用的内容编码类型。
- data:发送本次 Ajax 请求发送的请求参数。
- dataFilter:该选项执行一个回调函数,该回调函数将会对服务器响应进行预处理。
- dataType:指定服务器响应的数据类型。
- xml:返回可使用 jQuery 处理的 XML 文档。
- html:返回 HTML 文本。
- script:返回 javascript 脚本,此时将禁止从浏览器缓存里加载信息。
- json:返回一个符合 JSON 格式的字符串,jQuery 会将此响应转换成 JavaScript 对象。
- jsonp:指定使用 JSONP 加载 JSON 块。使用 JSONP 格式时,应该在请求 url 后额外添加"? callback=?",其中 callback 将作为回调函数。
- text:返回普通文本响应。
- error:指定服务器响应出错的回调函数。
- global:设置是否触发 Ajax 的全局事件处理函数,默认值为 true。
- ifModified:设置是否仅在服务器数据改变时获取新数据。
- username:指定用户名。如果目标 URL 是需要安全授权的地址,则通过该选项指定用户名。
- password:指定密码。如果目标 URL 是需要安全授权的地址,则通过该选项指定密码。
- processData:指定是否需要处理请求数据。
- scriptCharset:此选项仅对 dataType 是 jsonp 或 script 的情况有效。
- success:指定 Ajax 响应成功后的回调函数。
- timeout:设置 Ajax 请求超时时长。
- type:设置发送请求的方式,常用值有"POST"和"GET",默认是"GET"。
- url:指定发送 Ajax 请求的目的 URL 地址。
- xhr:该选项指定一个函数用于创建 XMLHttpRequest 对象,只有开发者想用自己的方式来创建 XMLHttpRequest 对象时才需要执行该选项。

通过指定上面的这些选项,开发者完全可以全面控制 Ajax 请求的各项细节。

使用 get/post 方法

jQuery 提供了以下几种简便方法来发送 GET 请求。

jQuery.get(url,[data],[callback],[type]):向 url 发送异步的 GET 请求。

jQuery.getJSON(url[,data][,callback]):该函数是前一个函数的 JSON 版本,相当于指定 type 参数为"json"。

jQuery.getScript(url[,data][,callback]):该函数是第一个函数的 script 版本,相当于指定 type 参数为"script"。

jQuery 也提供了发送 POST 请求的方法。

jQuery.post(url,[data],[callback],[type])：向 url 发送异步的 POST 请求。

结合上述方法演示如图 22-2 所示效果。

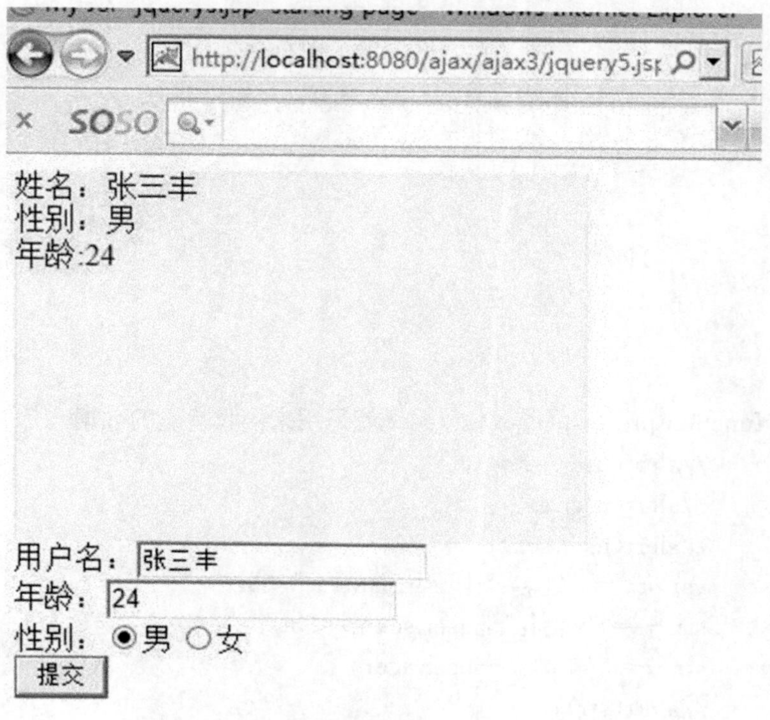

图 22-2　发送 get 请求演示效果图

代码如下：

客户端：

```
<! -- 使用 jQuery 中相关的 Ajax 库实现数据的提交 -->
    <script type="text/javascript" src="js/jQuery.js"></script>
    <script type="text/javascript">
        $(document).ready(
            function(){
                $("#btn").click(
                    function(){
                        //alert("按钮被点击");
                        //var name = $("#input1").val();
                        //alert(name);
                        var param = $("input").serialize();//序列化 input 标签
                            的值　元素 name=值 &...
                        //alert(param);
                        $.Ajax(
                            {
```

```
                        type:"post",
                        url:"TestjQueryServlet",
                        data:param,
                        dataType:"json",
                        success:proResp
                    }
                );
            }
        );
    }
);

function proResp(user){//user 就是用来接收响应的数据
    //alert(user.name);
    //alert(user.age);
    //alert(user.sex);
    var str = "姓名:"+user.name+"<br/>";
    str += "性别:"+user.sex+"<br/>";
    str += "年龄:"+user.age;
    //alert(str);
    //$("#div").innerHTML = str;
    $("#div").html(str);
}
</script>
<body>
    <div id="div" style="width: 300px; height: 200px; background-color:
        yellow;"></div>
    <form name="myform" action="" method="post">
        用户名:<input type="text" name="userName" id="input1"/><br/>
        年龄:<input type="text" name="age" id="input2"/><br/>
        性别:<input type="radio" name="sex" value="男" id="input3"
            checked/>男
        <input type="radio" name="sex" value="女" id="input4"/>女<
            br/>
        <input type="button" value="提交" id="btn"/>
    </form>
</body>
```

服务端:

```
public void doPost(HttpServletRequest request, HttpServletResponse response)
```

```
    throws ServletException, IOException {
  System.out.println("请求过来...");
  //设置请求数据的编码方式
  request.setCharacterEncoding("UTF-8");
  //设置响应数据的编码方式
  response.setCharacterEncoding("UTF-8");

  String name = request.getParameter("userName");
  String sex = request.getParameter("sex");
  String age = request.getParameter("age");
  System.out.println(name+":"+sex+":"+age);
  User user = new User(name,Integer.parseInt(age),sex);
  //将此实体对象转换成 JSON 对象
  JSONObject json = JSONObject.fromObject(user);
  //将 JSON 对象以 JSON 字符串的形式再响应给客户端
  PrintWriter out = response.getWriter();
  out.print(json.toString());
  out.flush();
  out.close();
}
```

上述程序简单演示了 jQuery 如何使用相关的 Ajax 库实现和服务器端交互。

参考文献

[1] 胡大奎,陈酌,等.JSP高级开发技术[M].北京:中国水利水电出版社,2001.

[2] 孙卫琴.Tomcat与Java Web开发技术详解[M].北京:电子工业出版社,2012.

[3] 孙鑫.Java Web开发详解[M].北京:电子工业出版社,2012.

[4] James Jaworski.JavaScript从入门到精通[M].北京:电子工业出版社,1998.

[5] Michael Morrison.XML揭秘——入门·应用·精通[M].陆新年,等,译.北京:清华大学出版社,2001.